湖北省市场监督管理宣传教育中心
PUBLICITY AND EDUCATION CENTER FOR HUBEI MARKET REGULATION ADMINISTRATION

系列教材

特种设备无损检测
Ⅰ级人员学习指南

TEZHONG SHEBEI WUSUN JIANCE

Ⅰ JI RENYUAN XUEXI ZHINAN

湖北省市场监督管理宣传教育中心 ◎编著

中国地质大学出版社
ZHONGGUO DIZHI DAXUE CHUBANSHE

图书在版编目(CIP)数据

特种设备无损检测Ⅰ级人员学习指南/湖北省市场监督管理宣传教育中心编著.—武汉:中国地质大学出版社,2023.12

湖北省市场监督管理宣传教育中心系列教材

ISBN 978-7-5625-5743-2

Ⅰ.①特…　Ⅱ.①湖…　Ⅲ.①设备-无损检验-教材　Ⅳ.①TB4

中国国家版本馆 CIP 数据核字(2023)第 249410 号

特种设备无损检测Ⅰ级人员学习指南		湖北省市场监督管理宣传教育中心　编著
责任编辑:周　旭　张燕霞	选题策划:张燕霞	责任校对:张咏梅
出版发行:中国地质大学出版社(武汉市洪山区鲁磨路 388 号)		邮政编码:430074
电　　话:(027)67883511	传　真:(027)67883580	E-mail:cbb @ cug.edu.cn
经　　销:全国新华书店		http://cugp.cug.edu.cn
开本:787 毫米×1092 毫米 1/16		字数:455 千字　印张:17.75
版次:2024 年 3 月第 1 版		印次:2024 年 3 月第 1 次印刷
印刷:武汉市籍缘印刷厂		
ISBN 978-7-5625-5743-2		定价:60.00 元

如有印装质量问题请与印刷厂联系调换

《特种设备无损检测Ⅰ级人员学习指南》

指导委员会

主　任:潘年松

委　员:丁　苛　陈　祁　姜　怡　刘　颖

　　　　洪　翠　张保意

编委会

主　　编:陈　祁　张正华

副主编:定　卓　蔡江华

编　委:金　勇　徐　亮　陈　勋　聂运威

　　　　汪　君　丁　腾　程子璇　柯　灿

　　　　陈　波　饶　尧　杨振寰　王晨阳

前　言

随着经济社会的快速发展,特种设备在用量持续增加,为保障特种设备安全运行,需要在特种设备生产、使用、检验检测等环节执行符合国家要求的质量安全标准。特种设备无损检测是特种设备安全管理的重要手段之一,近年来社会和企业对特种设备无损检测人员的需求越来越多,相关培训考核的要求也越来越高。总结湖北省多年来开展无损检测人员培训的经验及调研全国现有的无损检测培训资料发现,无损检测Ⅰ、Ⅱ级学员合并办学教材内容基本以Ⅱ级人员的考纲为主,对Ⅰ级学员特别是初学者缺乏针对性,导致Ⅰ级学员学习培训效果不佳,也直接影响了Ⅰ级学员的培训和考核质量。

为解决无损检测Ⅰ级培训针对性不足的问题,湖北省市场监督管理宣传教育中心反复分析考试大纲,结合历年无损检测Ⅰ级考试实际情况,邀请相关专家重新进行规划设计,精心编撰并推出了这本更适合无损检测Ⅰ级学员的教材——《特种设备无损检测Ⅰ级人员学习指南》。

本教材有以下特点:一是囊括了特种设备无损检测及常规四项无损检测方法(RT、UT、MT、PT)相关知识,适合各领域无损检测Ⅰ级学员系统学习。二是本教材紧扣《特种设备无损检测人员考核规则》考纲,便于Ⅰ级学员有针对性地学习。三是简单明了,通俗易懂。各章结尾还设置了相应复习题,方便学员自我检测学习情况。四是引入 VR 新技术,可通过扫描书内二维码的方式观看设备、试块等视频演示,让初学者体验更直观。

本教材共五篇,其中第一篇由陈勋编写,第二篇由徐亮、张正华编写,第三篇由陈勋、张正华编写,第四篇由金勇编写,第五篇由张正华编写。相关复习题由聂运威命制。二维码及 VR 建模教学资源开发由定卓、丁腾、柯灿等人完成。其他参编人员参与本书规划、审核、修订。

本教材的编写工作得到了湖北省市场监督管理局和行业内相关企业专家的指导与支持,在此表示衷心感谢! 希望我们不懈的努力,能够真正帮助全国广大特种设备无损检测Ⅰ级考生。

编著者

2023 年 12 月

目　录

<< 第一篇

特种设备及无损检测基础知识

第一章　特种设备基础知识

无损检测技术广泛地用于承压类特种设备的制造、安装和使用中的检验,在机电类特种设备中也得到越来越多的应用,为保证特种设备质量和使用安全发挥着重要作用。从事特种设备无损检测工作的人员,有必要掌握一定承压类特种设备相关的基础知识,同时还应了解特种设备相关的法规体系,并应熟悉其中与特种设备无损检测密切相关的法规,如《特种设备无损检测人员考核规则》《特种设备检测机构核准规则》《锅炉安全技术监察规程》《固定式压力容器安全技术监察规程》等。

第一节　特种设备的概念

特种设备特指人们生产和生活中广泛使用的,一旦发生故障有可能危及公众安全的,受到政府强制监督管理的设备。2014 年的《中华人民共和国特种设备安全法》所称的特种设备,是指对人身和财产安全有较大危险性的锅炉、压力容器(含气瓶)、压力管道、电梯、起重机械、客运索道、大型游乐设施、场(厂)内专用机动车辆,以及法律、行政法规规定适用本法的其他特种设备。

国家对特种设备实行目录管理,特种设备目录由国务院负责特种设备安全监督管理的部门制定,报国务院批准后执行。

第二节　特种设备的分类

按照特种设备所包含八类设备的特点,可将特种设备划分为承压类特种设备和机电类特种设备。承压类特种设备是特种设备中的锅炉、压力容器(含气瓶)、压力管道的统称(图 1-1—图 1-4)。机电类特种设备是特种设备中的电梯、起重机械、客运索道、大型游乐设施、场(厂)内专用机动车辆的统称(图 1-5—图 1-9)。

一、锅炉

锅炉是指利用各种燃料、电或者其他能源,将所盛装的液体加热到一定的参数,并通过对外输出介质的形式提供热能的设备,其范围规定为设计正常水位容积大于或者等于30 L,且额定蒸汽压力大于或者等于0.1 MPa(表压)的承压蒸汽锅炉;出口水压大于或者等于0.1 MPa(表压),且额定功率大于或者等于0.1 MW的承压热水锅炉;额定功率大于或者等于0.1 MW的有机热载体锅炉。

二、压力容器

压力容器是指盛装气体或者液体,承载一定压力的密闭设备,其范围规定为最高工作压力大于或者等于0.1 MPa(表压)的气体、液化气体和最高工作温度高于或者等于标准沸点的液体、容积大于或者等于30 L且内直径(非圆形截面指截面内边界最大几何尺寸)大于或者等于150 mm的固定式容器和移动式容器;盛装公称工作压力大于或者等于0.2 MPa(表压),且压力与容积的乘积大于或者等于1.0 MPa·L的气体、液化气体和标准沸点等于或者低于60 ℃液体的气瓶;氧舱。

三、压力管道

压力管道是指利用一定的压力,用于输送气体或者液体的管状设备,其范围规定为最高工作压力大于或者等于0.1 MPa(表压),介质为气体、液化气体、蒸汽或者可燃、易爆、有毒、有腐蚀性、最高工作温度高于或者等于标准沸点的液体,且公称直径大于或者等于50 mm的管道。公称直径小于150 mm,且其最高工作压力小于1.6 MPa(表压)的输送无毒、不可燃、无腐蚀性气体的管道和设备本体所属管道除外。其中,石油天然气管道的安全监督管理还应按照《中华人民共和国安全生产法》《中华人民共和国石油天然气管道保护法》等法律法规实施。

图1-1　锅炉　　　　　　　　　　　　图1-2　压力容器

图 1-3 压力管道

图 1-4 气瓶

四、电梯

电梯是指动力驱动,利用沿刚性导轨运行的箱体或者沿固定线路运行的梯级(踏步),进行升降或者平行运送人、货物的机电设备,包括载人(货)电梯、自动扶梯、自动人行道等。非公共场所安装且仅供单一家庭使用的电梯除外。

五、起重机械

起重机械是指用于垂直升降或者垂直升降并水平移动重物的机电设备,其范围规定为额定起重量大于或者等于 0.5 t 的升降机;额定起重量大于或者等于 3 t(或额定起重力矩大于或者等于 40 t·m 的塔式起重机,或生产率大于或者等于 300 t/h 的装卸桥),且提升高度大于或者等于 2 m 的起重机;层数大于或者等于 2 层的机械式停车设备。

六、客运索道

客运索道是指动力驱动,利用柔性绳索牵引箱体等运载工具运送人员的机电设备,包括客运架空索道、客运缆车、客运拖牵索道等。非公用客运索道和专用于单位内部通勤的客运索道除外。

七、大型游乐设施

大型游乐设施是指用于经营目的,承载乘客游乐的设施,其范围规定为设计最大运行线速度大于或者等于 2 m/s,或者运行高度距地面高于或者等于 2 m 的载人大型游乐设施。用于体育运动、文艺演出和非经营活动的大型游乐设施除外。

八、场(厂)内专用机动车辆

场(厂)内专用机动车辆是指除道路交通、农用车辆以外仅在工厂厂区、旅游景区、游乐场所等特定区域使用的专用机动车辆。

图1-5　电梯

图1-6　起重机械

图1-7　客运索道

图1-8　大型游乐设施

图1-9　场(厂)内专用机动车辆

截至 2022 年年底，全国特种设备总量达 1 955.25 万台。其中：锅炉 32.92 万台、压力容器 497.15 万台、电梯 964.46 万台、起重机械 279.24 万台、客运索道 1117 条、大型游乐设施 2.52 万台（套）、场（厂）内专用机动车辆 178.85 万台。另有：气瓶 2.35 亿只、压力管道 85.9 万千米（在册）。

第三节　特种设备事故

特种设备是一种可能会发生爆炸、泄漏、倒塌、坠落等事故的设备。当特种设备发生破坏或爆炸等事故时，设备内的介质迅速膨胀，释放出巨大的内能，这些能量不仅使设备本身遭到破坏，瞬间释放的巨大能量还将产生冲击波使周围的设施和建筑物遭到破坏，危及人员生命安全。如果设备内盛装的是易燃或有毒介质，一旦突然发生爆炸，还会造成恶性的燃烧或中毒等连锁反应，后果不堪设想。

特种设备事故是指列入特种设备目录的特种设备因其本体原因及其安全装置或者附件损坏、失效，或者特种设备相关人员违反特种设备法律法规规章、安全技术规范造成的事故。

第四节　近年来特种设备事故的主要特点与原因

一、近年来特种设备事故的主要特点

从特种设备行业各个环节来看，特种设备事故主要发生在制造业、服务业、建筑业的使用环节。锅炉事故主要发生在食品、木材加工制造业以及洗浴等服务业；压力容器事故主要发生在化工、建材制造业，气瓶事故主要发生在化工、建筑和燃气行业；压力管道事故主要发生在化工和食品加工业；电梯事故主要发生在建筑安装场所、商场、宾馆、居民住宅；起重机械事故主要发生在机械、冶金、建材、造船等制造业和建筑业、物流业；场（厂）内专用机动车辆事故主要发生在冶金、建材等制造业和物流业；大型游乐设施事故主要发生在公园和景区。

二、近年来特种设备事故发生的原因

历年事故统计数据分析表明，我国正处于社会转型时期，各种社会问题、安全事故的发生总是表现得更加突出。尽管当前我国特种设备事故每万台相对数量在下降，但是相较计划经济时期，绝对数量仍呈上升趋势。

从管理层面分析，违章作业仍是造成事故的主要原因，约占 79%，具体表现为作业人员

违章操作、操作不当甚至无证作业,维护缺失,管理不善等;因设备制造、维修检修、安装拆卸以及运行过程中产生的质量安全缺陷导致的事故,约占19%;其他次生原因导致的事故,约占2%。

从技术层面分析,锅炉缺水处置不当、超压运行,快开门式压力容器安全联锁装置使用不当或失效,压力管道中危险化学品介质泄漏,氧气瓶内混入可燃介质,电梯管理不到位,安装维保人员安全防护措施不当,起重机械作业人员操作不当或设备存在安全隐患,场(厂)内专用机动车辆驾驶人员操作不当等是造成事故的重要原因。

第五节　特种设备典型事故案例

案例1　湖北当阳马店矸石发电厂高压蒸汽管道破裂

2016年8月11日15时20分许,湖北当阳马店矸石发电厂热电项目在建调试过程中,高压蒸汽管道破裂,蒸汽外泄发生爆管事故(图1-10)。该事故造成22人死亡,14人追刑责,30人受处分。事故的直接原因:安装在锅炉高压主蒸汽管道上的流量计质量不合格,其焊缝中的缺陷在高温高压作用下扩展,局部开裂导致蒸汽泄漏。

图1-10　当阳马店矸石发电厂高压蒸汽管道破裂

案例2　上海石油化工股份有限公司乙二醇装置爆炸事故

2022年6月18日4时24分,上海石油化工股份有限公司化工部1♯乙二醇装置环氧乙烷精制塔区域发生爆炸事故(图1-11),造成1人死亡、1人受伤,直接经济损失约971.48万元。事故的直接原因:环氧乙烷精制塔间连接管道断裂,环氧乙烷落到塔釜底部,沿管道断口处泄漏至大气中,遇火源起火爆炸。

图 1-11　上海石油化工股份有限公司乙二醇装置爆炸事故

案例 3　湖北十堰天然气管道爆炸事故

2021 年 6 月 13 日 6 时 42 分许,位于湖北省十堰市张湾区艳湖社区的集贸市场发生燃气爆炸事故(图 1 - 12),造成 26 人死亡,138 人受伤,其中重伤 37 人,经济损失约 5 395.41 万元。事故的直接原因:天然气中压钢管严重锈蚀破裂,泄漏的天然气在建筑物下方河道内密闭空间聚集,遇餐饮商户排油烟管道排出的火星发生爆炸。

图 1-12　湖北十堰天然气管道爆炸事故

复习题(单项选择题)

1. 以下不属于承压类特种设备的是(　　　)。

A. 锅炉　　　　　　　　　　　　　　B. 压力容器(含气瓶)

C. 压力管道　　　　　　　　　　　　D. 电梯

2. 压力管道是指利用一定的压力,用于输送气体或者液体的管状设备,其范围规定为最高工作压力大于或者等于(　　　)(表压),介质为气体、液化气体、蒸汽或者可燃、易爆、有毒、有腐蚀性、最高工作温度高于或者等于标准沸点的液体,且公称直径大于或者等于50 mm 的管道。

A. 0. 01 MPa　　　　　B. 0. 1 MPa　　　　　C. 0. 2 MPa　　　　　D. 1 MPa

答案:

1—2:DB

第二章　特种设备法规标准体系

特种设备法规标准体系集合了特种设备安全的各个要素,是对特种设备安全监察、安全性能、安全管理、安全技术措施等的完整描述,是实现依法监管的基础,是完善法制建设的重要内容。特种设备法规标准体系的完善程度,关系到国家利益和人民群众的切身利益,对我国特种设备产品的国际竞争力和我国特种设备制造业的发展也有深层次的影响。

第一节　我国特种设备法规标准体系

我国特种设备法规标准体系的结构可以分成 A、B、C、D、E 等 5 个层次,由 A 至 E,文件的数量逐级增加,由 E 至 A,法律效力逐级升高。

在全国范围适用的情况下,特种设备法规标准体系的 5 个层次说明如下。

A 层次:法律。《中华人民共和国特种设备安全法》(以下简称《特种设备安全法》)已由中华人民共和国第十二届全国人民代表大会常务委员会第三次会议于 2013 年 6 月 29 号通过,自 2014 年 1 月 1 号起实施。

B 层次:行政法规。中华人民共和国国务院令第 549 号《国务院关于修改〈特种设备安全监察条例〉的决定》已经 2009 年 1 月 14 日国务院第 46 次常务会议通过,自 2009 年 5 月 1 日起施行。

C 层次:行政规章。

(1)国务院各部门行政规章,如《特种设备目录》《特种设备作业人员监督管理办法》等。

(2)地方性法规、自治条例和单行条例,如《湖北省锅炉压力容器压力管道和特种设备安全监察管理办法》《江苏省特种设备安全条例》等。

(3)地方政府规章,如《上海市禁止制造销售使用简陋锅炉和非法改装常压锅炉的规定》等。

D 层次:安全技术规范。安全技术规范是国家质量监督检验检疫总局依据《特种设备安全监察条例》,对特种设备的安全性能和相应的设计、制造、安装、改造、维修、使用和检验检测的活动制定颁布的强制性规定。

安全技术规范是特种设备法规标准体系的重要组成部分,其作用是把与特种设备有关的法律、法规和规章的原则规定具体化。如 TSG 21—2016《固定式压力容器安全技术监察规程》、TSG 11—2020《锅炉安全技术规程》、TSG D0001—2009《压力管道安全技术监察规程——工业管道》。

E 层次:技术标准。技术标准分为国家标准、行业标准、地方标准和企业标准。

国家标准:GB 150—2011《压力容器》。

行业标准:NB/T 47013—2015《承压设备无损检测》、NB/T 47014—2011《承压设备焊接工艺评定》。

承压类特种设备法规标准体系示意图如图 2-1 所示。

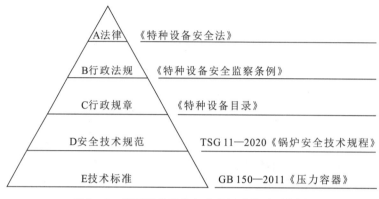

图 2-1　承压类特种设备法规标准体系示意图

第二节　特种设备检验检测的基本要求

《特种设备安全法》对特种设备检验检测的基本要求如下。

1. 关于检验、检测人员的资格及执业限制(第五十一条)

特种设备检验、检测机构的检验、检测人员应当经考核,取得检验、检测人员资格,方可从事检验、检测工作。

特种设备检验、检测机构的检验、检测人员不得同时在两个以上检验、检测机构中执业;变更执业机构的,应当依法办理变更手续。

2. 关于检验、检测工作的要求(第五十二条)

特种设备检验、检测工作应当遵守法律、行政法规的规定,并按照安全技术规范的要求进行。

特种设备检验、检测机构及其检验、检测人员应当依法为特种设备生产、经营、使用单位提供安全、可靠、便捷、诚信的检验、检测服务。

3. 关于检验、检测机构及其人员的执业要求(第五十三条)

特种设备检验、检测机构及其检验、检测人员应当客观、公正、及时地出具检验、检测报告,并对检验、检测结果和鉴定结论负责。

特种设备检验、检测机构及其检验、检测人员在检验、检测中发现特种设备存在严重事故隐患时,应当及时告知相关单位,并立即向负责特种设备安全监督管理的部门报告。

负责特种设备安全监督管理的部门应当组织对特种设备检验、检测机构的检验、检测结果和鉴定结论进行监督抽查,但应当防止重复抽查。监督抽查结果应当向社会公布。

4. 关于生产、经营、使用单位的配合义务(第五十四条)

特种设备生产、经营、使用单位应当按照安全技术规范的要求向特种设备检验、检测机构及其检验、检测人员提供特种设备相关资料和必要的检验、检测条件,并对资料的真实性负责。

5. 关于检验、检测机构及其人员的保密等义务(第五十五条)

特种设备检验、检测机构及其检验、检测人员对检验、检测过程中知悉的商业秘密,负有保密义务。

特种设备检验、检测机构及其检验、检测人员不得从事有关特种设备的生产、经营活动,不得推荐或者监制、监销特种设备。

6. 关于不得利用检验工作故意刁难生产、经营、使用单位的规定(第五十六条)

特种设备检验机构及其检验人员利用检验工作故意刁难特种设备生产、经营、使用单位的,特种设备生产、经营、使用单位有权向负责特种设备安全监督管理的部门投诉,接到投诉的部门应当及时进行调查处理。

复习题(单项选择题)

1. 以下《特种设备安全法》对特种设备检验检测的基本要求中,说法错误的是(　　　)。

A. 检测人员应当经考核,取得检验、检测人员资格,方可从事检验、检测工作

B. 检测人员应当依法为特种设备生产、经营、使用单位提供安全、可靠、便捷、诚信的检验、检测服务

C. 检测人员可以从事有关特种设备的生产、经营活动,推荐或者监制、监销特种设备

D. 检测人员在检测中发现特种设备存在严重事故隐患时,应当及时告知相关单位

2. 我国特种设备法规标准体系中法律效力最高的是(　　　)。

A.《中华人民共和国特种设备安全法》

B. TSG 11—2020《锅炉安全技术规程》

C.《特种设备安全监察条例》

D. NB/T 47013—2015《承压设备无损检测》

答案:

1—2:CA

第三章　特种设备无损检测人员相关知识

第一节　特种设备无损检测人员的概念

特种设备无损检测人员,是指从事《特种设备安全法》适用范围的特种设备无损检测工作的人员。他们在特种设备生产单位(制造、安装、改造、维修)、检验检测机构(综合检验机构、专业无损检测机构、型式试验机构等)从事特种设备无损检测工作。特种设备检验机构中的特种设备无损检测人员所从事的无损检测工作,是特种设备检验工作中的一个专项,其检测结果是设备最终检验结果的一项评价指标;在生产单位中的特种设备无损检测人员所从事的无损检测工作,是特种设备生产中的一个重要工序,其检测结果是特种设备产品或者特种设备安装、改造、维修质量的一项重要评价指标;在专业无损检测机构中的无损检测人员所从事的无损检测工作,是为检验机构或者生产单位提供的专项无损检测服务,是特种设备检验工作的一部分或者特种设备生产工作的一部分。

在特种设备生产中或者特种设备检验检测工作中,无损检测质量对制造或施工质量以及特种设备检验检测工作质量有着重要的影响。

第二节　特种设备无损检测人员执业的资格要求

无损检测人员应当按照 TSG Z8001—2019《特种设备无损检测人员考核规则》的要求,取得相应的《特种设备检验检测人员证》(以下简称《检测人员证》),方可从事相应的无损检测工作。

按照检验检测行业管理的要求,特种设备无损检测人员在取得《检测人员证》后,还需其执业单位向中国特种设备检验协会办理注册手续后,方能合法执业,未经注册的特种设备检验检测人员不能代表其执业单位出具检验检测报告。

《检测人员证》有效期为 5 年。有效期满需要继续从事无损检测工作的人员,应当按照本规则的规定办理换证。

第三节　特种设备无损检测人员的资格划分和工作范围

特种设备无损检测人员的资格划分按照无损检测方法、项目、级别来进行。无损检测方法包括射线检测、超声检测、磁粉检测、渗透检测、声发射检测、涡流检测、漏磁检测；无损检测人员级别分为Ⅰ级（初级）、Ⅱ级（中级）和Ⅲ级（高级）。

无损检测人员的工作范围应当符合所取得资格证书中规定的无损检测方法、项目、级别。各种无损检测方法、项目和级别的划分见表3-1。

表3-1　无损检测方法、项目和级别的划分

方法	项目	代号	级别
射线检测	射线胶片照相检测	RT	Ⅰ、Ⅱ、Ⅲ
	射线数字成像检测	RT(D)	Ⅱ
超声检测（注1）	脉冲反射法超声检测	UT	Ⅰ、Ⅱ、Ⅲ
	脉冲反射法超声检测（自动）	UT(AUTO)	Ⅱ
	衍射时差法超声检测	TOFD	Ⅱ
	相控阵超声检测	PA	Ⅱ
磁粉检测	磁粉检测	MT	Ⅰ、Ⅱ、Ⅲ
渗透检测	渗透检测	PT	Ⅰ、Ⅱ、Ⅲ
声发射检测	声发射检测	AE	Ⅱ、Ⅲ
涡流检测（注1）	涡流检测	ECT	Ⅱ、Ⅲ
	涡流检测（自动）	ECT(AUTO)	Ⅱ
漏磁检测	漏磁检测（自动）	MFL(AUTO)	Ⅱ

注1：脉冲反射法超声检测项目覆盖脉冲反射法超声检测（自动）项目，涡流检测项目覆盖涡流检测（自动）项目。

申请射线胶片照相检测（RT）、脉冲反射法超声检测（UT）、磁粉检测（MT）、渗透检测（PT）项目Ⅰ级和Ⅱ级《检测人员证》的人员，应当向省级市场监督管理部门（以下简称省级发证机关）提出申请，经考试合格，由省级发证机关批准颁发《检测人员证》。

申请前款以外的其他无损检测项目和级别的人员，应当向国家市场监督管理总局（以下简称国家级发证机关）提出申请，经考试合格，由国家级发证机关批准颁发《检测人员证》。

《特种设备无损检测人员考核规则》规定了Ⅲ级、Ⅱ级和Ⅰ级无损检测人员的任务和职责。从事无损检测工作的人员必须明确自己肩负的责任，认真履行工作岗位的职责。不同级别无损检测人员的工作职责规定如下。

一、Ⅰ级无损检测人员的工作职责

Ⅰ级无损检测人员不负责检测方法、技术以及工艺参数的选择,其工作仅限于以下内容:

(1)正确调整和使用无损检测仪器;

(2)按照无损检测操作指导书进行无损检测操作;

(3)记录无损检测数据,整理无损检测资料;

(4)了解和执行有关安全防护规则。

二、Ⅱ级无损检测人员的工作职责

Ⅱ级无损检测人员负责按照已经批准的或者经过认可的规程,实施和指导无损检测工作,具体包括以下内容:

(1)从事或者监督Ⅰ级无损检测人员的工作;

(2)按照工艺文件要求调试和校准无损检测仪器,实施无损检测操作;

(3)根据无损检测工艺规程编制针对具体工件的无损检测操作指导书;

(4)编制和审核无损检测工艺规程(限持Ⅱ级资格4年以上的人员);

(5)按照规范、标准规定,评定检测结果,编制或者审核无损检测报告;

(6)对Ⅰ级无损检测人员进行技能培训和工作指导。

三、Ⅲ级无损检测人员的工作职责

Ⅲ级无损检测人员可以被授权从事其所具有项目内的全部工作并且承担相应责任,包括以下内容:

(1)从事或者监督Ⅰ级和Ⅱ级无损检测人员的工作;

(2)负责无损检测工程的技术管理、无损检测装备性能和人员技能评价;

(3)编制和审核无损检测工艺规程;

(4)确定用于特定对象的特殊无损检测方法、技术和工艺规程;

(5)对无损检测结果进行分析、评定或者解释;

(6)对Ⅰ级和Ⅱ级无损检测人员进行技能培训和工作指导。

未设置Ⅲ级项目的,Ⅲ级无损检测人员的工作由Ⅱ级无损检测人员承担。

第四节　对无损检测人员的要求

无损检测是为产品质量和生产安全把关的工作,责任重大。无损检测人员应严格遵守职业道德。无损检测人员职业道德规范主要包含以下几个方面。

一、遵守法律、法规和相关规章

无损检测人员在职业活动中,不仅应该遵守与被检对象检测工作直接相关的法律、法规,而且还应该遵守环境保护、劳动保护和安全管理等方面的法律、法规和有关规章。如果不遵守相关的法律、法规和有关规章,将会对国家和人民的财产、人民的健康及生命安全造成不必要的损害。例如,射线检测就必须遵守国家有关电离辐射安全管理的有关法规,否则,将会对自己或他人的健康造成损坏,甚至危害生命安全。再如,进入现场,就必须遵守国家有关劳动保护的法规,以及企业制定的佩戴防护用品、防火防爆、高空作业等安全规章,以免事故发生。

二、诚实守信,不弄虚作假

诚实守信是最基本的社会道德之一。对无损检测人员来说,诚实守信、不弄虚作假更是职业道德的底线,绝不允许违反。

《特种设备安全法》规定:特种设备检验、检测人员出具虚假的检验、检测结果和鉴定结论或者检验、检测结果和鉴定结论严重失实的,处 5000 元以上 5 万元以下罚款,情节严重的,撤销其检验、检测资格,触犯刑法的,依照刑法追究刑事责任;特种设备检验检测人员出具虚假的检测结果和鉴定结论或者检测结果和鉴定结论严重失实,造成损害的,应当承担赔偿责任。

三、严格执行无损检测标准、工艺和操作程序

无损检测标准、工艺和操作程序,是理论、试验和应用经验的结晶,其起草和制订经过仔细研究和认真讨论,并且经过审核审批程序,因此是无损检测工作中必须严格执行的"金科玉律",不得违反。执行无损检测标准、工艺和操作程序是检测结果正确可靠的保证。

四、安全文明生产与无损检测 HSE 管理

安全是建设和谐社会的基础,是坚持以人为本的价值观的核心。只有高度重视安全,才能确保做到:不伤害别人,不伤害自己和不被别人伤害。

HSE 是健康(health)、安全(safety)和环境(environment)的简称,HSE 管理体系是组织实施健康、安全与环境管理的组织机构、职责、做法、程序、过程和资源等要素有机构成的整体,这些要素相互关联、相互作用,形成动态管理体系。无损检测工作应当注重 HSE 管理。

(1)检则人员要学习并严格遵守各项安全规章制度,检测人员要通过学习并考核合格才能持证上岗。

(2)检测人员进入现场前,应详细了解现场情况,对潜在的危险应排除或做好充分的准备方可进入现场。

(3)上岗检测前必须穿戴劳保用品,高空作业时必须系好安全带。

(4)检测前要做好安全用电、防火、防窒息及有毒气体伤害等安全措施,尤其在通风条件不好或受限空间作业时。

(5)进行 X 射线检测时,应根据现场环境条件,选择适当的防护方法,尽量减少射线对人员造成的伤害和对环境造成的辐射污染;射线现场检测时,应划出警戒范围,悬挂警告标志,并派专人警戒和巡视监护,防止无关人员误入辐射区域;暗室处理后要采取适当措施回收显影液,防止造成环境污染。

(6)其他检测方法应根据其特点制定相应的安全管理措施,确保检测安全。

复习题(单项选择题)

1. 以下哪一条不属于Ⅰ级无损检测人员的工作职责?(　　　)

A. 正确调整和使用无损检测仪器

B. 按照无损检测操作指导书进行无损检测操作

C. 记录无损检测数据,整理无损检测资料

D. 对无损检测结果进行分析、评定或者解释

2. 以下项目级别的检测人员证书,不应当向省级市场监督管理部门提出申请的是(　　　)。

A. UT -Ⅰ　　　　　　　B. RT -Ⅱ　　　　　　　C. MT -Ⅲ　　　　　　　D. PT -Ⅰ

3. 以下关于不同级别无损检测人员的工作职责规定错误的是(　　　)。

A. Ⅰ级无损检测人员不负责检测方法、技术以及工艺参数的选择

B. Ⅱ级无损检测人员负责按照已经批准的或者经过认可的规程,实施和指导无损检测工作

C. Ⅲ级无损检测人员可以被授权从事其所具有项目内的全部工作并且承担相应责任

D. Ⅲ级无损检测人员不能从事或者监督Ⅰ级和Ⅱ级无损检测人员的工作

4.《特种设备检验检测人员证》有效期为(　　　)年。有效期满需要继续从事无损检测工作的人员,应当按照本规则的规定办理换证。

A. 3　　　　　　　　　B. 4　　　　　　　　　C. 5　　　　　　　　　D. 6

答案:

1—4:DCDC

第四章　金属材料、热处理及焊接基础知识

金属材料是现代工业、国防以及科学技术各个领域应用最广泛的工程材料,这不仅是由于其来源丰富,生产工艺简单、成熟,还因为它具有优良的性能。

通常所指的金属材料的性能包括以下两个方面。

1. 使用性能

使用性能指为了保证机械零件、设备、结构件等能正常工作,材料所应具备的性能,主要有力学性能(强度、刚度、塑性、韧性等)、物理性能(密度、熔点、导热性、热膨胀性等)、化学性能(耐蚀性、热稳定性等)。

使用性能决定了材料的应用范围、使用安全可靠性和使用寿命。

2. 工艺性能

工艺性能指材料在被制成机械零件、设备、结构件的过程中适应各种冷热加工的性能,例如铸造、焊接、热处理、压力加工、切削加工等方面的性能。

工艺性能对制造成本、生产效率、产品质量有重要影响。

金属材料是制造承压类特种设备最常用的材料,其性能介绍是本章的主要内容。承压类特种设备无损检测人员,应了解材料方面的有关知识。

第一节　金属材料力学性能

金属材料在加工和使用过程中都要承受不同形式外力的作用,当外力达到或超过某一限度时,材料就会发生变形以至断裂。材料在外力作用下所表现的一些性能称为材料的力学性能,这些性能指标可以通过力学性能试验测定,如图4-1所示。

一、强度

强度是指金属材料在外力作用下抵抗变形或断裂的能力。钢材的强度指标有抗拉强度、屈服强度、疲劳强度、蠕变强度等。其中以抗拉强度(R_m)和屈服强度(R_{eH}和R_{eL})为钢材最常用的强度指标(图4-2)。强度指标的单位按国际单位制,单位为MPa(兆帕)。

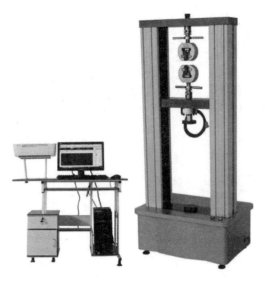

图 4 - 1　拉伸试验机

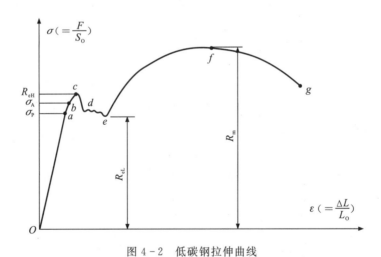

图 4 - 2　低碳钢拉伸曲线

（一）抗拉强度

抗拉强度是试样拉断前最大载荷时的应力，即试样所能承受的最大力，也就是拉伸曲线最高点 f 点所对应的拉力除以原始截面积，以 R_m 表示。

（二）屈服强度

屈服强度是表征金属开始产生明显塑性变形的抗力，指当金属材料呈现屈服现象时，在试验期间塑性变形继续增加而力不增加的应力点。屈服强度可分为上屈服强度 R_{eH} 和下屈服强度 R_{eL}。

二、塑性

塑性是指材料在载荷作用下断裂前发生不可逆永久变形的能力。当外力作用除去后，固体的变形不能完全消失的称为塑性变形。在工程上，常用来衡量金属材料塑性高低的指标是延伸率 A（伸长率）和断面收缩率 Z，二者都可通过拉伸试验测得。延伸率 A 和断面收缩率 Z 的值越大，说明材料的可塑性或变形能力越大。

（一）延伸率 A

延伸率是指试样拉断后，单位长度伸长的百分数，常用 A 表示。

（二）断面收缩率 Z

断面收缩率是指试样拉断后，断裂处单位截面积缩小的百分数，常用 Z 表示。断面收缩率能较可靠地反映金属材料的塑性，因为它与试样尺寸无关。

用以制造压力容器承压部件的材料要求具有较好的塑性。塑性好的材料在断裂破坏前会产生明显的塑性变形，不但易于检查发现，也使破坏造成的危害性相对减小，而且塑性变形可以缓解局部高应力，避免部件突然断裂。

三、硬度

硬度是指材料抵抗局部变形或表面损伤的能力。硬度与强度有一定的关系，一般情况下，硬度较高的材料其强度也较高，所以可以通过测试硬度来估算材料强度。此外，硬度较高的材料耐磨性也较好。

工程上常用的硬度试验的指标有：布氏硬度 HB、洛氏硬度 HR、维氏硬度 HV、里氏硬度 HL。里氏硬度计如图 4-3 所示。

图 4-3　里氏硬度计

四、冲击韧度

冲击韧度是指材料在外加冲击载荷作用下断裂时消耗能量大小的特性。冲击韧度通常是采用带缺口的试样在摆式冲击试验机（图 4-4）上测定的。冲击韧度的高低，取决于材料有无迅速塑性变形的能力。冲击韧性好的一般都有较好的塑性，但塑性较好的材料却不一定都有较好的冲击韧性。

在材料的各项机械性能指标中，冲击韧性是对材料化学成分、冶金质量、组织状态、内部缺陷以及试验温度等比较敏感的一个质量指标,同时也是衡量材料脆性转变和断裂特征的重要指标。

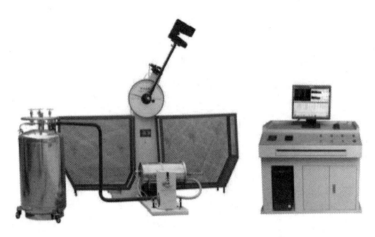

图 4－4　冲击试验机

第二节　承压类特种设备常用材料

　　承压类特种设备都是在承压状态下运行的,材料要承受较大的工作应力,有些还要同时承受高温或腐蚀性介质的作用,工作条件恶劣,如果在使用过程中发生破坏性事故,将会造成严重损失,因此对制作承压类特种设备的材料有一定的要求。

　　(1)为保证安全性和经济性,所用材料应有足够的强度,即较高的屈服强度极限和抗拉强度极限。

　　(2)为保证在承受外加载荷时不发生脆性破坏,所用材料应有良好的韧性。根据使用状态的不同,材料的韧性指标包括常温冲击韧性、低温冲击韧性以及时效冲击韧性等。

　　(3)所用材料应有良好的加工工艺性能,包括冷热加工成型性能和焊接性能。

　　(4)所用材料应有良好的低倍组织和表面质量,分层、疏松、非金属夹杂物、气孔等缺陷应尽可能少,不允许有裂纹和白点。

　　(5)用以制造高温受压元件的材料应具有良好的高温特性,包括足够的蠕变强度、持久强度和持久塑性,良好的高温组织稳定性和高温抗氧化性。

　　(6)与腐蚀介质接触的材料应具有优良的抗腐蚀性能。

　　低碳钢、低合金钢、奥氏体不锈钢是制作承压类特种设备常用的金属材料。根据需要,也有采用其他材料制作承压类特种设备的,例如铸钢、铸铁、铜、铝及铝合金、钛及钛合金、镍及镍合金、铁素体不锈钢、铁素体-奥氏体双相不锈钢等。

一、碳钢

碳钢(也叫碳素钢)是以碳和铁为两个基本组元的钢。碳钢中存在少量其他元素,如 Mn、Si、S、P、O、N、H 等,这些元素不是为了改善钢的性能而加入,是由于冶炼过程无法去除,或是由于冶炼工艺需要而加入,这些元素在碳钢中被称为杂质元素。其中含碳量小于 0.25% 的碳钢称为低碳钢,含碳量在 0.25%～0.6% 之间的碳钢称为中碳钢,含碳量大于 0.6% 的碳钢称为高碳钢。

锅炉和压力容器常用的碳钢牌号有 Q235B、Q235C、Q245R 等,压力管道常用的碳钢牌号有 10、20 等。它们都属低碳钢,一般以热轧或正火状态供货,正常的金相组织为铁素体＋珠光体。

碳是碳钢中的主要合金元素,随着含碳量增加,钢的强度将增大,但塑性和韧性降低,焊接性能变差,淬硬倾向变大,因此制作焊接结构的锅炉和压力容器所使用的碳钢,含碳量一般不超过 0.25%。

低碳钢供应方便、价格便宜,具有良好的塑性和韧性,虽然强度较低,但仍能满足一般锅炉压力容器的要求。低碳钢加工工艺性能好,特别是焊接性好、焊后热处理要求低。低碳钢使用可靠性好,正常情况下不会脆性断裂,应力腐蚀倾向小。

二、合金钢

为了改善钢的性能,在钢中特意加入了除铁和碳以外的其他合金元素,这一类钢称为合金钢。通常加入的合金元素有 Mn、Cr、Ni、Mo、Cu、Al、Si、W、V、Ni、Zr、Co、Ti、B、N 等。按合金元素加入量可将合金钢分为:低合金钢,合金元素总量小于 5%;中合金钢,合金元素总量 5%～10%;高合金钢,合金元素总量大于 10%。

我国合金钢牌号是按碳含量、合金元素种类和含量、质量级别和用途来编排的。牌号首部用数字表明碳含量(低合金钢用两位数表示含碳量的万分比,高合金钢、不锈钢用一位数表示含碳量的千分比);牌号第二部分用元素符号表明钢中主要合金元素,由其后数字表明主要合金元素平均含量的百分比;牌号尾部大写字母表示钢的质量等级;专门用途的低合金钢在牌号尾部加代表用途的符号。

例如:Q345R,原牌号 16MnR,表示平均碳含量为 0.16%,锰平均含量小于 1.5%,压力容器专用钢;09MnNiDR,表示平均含碳量 0.09%,锰、镍平均含量均小于 1.5%,低温压力容器专用钢;0Cr18Ni9Ti,表示属高合金钢,0 表示含碳量小于 0.06%(1 表示含碳量小于 0.1%,00 表示含碳量小于 0.03%),铬平均含量 18%,镍平均含量 9%,钛平均含量小于 1.5%。

承压类特种设备常用低合金钢包括低合金结构钢、低温钢和耐热钢。

（一）低合金结构钢

低合金结构钢既有较高的强度,又有较好的塑性和韧性。使用低合金结构钢代替碳钢时,在相同承载条件下,其结构质量可减轻 20%～30%。低合金结构钢的合金含量较少,价格较低,冷热成型性及焊接工艺性能良好,因而在承压类特种设备制造中广泛应用。

1. Q345R

Q345R(原牌号 16MnR)具有良好的力学性能,一般在热轧状态使用。对于中、厚板材可在 900～920 ℃进行正火热处理,正火后强度略有下降,但塑性、韧性、低温冲击值都显著提高。

Q345R 焊接性能良好,耐大气腐蚀性能优于碳钢,但该材料的缺口敏感性大于碳钢,当有缺口存在时,疲劳强度下降,且易产生裂纹。

2. Q370R

Q370R(原牌号 15MnNbR)具有优良的综合性能,其强度和韧性优于 Q345R,而焊接性及抗硫化氢应力腐蚀性能与 Q345R 相近,成本与国外同等性能材料相比要低很多,适合用于大型液化石油气罐。抗拉强度为 530～630 MPa,屈服强度为 370 MPa,－20 ℃冲击值大于或者等于 34 J。

该钢中加入 Nb、V、Ti 与 C、N 形成碳化物、氮化物及碳氮化物,有效延迟奥氏体形变后的再结晶时间,在控制轧制后使铁素体晶粒充分细化,显著提高强度和韧性,降低其脆性转变温度并改善焊接性能。

Q370R 钢在国内多用于制造大型球罐,该钢具有良好的抗冷裂纹性能,在球罐现场安装中的平、横、仰焊等位置时有较大的线能量适应范围。其焊接接头具有较高的强度、良好的塑性和韧性(特别是低温韧性),可满足大型球罐的设计要求。

(二)低温钢

低温钢主要用于在严寒地区的一些工程结构和各种低温装置(－196～－20 ℃),如空气分离、石油制品深加工、气体净化等工艺设备,以及低温乙烯、液化天然气的储存容器等。与普通低合金结构钢相比,低温钢必须保证在相应的低温下具有足够高的低温韧性,对强度则无特殊要求。常见的低温钢有 16MnDR(－40 ℃)、15MnNiDR(－45 ℃)和 09MnNiDR(－70 ℃),这三种钢都属于铁素体型低温钢。

(三)耐热钢

当工作温度在 400～600 ℃时,所使用的多为低合金耐热钢。此类钢在中等温度下,应具有良好的热化学稳定性和热强性。常用低合金耐热钢按成分可分为钼钢、铬钼钢和铬钼钒钢三类。按材料显微组织可分为珠光体钢和贝氏体钢两类,属于珠光体耐热钢的牌号有 0.5Cr－0.5Mo(12CrMo)、1.0Cr－0.5Mo(15CrMoR)、1.25Cr－0.5Mo(14Cr1MoR)等,属于贝氏体耐热钢的牌号有 2.25Cr－1Mo(12Cr2Mo1R)。

耐热钢中不可缺少的合金元素是 Cr、Si 或 Al。Cr 的加入,提高钢的抗氧化性,还有利于热强性。Mo、W、V、Ti 等元素加入钢中,能形成细小弥散的碳化物,起弥散强化的作用,提高室温和高温强度。

1. 0.5Mo

0.5Mo 是在碳钢基础上添加少量钼发展出的耐热钢,具有较高的持久强度和良好的可焊性与综合力学性能,因而得到广泛应用。其缺点是在 500～550 ℃长期停留会出现石墨化,韧性有所下降。

2. 0.5Cr - 0.5Mo(12CrMo)和 1.0Cr - 0.5Mo(15CrMoR)

0.5Cr - 0.5Mo(12CrMo)和 1.0Cr - 0.5Mo(15CrMoR)这两种钢的基础是 0.5Mo 钢。铬的加入消除了钢的石墨化倾向,并使钢的高温强度和抗氢性能都有所提高。15CrMoR 是一种中温抗氢钢,主要用于制造 400～500 ℃的中、低压石油化工设备。

3. 1. 25Cr - 0.5Mo(14Cr1MoR)

1.25Cr - 0.5Mo(14Cr1MoR)钢中铬含量比 1.0Cr - 0.5Mo 增加,进一步提高了抗氢性能,常用于制造石油化工的加氢精制装置。

4. 2. 25Cr - 1Mo(12Cr2Mo1R)

2.25Cr - 1Mo(12Cr2Mo1R)在 Cr - Mo 钢系中,具有最高的持久强度和最佳的抗氢性能,是典型的石油加氢裂化容器用钢。2.25Cr - 1Mo 具有明显的空淬倾向,焊接工艺控制必须更为严格。

5. 1Cr - 0. 5Mo - V(12Cr1MoVR)

与 2.25Cr - 1Mo 相比,这种钢的铬含量和钼含量都有所减小,而加入少量钒,合金元素总量下降,但持久强度反而升高,且具有良好的组织稳定性,经过 580～600 ℃时效后,硬度和冲击值变化很小。

三、奥氏体不锈钢

不锈钢的种类主要有以 Cr 为主加元素的铁素体不锈钢(0Cr13、1Cr17 等)和马氏体不锈钢(1Cr13、2Cr13),以 Cr、Ni 为主加元素的奥氏体不锈钢(0Cr18Ni9、00Cr18Ni10 等),其中奥氏体不锈钢在压力容器中应用较为广泛。

奥氏体不锈钢的力学性能与铁素体不锈钢的相比,其屈服点低,但塑性、韧性好。奥氏体不锈钢具有面心立方晶格所特有的性能,与体心立方晶格的铁素体不同,不会出现低温脆性,所以它可以用作低温用钢;同时奥氏体不锈钢还具有良好的高温性能,也可用作耐热钢。

奥氏体不锈钢具有非常显著的加工硬化特性,其原因主要是亚稳的奥氏体在塑性变形过程中形成马氏体。因此,热处理不能用于强化奥氏体不锈钢,一般可以采用冷加工的方法对其进行强化处理。

奥氏体不锈钢中最常用的牌号是 1Cr18Ni9,它具有良好的化学稳定性,在氧化性和某些还原性介质中耐蚀性很高,但在敏化状态下存在晶间腐蚀敏感性,并且在高温氯化物溶液中容易发生应力腐蚀开裂。根据不同的要求,可以在 1Cr18Ni9 基础上加入适量的 Ti、Ni、Mo、Cu 等元素,使钢的耐蚀性得到改善。许多铬镍奥氏体不锈钢都是在 1Cr18Ni9 的基础上通过合金化途径发展出来的,例如为改善抗晶间腐蚀性能而发展出的低碳(含碳量≤0.06%)的 0Cr18Ni9、超低碳(含碳量≤0.03%)的 00Cr18Ni10,以及加入钛来稳定碳的 0Cr18Ni9Ti,为提高抗点蚀性能而发展的含钼不锈钢 0Cr17Ni12Mo2 等。

第三节　金属材料热处理基础知识

热处理是将固态金属及合金按预定的要求进行加热、保温和冷却,改变其内部组织,从而获得所需性能的一种工艺过程(图 4-5)。根据钢在加热和冷却时组织与性能的变化规律,热处理工艺可分为退火、正火、淬火、回火等。本节主要介绍与承压类特种设备有关的热处理工艺(图 4-6)。

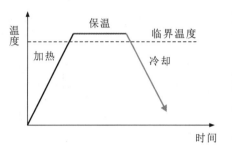

图 4-5　热处理工艺曲线图

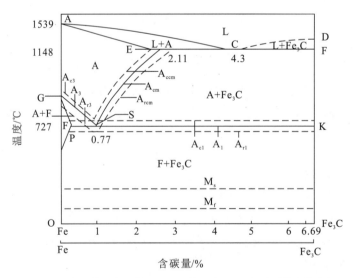

A_{c1} -加热时珠光体向奥氏体转变的开始温度;A_{c3} -加热时铁素体全部转变为奥氏体的终了温度;A_{ccm} -加热时二次渗碳体溶入奥氏体的终了温度;A-奥氏体;F-铁素体;Fe_3C-渗碳体。

图 4-6　热处理温度范围

一、退火

将钢试件加热到适当温度,保温一定时间后缓慢冷却,以获得接近平衡状态组织的热处理工艺,称为退火。

根据钢的成分和目的的不同,退火又分为完全退火、不完全退火、消除应力退火、等温退火、球化退火等。

完全退火又称重结晶退火,其方法是将工件加热到 A_{c3} 以上 $30\sim50$ ℃,保温后在炉内缓慢冷却。其目的在于均匀组织,消除应力,降低硬度,改善切削加工性能。完全退火主要用于各种亚共析成分的碳钢和合金钢的铸、锻件,有时也用于焊接结构。完全退火的组织是接近 $Fe-Fe_3C$ 相图的平衡组织。

不完全退火是将工件加热到 A_{c1} 以上 $30\sim50$ ℃,保温后缓慢冷却的方法。其主要目的是降低硬度,改善切削加工性能,消除内应力。不完全退火应用于低合金钢、中碳钢的锻件和轧制件。

消除应力退火处理主要是指焊后热处理(PWHT),也有在焊接过程中间和冷变形加工后为减少内应力及冷作硬化而进行消除应力处理的。消除应力退火处理的加热温度根据材料不同而不同,一般是将工件加热到 A_{c1} 以下 $100\sim200$ ℃,对碳钢和低合金钢大致在 $500\sim650$ ℃,保温后缓慢冷却。消除应力退火处理的主要目的是消除焊接、冷变形加工、铸造锻造等加工方法所产生的内应力,同时还能使焊缝中的氢较完全地扩散,提高焊缝的抗裂性,此外对改善焊缝及热影响区的组织、稳定结构形状也有作用。

二、正火

正火是将工件加热到 A_{c3} 或 A_{cm} 以上 $30\sim50$ ℃,保持一定时间后在空气中冷却的热处理工艺。正火的目的与退火基本相同,主要是细化晶粒、均匀组织、降低内应力。正火与退火的不同之处在于前者的冷却速度较快,过冷度较大,使组织中珠光体量增多,且珠光体片层厚度减小。钢正火后的强度、硬度、韧性都较退火为高。许多承压类特种设备用的低合金钢钢板都是以正火状态供货的。超声波检测一些晶粒粗大的锻件时,会出现声能严重衰减,或出现大量草状回波,可通过正火使情况得到改善。

三、淬火

淬火是将工件加热保温后,在水、油或其他无机盐、有机水溶液等淬冷介质中快速冷却,使淬火后工件变硬,同时变脆的热处理工艺。钢的淬火是将钢加热到临界温度 A_{c3}(亚共析钢)或 A_{c1}(过共析钢)以上 $30\sim50$ ℃,保温一段时间后快速冷却,使奥氏体转变为马氏体的热处理工艺。

淬火的目的是通过淬火获得马氏体组织,以提高材料硬度和强度,这对于轴承、模具等工件是有益的；但锅炉压力容器材料和焊缝的组织中不希望出现马氏体，主要是因为马氏体强度、硬度高，塑韧性差，易产生裂纹。

四、回火

回火是将经过淬火的钢加热到 A_{c1} 以下的适当温度，保持一定时间，然后用符合要求的方法冷却（通常是空冷），以获得所需组织和性能的热处理工艺。回火的主要目的是降低材料的内应力，提高韧性。通过调整回火温度，可获得不同硬度、强度和韧性，以满足所要求的力学性能。

按回火温度的不同可将回火分为低温、中温、高温回火三种。

淬火后在 150～250 ℃ 范围内的回火称为低温回火。回火后的组织为回火马氏体。低温回火主要用于各种高碳钢制成的工具、滚珠轴承等。

淬火后在 350～500 ℃ 范围内的回火称为中温回火。回火后的组织为回火屈氏体。中温回火主要用于模具、弹簧等。

淬火后在 500～650 ℃ 范围内的回火称为高温回火。回火后的组织为回火索氏体。其性能特点是具有一定的强度，同时又有较高的塑性和冲击韧性，即有良好的综合机械性能。

淬火加高温回火的热处理又称为调质，许多机械零件如齿轮、曲轴等均需经过调质处理，一些承压类特种设备用的低合金高强度钢板也采用调质处理得到良好的综合机械性能。

五、奥氏体不锈钢的固溶处理和稳定化处理

把铬镍奥氏体不锈钢加热到 1050～1100 ℃（在此温度下，碳在奥氏体中固溶），保温一定时间（大约每 25 mm 厚度不小于 1 h），然后快速冷却至 427 ℃ 以下（要求从 925 ℃ 至 538 ℃ 冷却时间小于 3 min），以获得均匀的奥氏体组织，这种方法称为固溶处理。经固溶处理的铬镍奥氏体不锈钢，其强度和硬度较低而韧性较好，具有很高的耐腐蚀性和良好的高温性能。

对于含有钛或铌的铬镍奥氏体不锈钢，为了防止晶间腐蚀，必须使钢中的碳全部固定在碳化钛或碳化铌中，以此为目的的热处理称为稳定化处理。稳定化处理的工艺条件是：将工件加热到 850～900 ℃，保温足够长的时间后快速冷却。

第四节　焊接基础知识

焊接是指通过加热或加压，或两者并用，并且用或不用填充材料，使工件达到结合的一种方法。

特种设备焊接方法主要采用的是熔化焊，因为它强度高、致密性好，工艺成熟可靠，对构件材质、厚度适应范围大。在锅炉压力容器制造中，焊接工作量占整个工作量的 30% 以上。

焊接质量对承压类特种设备产品质量和使用安全可靠性有直接影响,许多承压类特种设备事故都源于焊接缺陷。因此,对承压类特种设备无损检测人员来说,掌握焊接知识是非常必要的。

一、特种设备常用的焊接方法

(一)焊条电弧焊(SMAW)

焊条电弧焊(又称手工电弧焊),是利用焊条与焊件之间的电弧热,将焊条及部分焊件熔化而形成焊缝的焊接方法(图4-7)。焊接过程中焊条药皮熔化分解生成气体和熔渣,在气体和熔渣的共同保护下,有效地排除了周围空气对熔化金属的有害影响。通过高温下熔化金属与熔渣间的冶金反应,还原并净化焊缝金属,从而得到优质的焊缝。

图4-7　焊条电弧焊

焊条电弧焊优点:①设备简单,便于操作,适用于室内外各种位置的焊接,可以焊接碳钢、低合金钢、耐热钢、不锈钢等各种材料;②钢板对接,接管与筒体、封头的连接及各种结构件的连接,都可以采用焊条电弧焊。

焊条电弧焊的缺点:生产效率低,劳动强度大,对焊工的技术水平及操作要求较高。

(二)埋弧焊(SAW)

埋弧焊是利用焊丝和焊件之间燃烧的电弧产生热量,使焊丝、焊件和焊剂熔化形成焊缝的焊接方法(图4-8)。焊接过程中产生的电弧完全被颗粒状的焊剂层所覆盖,因而称为埋弧焊。

图4-8　埋弧焊设备

与焊条电弧焊相比,埋弧焊有下列优点:①埋弧焊生产效率比焊条电弧焊高 5～10 倍;②焊接规范参数稳定,焊缝成分均匀,外型光滑美观,因而焊接质量良好、稳定;③工件厚度小时可以不开坡口,从而节省金属材料和电能;④埋弧焊施焊中看不到弧光,焊接烟雾也很少,又是机械自动操作,因而劳动条件得到了很大改善。

埋弧焊的缺点:①设备比较复杂昂贵;②由于电弧不可见,因而对接头加工与装配要求严格;③焊接位置受到一定限制,一般总是在平焊位置焊接。

埋弧焊常用于焊接长的直线焊缝及大直径圆筒容器的环焊缝。

(三)气体保护焊

气体保护焊是用外加气体作为电弧介质并保护电弧和焊接区的电弧焊方法。按电极状态可分为不熔化极和熔化极两种,按保护气体可分为氩弧焊、二氧化碳气体保护焊、混合气体保护焊等。

1. 钨极氩弧焊(GTAW)

钨极氩弧焊,是以钨棒作电极,在氩气保护下,靠钨极与工件间产生的电弧热,熔化基本金属进行焊接的方法,必要时,也可另加填充焊丝。在焊接过程中钨极不发生明显的熔化和消耗,只起发射电子引燃电弧及传导电流的作用。

所用氩气通过管道和喷嘴送至焊接区,氩气中含有氧、氮、二氧化碳和水分等杂质,会降低氩气的保护作用,造成气孔缺陷,降低焊接接头的力学性能与抗腐蚀性能,因此要求氩气的纯度应大于 99.95%。

钨极氩弧焊优点:①电弧稳定,使用小电流焊接薄工件,可单面焊双面成形;②采用钨极氩弧焊打底,然后用焊条电弧焊或其他焊接方法形成盖面焊缝,可以避免根部未焊透等缺陷,提高焊接质量。

钨极氩弧焊的缺点:①氩气成本较昂贵;②钨极氩弧焊的设备和控制系统比较复杂;③钨极氩弧焊的生产效率较低,且只能焊薄壁构件。

2. 熔化极气体保护焊(GMAW)

1)熔化极氩气保护焊

采用连续送进的焊丝为电极,在氩气保护下,依靠焊丝与工件之间产生的电弧热熔化母材金属及焊丝。适用于焊接有色金属及合金钢。

2)二氧化碳气体保护焊

以二氧化碳气体作为保护气体的电弧焊接方法,叫二氧化碳气体保护焊。以焊丝作一个电极,靠焊丝与工件之间产生的电弧热熔化焊丝和工件,形成焊接接头。

二氧化碳气体保护焊的主要优点是:①成本低。②质量好。电弧和熔池都在二氧化碳气体保护之下,不易受空气侵害,焊接时电弧加热集中,焊接速度快,焊接热影响区小。③生产率高。由于焊丝送进自动化,电流密度大,热量集中,所以焊接速度快,又不需要清理焊渣等辅助工作,因此生产率较高。④操作性能好。明弧焊接,便于发现和处理问题;具有手工焊接的灵活性,适宜于进行全位置焊接。

缺点:①采用较大电流焊接时,飞溅较大、烟雾较多,弧光强焊缝表面成形不够光滑美观;②控制或操作不当时,容易产生气孔;③焊接设备比较复杂。

二、焊接接头

焊接接头形式一般由被焊接两金属件的相互结构位置来决定,通常分为对接接头、搭接接头、角接接头及 T 形接头等(图 4 - 9)。对接接头是最常见、最合理的接头形式。对接接头处结构基本是连续的,应力分布比较均匀,应尽量采用对接接头。

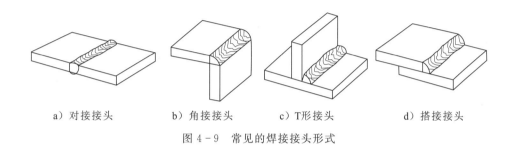

| a) 对接接头 | b) 角接接头 | c) T形接头 | d) 搭接接头 |

图 4 - 9 常见的焊接接头形式

焊接坡口形式指被焊两金属件相连处预先被加工成的结构形式,一般由焊接工艺和设计决定。

对接接头的坡口形式可分为不开坡口、V 形坡口、X 形坡口、单 U 形坡口及双 U 形坡口等(图 4 - 10)。

角接接头及 T 形接头的坡口形式可分为不开坡口、V 形坡口、K 形坡口及单边双 U 形坡口等(图 4 - 10)。

以对接接头为例,焊接接头包括热影响区(2)、焊缝(3)和熔合区(4)三部分,另(1)为母材(图 4 - 11)。

焊缝(3)是焊件经焊接后形成的结合部分,通常由熔化的母材和焊材组成,有时全部由熔化的母材组成。熔合区(4)是焊接接头中焊缝与母材交接的过渡区域。焊接热影响区(2)是焊接过程中,材料因受热的影响(但未熔化)而发生金相组织和机械性能变化的区域。

由于焊缝金属的化学成分较合理,二次结晶的晶粒较细,所以焊缝部位的金属具有较好的力学性能,加上焊缝余高使焊缝部位的受力截面增大,因此焊接接头的薄弱部位不在焊缝,而在熔合区和热影响区。

必须指出,焊缝余高并不能增加整个焊接接头的强度,因为余高仅仅使焊缝截面增大而未使熔合区和热影响区截面增大,相反,余高的存在恰好在熔合区和热影响区粗晶区部位造成结构的不连续,从而导致应力集中,使焊接接头的疲劳强度下降。

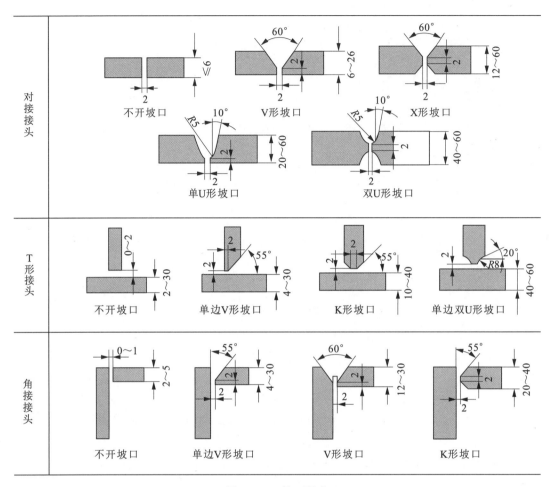

图 4-10　坡口形式

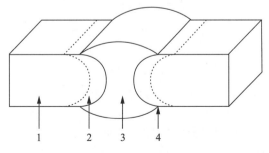

1-母材;2-热影响区;3-焊缝;4-熔合区。

图 4-11　焊接接头示意图

三、焊接质量控制措施

承压类特种设备焊接最重要的原则是避免淬硬组织和控制冷裂纹,所采用的措施除了合理选用焊接材料外,主要是控制焊接工艺。增加焊接线能量、提高预热温度及采用多道焊的工艺措施可减少焊接接头冷裂倾向、避免硬化组织产生,有利于氢的逸出。焊后消氢处理和焊后消除应力热处理也是改善接头性能的常用方法。

此外,焊条的烘烤和坡口的清洁对减少气孔等缺陷至关重要。对焊条和焊剂进行烘烤是减少气孔、提高焊接质量的重要措施。酸性焊条的烘烤温度一般在 200 ℃左右,而碱性焊条对氢的敏感性大,因此烘烤温度更高,一般要求 350~450 ℃。烘烤后的焊条应保温,防止回潮并及时使用。

焊前对坡口进行清洁,保证其无水、无油、无锈也是减少气孔的重要措施。同样,焊条和焊丝也应保持清洁,为防止焊丝生锈,有时对其表面采用镀铜处理。

复习题(单项选择题)

1. 材料主要有力学性能不包括(　　)。

A. 强度　　　　　　　　B. 塑性　　　　　　　C. 韧性　　　　　　　D. 耐蚀性

2. 以下说法错误的是(　　)。

A. 强度是指金属材料在外力作用下抵抗变形或断裂的能力

B. 塑性是指材料在载荷作用下断裂前发生不可逆永久变形的能力

C. 硬度是指材料抵抗局部变形或内部损伤的能力

D. 冲击韧度是指材料在外加冲击载荷作用下断裂时消耗能量大小的特性

3. 含碳量小于(　　)的碳钢称为低碳钢。

A. 0.15%　　　　　　　B. 0.20%　　　　　　C. 0.25%　　　　　　D. 0.3%

4. 牌号 20 的碳钢,平均含碳量为(　　)。

A. 0.02%　　　　　　　B. 0.20%　　　　　　C. 2%　　　　　　　　D. 20%

5. 低碳钢正常的金相组织为(　　)。

A. 铁素体+珠光体　　　B. 珠光体　　　　　　C. 铁素体+马氏体　　D. 奥氏体

6. 使材料具有一定的强度,同时又有较高的塑性和冲击韧性(即有良好的综合机械性能),可采用淬火加高温回火的热处理工艺,这种热处理工艺称为(　　)。

A. 退火　　　　　　　　B. 正火　　　　　　　C. 调质　　　　　　　D. 消氢处理

7. 为减少锻件超声波探伤的声能衰减,提高信噪比,应采用的热处理方法是(　　)。

A. 退火　　　　　　　　B. 不完全退火　　　　C. 正火　　　　　　　D. 调质

8. 低合金钢 16MnR 的(　　)。

A. 平均含碳量小于 0.16%,平均含锰量小于 1.5%

B. 平均含碳量 0.16%,平均含锰量小于 1.5%

C. 平均含碳量小于 0.16%,平均含锰量 1.5%

D. 平均含碳量 0.16%，平均含锰量 1.5%

9. 不完全退火处理，钢试件应加热到哪一温度线以上 30～50 ℃？（　　）

A. A_{c1} 　　　　　　B. A_{c3} 　　　　　　C. A_{r3} 　　　　　　D. A_{r1}

10. 将工件加热到 A_{c3} 或 A_{cm} 以上 30～50 ℃，保持一定时间后在空气中冷却的热处理工艺称为（　　）。

A. 退火　　　　　　B. 不完全退火　　　C. 正火　　　　　　D. 调质

11. 焊后消除应力热处理，钢试件应加热到哪一温度？（　　）

A. A_{c1} 以下 100～200 ℃ 　　　　　B. A_{c3} 以下 100～200 ℃

C. A_{r1} 以下 100～200 ℃ 　　　　　D. A_{r3} 以下 100～200 ℃

12. 碳钢和低合金钢焊后消除应力热处理，应加热到大致哪一温度？（　　）

A. 300～400 ℃　　B. 400～500 ℃　　C. 500～650 ℃　　D. 650～800 ℃

13. 奥氏体不锈钢的固溶处理，应加热到哪一温度？（　　）

A. A_{c1} 线以下 30～50 ℃ 　　　　　B. A_{c3} 线以上 30～50 ℃

C. A_{r1} 线以上 30～50 ℃ 　　　　　D. 1050～1100 ℃

14. 以下哪一条不属于埋弧焊的优点？（　　）

A. 生产效率高　　　　　　　　　　B. 焊接质量稳定

C. 节省金属材料和电能　　　　　　D. 设备简单，现场适用性好

15. 采用（　　）打底，然后用焊条电弧焊或其他焊接方法形成焊缝，可以避免根部未焊透等缺陷，提高焊接质量。

A. 钨极氩弧焊　　B. 埋弧焊　　　　C. 电渣焊　　　　D. 激光焊

16. 以下哪种接头的结构基本是连续的，应力分布比较均匀，是最常见、最合理的接头形式？（　　）

A. 对接接头　　　B. 搭接接头　　　C. 角接接头　　　D. T 形接头

17. 焊接接头不包括以下哪个部分？（　　）

A. 焊缝　　　　　B. 熔合区　　　　C. 热影响区　　　D. 母材

答案：

1—5：DCCBA　　　6—10：CCBAC　　　11—15：ACDDA　　　16—17：AD

第五章 无损检测基础知识

第一节 无损检测概论

一、无损检测定义和分类

无损检测的定义:在不损坏检测对象的前提下,以物理或化学方法为手段,借助相应的设备器材,按照规定的技术要求,对检测对象的内部及表面的结构、性质或状态进行检查和测试,并对结果进行分析和评价。

无损检测是在现代科学技术发展的基础上产生的。例如,用于探测工业产品缺陷的 X 射线照相法是在德国物理学家伦琴发现 X 射线后才产生的,超声波检测是在两次世界大战中迅速发展的声呐技术和雷达技术的基础上开发出来的,磁粉检测建立在电磁学理论的基础上,而渗透检测得益于物理化学的进步,等等。

在无损检测技术发展过程中出现过三个名称,即无损探伤(non‐destructive inspection)、无损检测(non‐destructive testing)和无损评价(non‐destructive evaluation)。

一般认为,这三个名称体现了无损检测技术发展的三个阶段。其中无损探伤是早期阶段的名称,其涵义是探测和发现缺陷。无损检测是当前阶段的名称,其内涵不仅仅是探测缺陷,还包括探测试件的一些其他信息,例如结构、性质、状态等,并试图通过测试掌握更多的信息。无损评价则是即将进入或正在进入的新的发展阶段。无损评价包涵更广泛、更深刻的内容,它不仅要求发现缺陷,探测试件的结构、性质、状态,还要求获取更全面的、更准确的、更综合的信息,例如缺陷的形状、尺寸、位置、取向、内含物、缺陷部位的组织、残余应力等,结合成像技术、自动化技术、计算机数据分析和处理等技术,与材料力学、断裂力学等知识综合应用,对试件或产品的质量和性能给出全面、准确的评价。

承压类特种设备常规无损检测方法有射线检测(RT)、超声检测(UT)、磁粉检测(MT)和渗透检测(PT)四种。到目前为止,这四种方法仍是承压类特种设备制造质量检验和在用检验最常用的无损检测方法。其中 RT 和 UT 主要用于探测试件内部缺陷,MT 和 PT 主要用于探测试件表面或近表面缺陷。其他常用于承压类特种设备的无损检测方法有涡流检测(ECT)、目视检测(VT)、声发射检测(AE)、衍射时差法超声检测(TOFD)、漏磁检测

（MFL）、相控阵超声检测（PA）等。

二、无损检测的目的

（一）保证产品质量

应用无损检测技术，可以探测到肉眼无法看到的内部缺陷；在对试件表面质量进行检验时，通过无损检测方法可以探测出肉眼难以看见的细小缺陷。无损检测技术由于对缺陷检测的应用范围广，灵敏度高，检测结果可靠性好，因此在承压类特种设备和其他产品制造的过程检验和最终质量检验中被普遍采用。

与破坏检测不同，无损检测不需要损坏试件就能完成整个检测过程，因此无损检测能够对产品进行百分百检测或逐件检验。许多重要材料、结构或产品，都必须保证万无一失，只有采用无损检测手段，才能为其质量提供有效保证。

（二）保障使用安全

为了保障使用安全，对在用锅炉、压力容器、压力管道等特种设备，必须定期进行检验，及时发现缺陷，避免事故发生，而无损检测就是在用锅炉、压力容器、压力管道定期检验的主要检验项目和发现缺陷最有效的方法之一。

（三）改进制造工艺

在产品生产中，为了了解制造工艺是否适宜，必须事先进行工艺试验。在工艺试验中对工艺试样进行无损检测，根据检测的结果改进制造工艺，最终确定理想的制造工艺。

（四）降低生产成本

在制造过程中间的适当环节正确地进行无损检测，可以减少返工，降低废品率，从而降低成本。

三、无损检测的应用特点

（一）无损检测与破坏性检测相配合

目前，无损检测还不能完全代替破坏性检测。对一个工件、材料、机器设备的评价，必须把无损检测的结果与破坏性检测的结果互相对比和配合才能做出准确的评定。例如，对液化石油气钢瓶除了进行无损检测外还要进行爆破试验；对锅炉管子焊缝，有时要取试样作金相分析和断口检验。

（二）正确选用实施无损检测的时机

在进行无损检测时，必须根据无损检测的目的，正确选择无损检测实施的时机。例如，检查高强钢焊缝有无延迟裂时,无损检测应安排在焊接完成 24 h 以后进行;检查热处理后是否产生再热裂纹时,无损检测应放在热处理之后进行。

（三）正确选用最适当的无损检测方法

为了提高检测结果的可靠性,应根据被检物的材质、结构以及可能产生缺陷的种类等选择最合适的检测方法。例如,钢板的分层缺陷因其延伸方向与板平行,就不适合射线检测而应选择超声检测;检查工件表面细小的裂纹就不应选择射线和超声检测,而应选择磁粉和渗透检测。

（四）综合应用各种无损检测方法

无损检测应用中,必须认识到任何一种无损检测方法都不是万能的,每种无损检测方法都有它自己的优点,也有它的缺点。因此,在无损检测的应用中,应尽可能多地同时采用几种方法,以便保证各种检测方法互相取长补短,从而获取更多的信息。

第二节　焊接缺陷的种类及产生原因

无损检测最主要的用途是缺陷检测。了解原材料和焊缝中的缺陷种类和产生原因,有助于正确地选择无损检测方法,更准确地分析和判断检测结果。

一、外观缺陷（形状缺陷）

（一）咬边

咬边是沿焊趾的母材部位被电弧熔化时所形成的沟槽或凹陷,是母材在焊趾处因焊接产生的不规则缺口（图 5-1）。咬边是由工件被熔化去一定深度,而填充金属又未能及时流过去补充所致。

危害:咬边减少了母材的有效截面积,造成应力集中进而成为裂纹源。

产生咬边的主要原因:电弧热量太高,即电流太大、运条速度太慢;焊条与工件间角度不正确,摆动不合理;电弧过长;焊接次序不合理等。

（二）焊瘤

焊瘤是焊接过程中,熔化金属流淌到未熔化的母材或焊缝上所形成的金属瘤（图 5-2）。

危害:焊瘤常伴有未熔合、夹渣等缺陷,还会引起应力集中。

产生原因:电流太大,焊条熔化过快;焊条角度或运条方法不正确。在角焊、立焊、校焊、仰焊时容易产生焊瘤。

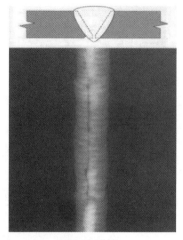

a）外咬边　　　　　　　　　　　　　　　　b）内咬边

c）焊缝咬边

图 5-1　咬边

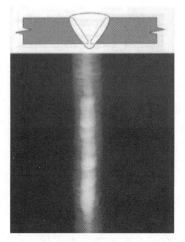

图 5-2　焊瘤

（三）凹坑

凹坑是焊缝表面或背面局部低于母材的部分（图5－3）。

危害：凹坑减小了焊缝的有效截面积，容易出现弧坑裂纹和弧坑缩孔。

产生原因：收弧时焊条未作短时间停留。

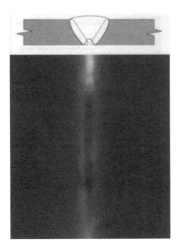 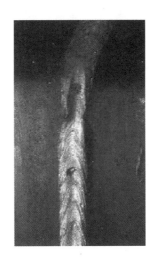

图5－3　凹坑

（四）未焊满

未焊满是焊缝表面熔敷金属填充厚度不够所形成的连续或断续的沟槽（图5－4）。

危害：减小了焊缝的有效截面积，消弱了焊缝的强度；会引起应力集中；容易产生气孔、裂纹等。

产生原因：填充金属不足；焊接规范过小，焊条过细，运条不当。

（五）烧穿

烧穿是焊接过程中，熔深超过工件厚度，熔化金属由焊缝背面流出，从而形成的穿孔性缺陷（图5－5）。

危害：破坏了焊接接头，使焊接接头丧失联接及承载能力，造成泄漏。

图5－4　未焊满

产生原因：电流过大，速度太慢，电流停留时间长。

（六）其他表面缺陷

成形不良：外观几何尺寸不符合要求（图5－6），如焊缝超高、表面粗糙、焊缝过宽、焊缝向母材过渡不圆滑等。

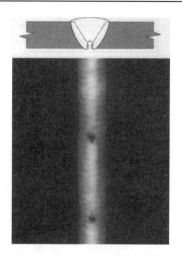

图 5-5　烧穿

错边:工件在厚度方向上错开一定位置(图 5-7)。

塌陷:单面焊时输入热量过大,熔化金属过多使液态金属向焊缝背面塌落,成形后焊缝背面突起,正面下塌。

表面气孔及弧坑缩孔。

各种焊接变形:角变形、扭曲、波浪变形等。

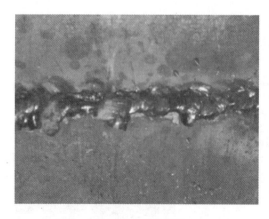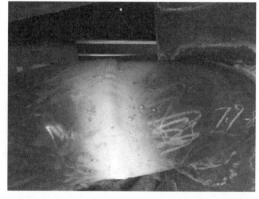

图 5-6　成形不良　　　　　　　　图 5-7　错边

二、内部缺陷

(一)气孔

气孔是在焊接过程中,由于焊接熔池里吸收了过量的气体或熔池内冶金反应产生了气体,熔池中的气泡在凝固时未能及时逸出,残留于焊缝之中所形成的空穴(图 5-8)。

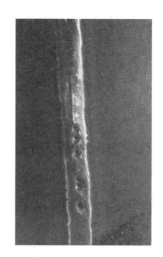

图 5 - 8 气孔

1. 气孔的分类

从形态可分为球状孔、针孔、柱孔、条虫状孔、密集群状孔和链状孔;按孔内成分可分为氮气孔、氢气孔、二氧化碳气孔、一氧化碳气孔。

2. 气孔形成机理

熔池金属在凝固过程中,有大量的气体要从金属中逸出来,当金属凝固速度大于气体逸出速度时,就形成气孔。

3. 产生气孔的主要原因

母材或填充金属表面有锈、油污等,焊条及焊剂未烘干等,锈、油污及焊条、焊剂中的水分在高温下分解产生气体,会增加高温金属中气体的含量;焊接线能量过小,熔池冷却速度大,不利于气体逸出;焊缝金属脱氧不足也会增加氧气孔。

4. 气孔的危害性

气孔减小了焊缝承载的有效截面积,使焊缝金属疏松,从而降低接头的强度和塑性,还会引起泄漏;气孔也是引起应力集中的因素之一。

5. 防止气孔的措施

(1)清除焊条焊丝、工作坡口及其附近表面的锈、油污、水分和杂质。

(2)采用碱性焊条、焊剂,并彻底烘干。

(3)采用直流反接并用短电弧施焊。

(4)焊前预热,减缓冷却速度。

(5)用偏强的规范焊接(增大焊接线能量)。

（二）夹渣

夹渣是指焊缝熔池冷却凝固时，熔渣来不及浮出而残存在焊缝内的现象（图5-9）。

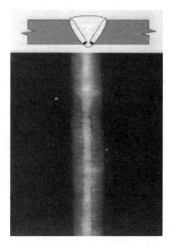

图5-9　夹渣

1. 夹渣的分类

按成分可分为金属夹渣与非金属夹渣。

（1）金属夹渣：指钨、铜等金属颗粒残留在焊缝中的熔渣，习惯上称为夹钨、夹铜，射线底片上一般为亮点。

（2）非金属夹渣：指未熔的焊条药皮或焊剂和留在焊缝中的硫化物、氧化非金属夹渣物、氮化物残留物，射线底片上一般为黑点。

按分布与形状可分为单个点状夹渣、条状夹渣、链状夹渣和密集夹渣。

2. 夹渣形成机理

熔池中熔化金属的凝固速度大于熔渣的流动速度，当熔化金属凝固时，熔渣未能及时浮出熔池而形成。

3. 产生夹渣的主要原因

坡口尺寸不合理；坡口有污物；多道多层焊时，焊道之间、焊层之间清渣不彻底；焊接线能量（热输入）过小；焊缝散热太快，液态金属凝固过快；焊条药皮、焊剂化学成分不合理，熔点过高，冶金反应不完全，脱渣性不好；钨极气体保护焊时，电源极性不当，电流密度大，致使钨极熔化脱落于熔池中。

4. 夹渣的危害性

带有尖角的夹渣会产生尖端应力集中，尖端还会发展为裂纹源，危害比气孔严重。

5. 防止夹渣的措施

采用正确的焊接工艺,清理焊件表面。

(三)裂 纹

在焊接应力及其他因素共同作用下,焊接接头中局部地区金属原子的结合力遭到破坏,形成新界面而产生的缝隙称为裂纹。

1. 裂纹的分类

(1)根据裂纹尺寸大小,可分为宏观裂纹、微观裂纹和超显微裂纹(指晶间或晶内裂纹)。

(2)根据裂纹延伸方向,可分为纵向裂纹(与焊缝平行,图 5-10)、横向裂纹(与焊缝垂直,图 5-11)和辐射状裂纹。

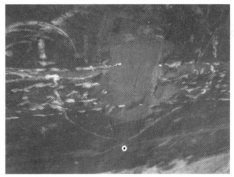

图 5-10　纵向裂纹　　　　　　　　图 5-11　横向裂纹

(3)根据裂纹发生部位,可分为焊缝裂纹、热影响区裂纹、熔合区裂纹、焊趾裂纹、焊道下裂纹、弧坑裂纹等。

(4)按发生条件和时机,可分为热裂纹(图 5-12)、冷裂纹(图 5-13)、再热裂纹和层状撕裂。

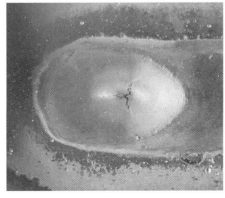
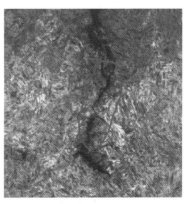

图 5-12　热裂纹　　　　　　　　图 5-13　冷裂纹

2. 裂纹的危害

裂纹的危害性极大,尤其是冷裂纹,由于其具有延迟的特点,带来的危害往往是灾难性的,是焊缝中危害性最大的缺陷。

裂纹是一种面积性的缺陷(未熔合、未焊透也属面积性缺陷),它的出现将显著减少承载面积,更严重的是裂纹端部会形成尖端,应力高度集中,很容易扩展导致破坏。

3. 热裂纹

1)热裂纹形成机理

在焊缝金属凝固的过程中,结晶偏析使杂质生成的低熔点共晶物富集于晶界,形成"液态薄膜",在特定敏感温度区间,强度极小,由于焊缝收缩受到拉应力,最终开裂形成裂纹。热裂纹沿晶界开裂,出现在杂质较多的低碳钢、低合金钢和奥氏体不锈钢中。

2)防止热裂纹的措施

①降低含碳量,减小 S、P 等杂质元素的含量;②加入一定的合金元素,减少柱状晶的偏析,如加入 Mo、V、Ti、Ni 等细化晶粒;③采用熔深较浅的焊缝,使低熔点物质上浮;④合理使用焊接规范,采用预热和后热,减小冷却速度;⑤采用合理的装配次序,减小焊接应力。

4. 再热裂纹

1)特征

①产生于焊接热影响区的过热粗晶区,或焊后热处理等再加热的过程中;②再热裂纹产生的温度为 550~600 ℃;③再热裂纹为晶界开裂(沿晶开裂);④容易产生于沉淀强化的钢中;⑤与焊接残余应力有关。

2)再热裂纹形成机理

近缝区金属在焊接热循环的作用下,强碳化物相沉积在晶内,使晶内强化程度大大高于晶界,且强化相在晶内会阻碍晶粒内部的局部调整,从而阻碍晶粒的整体变形。因此,应力松弛产生的塑性变形由晶界承担,使晶界产生滑移,在三晶粒交界处产生应力集中,从而产生裂纹。

3)防止再热裂纹的措施

①注意合金元素对再热裂纹的影响;②合理预热或后热,控制冷却速度;③降低焊接残余应力;④避免应力集中;⑤避开再热裂纹产生的敏感温度区;⑥缩短再热裂纹在温度敏感区的停留时间。

5. 冷裂纹

1)特征

①产生于较低温度,且在焊接完成后一段时间产生,又称延迟裂纹;②主要发生在热影响区,少量在焊缝区;③冷裂纹可能是沿晶、穿晶或混合开裂;④引起的破坏是典型的脆断。

2）冷裂纹形成机理

①产生了淬硬的组织；②焊接接头部位具有残余拉应力；③焊接接头内含氢。

3）防止焊接冷裂纹的措施

①采用低氢型焊条，严格烘干；②提高预热温度，采用后热措施，保证层间温度，避免淬硬组织；③采用合理焊接规范和焊接顺序，减少焊接变形和应力；④焊后及时进行消氢热处理。

（四）未焊透

未焊透是指焊接接头根部未完全熔透的现象，对于对接焊缝，也指熔覆深度未达到设计要求的现象（图5-14）。

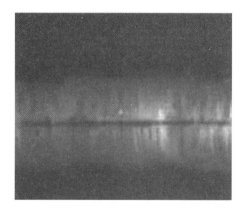

图5-14　未焊透

1. 产生未焊透的原因

①焊接电流小，熔深浅；②坡口和间隙尺寸不合理，钝边太大；③产生了磁偏吹的现象；④焊条偏心度太大；⑤层间焊跟清理不良。

2. 未焊透的危害

减少了焊缝的有效截面积，产生应力集中，降低焊缝的疲劳强度，易发展成裂纹。

3. 防止未焊透的措施

①加大焊接电流；②焊角焊缝用交流代替直流；③合理设计坡口并加强清理；④采用短弧焊。

（五）未熔合

未熔合指焊缝金属与母材金属，或焊缝金属各焊层之间未熔化结合在一起的缺陷。可分为侧壁未熔合（图5-15）、层间未熔合、根部未熔合（图5-16）。

图 5-15　侧壁未熔合　　　　　　　　图 5-16　根部未熔合

1. 产生未熔合的原因

①焊接电流过小;②焊接速度过快;③焊条角度不对;④产生了弧偏吹现象;⑤母材未熔化就被铁水覆盖;⑥母材表面有污物,影响焊缝金属与母材的熔合。

2. 未熔合的危害

属面积性缺陷,减少了有效承载面积,产生应力集中,危害性较大。

3. 防止未熔合的措施

采用较大焊接电流,正确进行施焊,注意坡口清洁。

（六）其他焊接缺陷

1. 焊缝化学成分或组织成分不符合要求

焊材与母材匹配不当,或焊接过程中元素烧损等,容易使焊缝金属的化学成分发生变化,或造成焊缝组织不符合要求。这可能带来焊缝力学性能的下降,还会影响接头的耐蚀性能。焊缝化学成分或组织成分可以采用元素分析、金相等方法进行检测,常规无损检测方法不能检出焊缝化学成分或组织成分方面的问题。

2. 过热和过烧

若焊接规范使用不当,热影响区长时间在高温下停留,会使晶粒变得粗大,即出现过热组织。若温度进一步升高,停留时间加长,可能使晶界发生氧化或局部熔化,出现过烧组织（图 5-17）。过热可通过热处理来消除,而过烧是不可逆转的缺陷。过热和过烧缺陷主要通过金相等方法进行检测,常规无损检测方法不能检出过热和过烧缺陷。

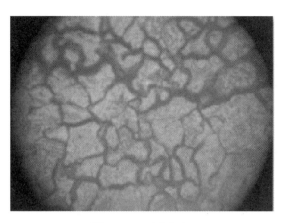

图 5 - 17　过烧组织

3. 白点

在焊缝金属的拉断面上出现的鱼目状白色斑点,即为白点。白点是由大量氢聚集而造成的,危害极大。工件中的白点可以采用超声波进行检测,断口处的白点可以采用金相或渗透等方法进行检测。

第三节　其他试件中缺陷种类及产生原因

一、铸件中常见的缺陷及其产生原因

（一）气孔（图 5 - 18）

熔化的金属在凝固时,其中的气体来不及逸出而在金属表面或内部产生的圆孔。

（二）夹渣

浇铸时由于铁水包中的熔渣没有与铁水分离,混进铸件而形成的缺陷。

（三）夹砂

浇铸时由于砂型的砂子剥落,混进铸件而形成的缺陷。

（四）气孔群

铸件在凝固时由于金属的收缩而产生的气孔群。

（五）冷隔

主要是由于浇铸温度太低，金属熔液在铸模中不能充分流动，两股熔体相遇未熔合，在铸件表面或近表面生成的缺陷。

（六）缩孔和中心疏松（图 5－19）

铸件在凝固过程中由于收缩以及补缩不足所产生的缺陷叫缩孔。而沿铸件中心呈多孔性组织分布叫中心疏松。

（七）裂纹（图 5－20）

由于材质和铸件形状不适当，在凝固时因收缩应力而产生的裂纹。在高温下产生的裂纹叫做热裂纹，在低温下产生的裂纹叫冷裂纹。

图 5－18　气孔　　　　　　　　　　　图 5－19　中心疏松

图 5－20　裂纹

二、锻件中常见的缺陷及其产生原因

（一）缩孔和缩管

铸锭时，因冒口切除不当、铸模设计不良，以及铸造条件（温度、浇注速度、浇注方法、熔炼等)不良,且锻造不充分,没有被锻合而遗留下来的缺陷。

（二）中心疏松

铸件在凝固过程中由于收缩以及补缩不足,中心部位分布细密微孔性组织,且在锻造时锻造不充分,缺陷没有被锻合而遗留下来的缺陷。

（三）非金属夹杂物

炼钢时,由于熔炼不良以及铸锭不良,混进硫化物和氧化物等非金属夹杂物或者耐火材料等所造成的缺陷。

（四）夹砂

铸锭时熔渣、耐火材料或夹杂物以弥散态留在锻件中形成的缺陷。

（五）折叠

锻压操作不当,锻钢件表面的局部未结合形成的缺陷。

（六）龟裂

锻钢件表面上出现的较浅的龟状表面缺陷叫龟裂。它是由原材料成分不当、原材料表面情况不好、加热温度和加热时间不合适而产生的。

（七）锻造裂纹

锻造裂纹是钢在锻造过程中形成的裂纹。锻造裂纹主要可分为原材料缺陷引起的锻造裂纹和锻造本身引起的锻造裂纹两类。

（八）白点

白点是一种微细的裂纹,它是由于钢中含氢量较高,在锻造过程中的残余应力、热加工后的相变应力和热应力等作用下产生的。由于缺陷在断口上呈银白色的圆点或椭圆形斑点,故称其为白点。

三、使用中常见的缺陷及其产生原因

（一）疲劳裂纹

材料承受交变载荷,产生微裂纹并逐步扩展形成疲劳裂纹。疲劳裂纹包括交变工作载荷引起的疲劳裂纹、循环热应力引起的热疲劳裂纹,以及在循环应力和腐蚀介质共同作用下产生的腐蚀疲劳裂纹。

（二）应力腐蚀裂纹

处于特定腐蚀介质中的金属材料在拉应力作用下产生的裂纹称为应力腐蚀裂纹。

（三）氢损伤

在临氢工况条件下运行的设备，氢进入金属后使材料性能变坏，造成损伤。例如氢脆、腐蚀、氢鼓泡、氢致裂纹等。

（四）晶间腐蚀（图 5-21）

奥氏体不锈钢的晶间析出铬的碳化物导致晶间贫铬，在腐蚀介质的作用下晶界发生腐蚀，产生连续性破坏。

（五）各种局部腐蚀（图 5-22）

包括点蚀、缝隙腐蚀、腐蚀疲劳、磨损腐蚀、选择性腐蚀等。

图 5-21 晶间腐蚀　　　　　　　　　　图 5-22 局部腐蚀

复习题（单项选择题）

1. 无损检测技术发展的三个阶段不包括（　　　）。
A. 无损探伤　　　　　　B. 无损检测　　　　　　C. 无损评价　　　　　　D. 无损分析

2. 应用无损检测技术，为了达到的目的不包括（　　　）。
A. 保证产品质量　　　　B. 保障使用安全　　　C. 降低劳动强度　　　D. 降低生产成本

3. 要检查高强钢焊缝有无延迟裂，无损检测实施的时机就应安排在焊接完成（　　　）小时以后进行。
A. 2　　　　　　　　　　B. 8　　　　　　　　　　C. 12　　　　　　　　　　D. 24

4. 检查碳钢工件表面细小的裂纹，应选以下哪种无损检测方法？（　　　）
A. RT　　　　　　　　　　B. UT　　　　　　　　　　C. MT　　　　　　　　　　D. PT

5. 钢板内部分层缺陷因其延伸方向与板平行，应选以下哪种无损检测方法？（　　　）

A. RT　　　　　　　　　B. UT　　　　　　　　C. MT　　　　　　　　D. PT

6. 下列哪一种缺陷危害性最大?(　　)

A. 圆形气孔　　　　　　B. 未焊透　　　　　　C. 未熔合　　　　　　D. 裂纹

7. 下列焊缝缺陷中属于面积性缺陷的是(　　)。

A. 气孔　　　　　　　　B. 夹渣　　　　　　　C. 裂纹　　　　　　　D. 夹钨

8. 以下不属于外观缺陷的是(　　)。

A. 咬边　　　　　　　　B. 焊瘤　　　　　　　C. 未焊满　　　　　　D. 未熔合

9. 以下关于错边的说法正确的是(　　)。

A. 指工件自厚度方向上错开一定位置

B. 指焊缝表面或背面局部低于母材的部分

C. 指焊缝表面熔敷金属填充厚度不够所形成的连续或断续的沟槽

D. 指输入量过大,熔化金属过多,使液态金属向焊缝背面塌落

10. 焊接产生气孔的主要原因不包括(　　)。

A. 母材或填充金属表面有锈、油污　　　　　　B. 焊条及焊剂未烘干

C. 焊缝金属脱氧不足　　　　　　　　　　　　D. 未进行焊后热处理

11. 焊接产生夹渣的主要原因不包括(　　)。

A. 坡口尺寸不合理

B. 坡口有污物

C. 焊前预热温度不够

D. 多道多层焊时,焊道之间、焊层之间清渣不彻底

12. 以下关于焊接冷裂纹说法不正确的是(　　)。

A. 产生于较高温度,是焊接后一段时间产生,又称延迟裂纹

B. 主要发生在热影响区,少量在焊缝区

C. 冷裂纹可能是沿晶、穿晶或混合开裂

D. 引起的破坏是典型的脆断

13. 以下对裂纹危害的描述不正确的是(　　)。

A. 裂纹是一种体积性的缺陷　　　　　　　　　B. 裂纹会显著减少承载面积

C. 裂纹端部形成尖端,应力高度集中　　　　　D. 裂纹容易扩展导致破坏

14. 以下防止焊接冷裂纹的措施不正确的是(　　)。

A. 采用低氢型焊条,严格烘干

B. 提高预热温度,采用后热措施,保证层间温度,避免淬硬组织

C. 采用合理焊接规范和焊接顺序,减少焊接变形和应力

D. 焊后不进行消氢热处理

15. 以下关于未焊透说法不正确的是(　　)。

A. 未焊透是指母材金属未熔化,焊缝金属未进入接头根部的现象

B. 未焊透减少了焊缝的有效截面,产生应力集中,降低焊缝的疲劳强度,易发展成
裂纹

C. 坡口和间隙尺寸不合理,钝边太大可能会产生未焊透

D. 加大焊接电流不能防止未焊透的产生

16. 以下关于未熔合说法不正确的是(　　　)。

A. 未熔合指焊缝金属与母材金属,或焊缝金属之间未熔化结合在一起的缺陷

B. 未熔合减少了有效承载面积,产生应力集中,危害性较大

C. 采用较大焊接电流,正确进行施焊,可有效防止未熔合产生

D. 未熔合属于体积型缺陷

17. 由于浇铸温度太低,金属熔液在铸模中不能充分流动,两股熔体相遇未熔合,在铸件表面或近表面生成的缺陷称为(　　　)。

　　A. 缩孔　　　　　　　B. 冷隔　　　　　　　C. 裂纹　　　　　　　D. 疏松

18. 由于钢中含氢量较高,在锻造过程中的残余应力、热加工后的相变应力和热应力等作用下而产生的细微裂纹称为(　　　)。

　　A. 白点　　　　　　　B. 龟裂　　　　　　　C. 折叠　　　　　　　D. 夹砂

19. 处于特定腐蚀介质中的金属材料在(　　　)作用下产生的裂纹称为应力腐蚀裂纹。

　　A. 高温　　　　　　　B. 压应力　　　　　　C. 拉应力　　　　　　D. 疲劳载荷

答案:

1—5:DCDCB　　　　6—10:DCDAD　　　　11—15:CAADD　　　　16—19:DBAC

<< 第二篇

射线检测

第六章　射线检测基础知识

1895 年，德国物理学家伦琴（Wilhelm Conrad Röntgen）利用他发现的 X 射线拍摄了第一张人手骨骼的 X 射线影像。1922 年，美国 H. H. Lester 博士在水城兵工厂创建了第一个工业用射线检测实验室，用 X 射线对军械进行检验。1930 年左右，德国实现了早期的 X 射线技术应用。随着 X 射线的意外发现，物理学进入了一个全新的时代，射线检测技术也开启了新的发展阶段。

第一节　射线检测原理

射线照相胶片原理：由 X 射线管、加速器或放射性同位素源发射出 X 射线或 γ 射线，射线透射进入并穿越被检材料或工件，穿越而出的射线随后与放置于被检材料和工件后的射线照相胶片发生光化学作用（即胶片感光），然后将已感光的射线照相胶片进行处理，得到一张以不同光学密度（图像）的方式记录和显示被检材料和工件内部质量密度的射线照相底片，最后，通过对射线照相底片进行观察，来分析和评价被检材料或工件的内部质量（图 6 - 1）。

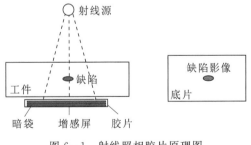

图 6 - 1　射线照相胶片原理图

射线穿透物体的同时将和物质发生复杂的物理和化学作用，可以使原子发生电离，使某些物质发出荧光，还可以使某些物质产生光化学反应。如果工件局部区域存在缺陷，且构成缺陷的物质的衰减系数又不同于试件，该局部区域透过射线的强度就会与周围产生差异，把胶片放在适当位置使其在透过射线的作用下感光，经暗室处理后得到底片。把底片放在观片灯光屏上借助透过光线观察，可以看到由对比度构成的不同形状的影像，通过这些就可以判断工件中是否存在缺陷以及缺陷的位置、大小。

第二节　射线检测技术发展与趋势

一、X射线检测发展简史

1895年，威廉·康拉德·伦琴（Wilhelm Conrad Röntgen）发现了"一种未知的辐射"，命名为"X射线"。当时工业界尚不需要这项发明，但医学却需要。因此，医疗设备被大量开发、使用和生产。

1930年左右，理查德·塞弗特（Richard Seifert）在德国实现了早期的X射线技术应用。他改善了医疗设备，与焊接机构合作，并成立了享誉全球的公司。

1933年之后，德国的鲁道夫·伯特霍尔德（Rudolf Berthold）和奥托·瓦珀（Otto Vaupel）将它们应用于焊接接头。

第二次世界大战后，意大利的阿图罗·吉拉多尼（Arturo Gilardoni），丹麦的德伦克（Drenk）和安德雷森（Andreasen）开发了X射线设备。

20世纪90年代，数字成像技术开始发展。数字射线检测技术就是可获得数字化检测图像的射线检测技术，包含两种常用的方法，即数字平板直接成像技术（director digital panel radiography，DR）和计算机射线照相技术（computed radiography，CR）。DR技术属于直接数字化射线检测技术，主要采用硬质的平板探测器，数据采集仅需要几秒钟，可实现近乎实时的成像，目前已广泛应用于医疗行业（如胸透检查）和工业化量产检测；CR技术主要采用可裁剪和弯曲的成像板（image plate，IP）代替传统胶片记录成像信息，再将IP板上信息经扫描装置读取，由计算机生出数字化图像，因此也称为间接数字化射线成像技术。相比于传统胶片，IP板可重复利用。

二、X射线检测技术发展趋势

X射线检测目前主要向数字成像技术发展，通过技术改进、自动化、智能化和便携化等方面的进展，X射线检测在质量控制、产品安全性评估和结构完整性检测等方面将发挥越来越重要的作用。

随着技术的进步，X射线探测技术得到了改进和优化。例如，高分辨率的数字成像技术和三维成像技术的引入，使得X射线图像更清晰、更准确，可以提供更多的细节信息。

随着自动化和人工智能的发展，X射线检测设备越来越智能化。自动化技术可以实现检测过程的自动化，减少人为干预，提高检测效率和一致性。人工智能算法可以应用于图像处理和缺陷识别，帮助快速准确地分析和评估X射线图像。

随着检验现场的个性化需求的增多，X射线检测设备逐渐向小型化和便携化发展。传统的大型X射线机器适用于固定式设备，而现在越来越多的便携式X射线设备被开发出来，可以灵活应用于不同场景，如现场检测、难以进入的空间和复杂结构等。

第七章 射线检测仪器与器材

无损检测仪器与器材,是指对材料或工件实施一种不损害或不影响其未来使用性能或用途的检测的检测仪器及辅助器材。通过使用无损检测仪器与器材,能发现材料或工件内部和表面所存在的缺欠,能测量工件的几何特征和尺寸,能测定材料或工件的内部组成、结构、物理性能和状态等。

射线检测常见仪器与器材包括:X射线机、γ射线机、射线照相胶片及黑度计、增感屏、像质计、暗袋、标记带、屏蔽铅板、中心指示器等射线照相辅助设备器材。

第一节 X射线机

X射线机是一种能够产生X射线的设备。X射线探伤是利用X射线可以穿透物质和在物质中衰减的特性,发现缺陷的一种无损检测方法。X射线机按用途不同分为工业X射线机和医用X射线机。工业X射线机按照产生射线的强度分为硬射线机和软射线机。医用X射线机按照使用目的可分为为诊断X射线机和治疗X射线机。

一、X射线机的种类和特点

(一)X射线机分类

X射线机的分类如表7-1所示。

表7-1　X射线机的分类

分类	分类方式			
	外形结构	使用功能	工作频率	绝缘介质种类
1	携带式X射线机	定向X射线机	工频X射线机	油绝缘X射线机
2	移动式X射线机	周向X射线机	变频X射线机	气绝缘X射线机
3	—	管道爬行器	恒频X射线机	—

1. 按外形结构划分

(1)携带式X射线机。携带式X射线机(图7-1)体积小、质量轻,便于携带,适用于高空和野外作业。它采用结构简单半波自整流线路,X射线管和高压发生器部分共同装在射线机头内,控制箱通过一根多芯的低压电缆将其连接在一起。

图7-1 携带式X射线机

(2)移动式X射线机。移动式X射线机(图7-2)体积较大、质量较大,安装在移动小车上,用于固定或半固定场合。它的高压发生器部分和X射线管是分开的,之间用高压电缆连接,采用强制油循环冷却。

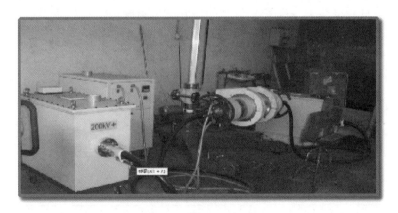

图7-2 移动式X射线机

2. 按使用功能划分

(1)定向X射线机。定向X射线机(图7-3)采用40°左右圆锥角定向辐射,一般适用定向单张拍片。

图 7 - 3　定向 X 射线机

（2）周向 X 射线机。周向 X 射线机（图 7 - 4）包括平靶、锥靶，360°周向辐射，主要用于大口径管道和容器环焊缝摄片。

a）锥靶　　　　　　　　　　　　　b）平靶

图 7 - 4　周向 X 射线机

（3）管道爬行器。管道爬行器（图 7 - 5）是为解决长输管道环焊缝摄片而设计生产的一种装在爬行装置上的 X 射线机。辐射角大都为 360°方向。爬行器可以使用 X 射线头和 γ 射线头，这种爬行器结构紧凑，适用于陆地、海底及各种气候条件，一般适合 210 mm 至 1500 mm 不同管径的管道内检测。定位系统可为放射源定位控制、磁介质定位控制。

图 7-5　管道爬行器

3. 按工作频率划分

(1)工频 X 射线机:50~60 Hz。

(2)变频 X 射线机:300~800 Hz。

(3)恒频 X 射线机:约 200 Hz。

同管电压、管电流情况下,穿透能力:恒频 X 射线机>变频 X 射线机>工频 X 射线机。

4. 按绝缘介质种类划分

(1)油绝缘 X 射线机:主要在移动 X 射线机中采用,一般用 25 号(指凝结温度-25 ℃)或 45 号变压器油。

(2)气绝缘 X 射线机:主要在携带式 X 射线机中采用,用压力在 0.34~0.5 MPa 的高纯度 SF_6 气体。

(二)携带式 X 射线机的技术进展

1. 射线机头的小型化和轻量化

(1)用 SF_6 气体代替变压器油,不仅大大减轻了绝缘介质的质量,而且由于 SF_6 的绝缘性能优于变压器油,使得高压原件之间的绝缘距离缩短,从而减小了机头尺寸。

(2)提高 X 射线管的工作频率,可减小变压器的铁心尺寸,使高压变压球的质量减轻,同时还提高了 X 射线管的输出强度。

(3)在满足 X 射线机散射剂量规定的前提下,对机头筒体、射线窗口等不同位置的屏蔽采用局部衬不同厚度铅板的方法,亦可减轻机头质量。

(4)缩小 X 射线管的尺寸。用金属陶瓷管代替玻璃管,并采用阳极接地电路,整机尺寸可相应缩小。采取以上的有效措施,变频和恒频气绝缘 X 射线机的机头质量比老式的工频油绝缘 X 射线机的机头质量可减轻 1/3~1/2,而穿透力却有所提高。

2. 提高操作自动化程度和使用可靠性

将计算机技术应用于 X 射线机的操作,如安装电脑操作系统,实现自动试机、间隙休息、按给定的曝光条件工作等多种功能。

利用曝光计时器,达到规定的黑度自动切断高压。用一种软垫电离器(后面有 1 mm 厚的铅板防止背向散射的干扰),把它放在被检试件后面,紧靠暗袋,接受穿透工件后的 X 射线,产生相应的电信号并达到规定量后,反馈到控制箱切断高压,从而有效地控制胶片接受的射线剂量,保证底片的黑度达到同一性。

二、X 射线机的基本结构

X 射线机的结构由四部分组成:高压部分、冷却部分、保护部分、控制部分。

(一)高压部分

射线机的高压部分包括 X 射线管、高压发生器(高压变压器、灯丝变压器、高压整流管和高压电容)及高压电缆等。

1. X 射线管

玻璃管[图 7 - 6a)]:普通的 X 射线管的外壳用耐高温的玻璃制成,灯丝导线从阴极端部穿过管壁引出,为了使金属和玻璃相接处不漏气,与玻璃接触的金属要求和玻璃有一样的膨胀系数,一般采用铁镍钴合金。

a) 玻璃管

b) 金属陶瓷管

图 7 - 6　X 射线管

金属陶瓷管[图 7 - 6b)]:由于玻璃外壳制成的 X 射线管对过热和机械冲击都很敏感,因此在 20 纪世 70 年代开发了性能优越的金属陶瓷管。这种射线管有很多特点,如抗震性强,一般不易破碎;管内真空度高,各项电性能好,管子寿命长;容易焊装铍窗口;250 kV 以上的管子尺寸可以做得比玻璃管小得多。

2. 高压发生器

(1)高压变压器。高压变压器(图 7-7)可将输入的电源电压(通常 220 V)通过变压器提升到几十千伏或几百千伏。层间绝缘要求高,一般采用多层电容纸,气绝缘 X 射线机多用聚酯薄膜或热性能更好的聚亚胺薄膜。

材料:铁芯,磁导率高的冷轧硅钢片。

绕组:高强漆包线。

绝缘材料:电容纸(气绝缘 X 射线机多用聚脂薄膜或聚亚胺薄膜)。

图 7-7　高压变压器

(2)灯丝变压器。X 射线机的灯丝变压器是一个降压变压器,其作用是把工频 220 V 电压降到 X 射线管灯丝所需要的十几伏电压,并提供较大的加热电流(十几安)。

工频油绝缘和恒频气绝缘 X 射线机——单独灯丝变压器;

变频气绝缘 X 射线机——在高压变压器绕组外再绕 6~8 匝加热线圈来提供灯丝加热电流,其结果是灯丝加热电流随着高压变压器的一次侧电压变动而变化,射线机只有在管子上加有一定的工作电压才有管电流。该电路设计有效减少了机头质量和体积。

(3)高压整流管。常用的高压整流管有玻璃外壳二极整流管和高压硅堆两种,其中使用高压硅堆可节省灯丝变压器,使高压发生器的质量和尺寸减小。

(4)高压电容。这是一种具有金属外壳、耐高压、容量较大的纸介电容。

携带式 X 射线机没有高压整流管和高压电容,所有高压部件均在射线机头内。移动式 X 射线机有单独的高压发生器,内有高压变压器、灯丝变压器、高压整流管和高压电容等。

3. 高压电缆

移动式 X 射线机的高压发生器与射线发生器之间,应采用高压电缆(图 7-8)连接。

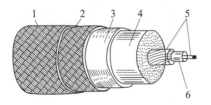

a)高压电缆解剖图

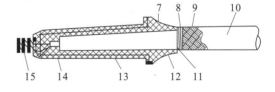

b)高压电缆头的结构示意图

1、10-保护层(塑料或棉纱网);2、9-接地金属网层;3-半导体橡皮层;4-主绝缘层;5-同心芯线;6-薄绝缘层;7-接地金属罩;8-细铜裸线;11-电缆半导体层;12-电缆主绝缘锥体;13-插头套筒;14-填充料;15-连接触头。

图 7-8　高压电缆

　　(1)保护层:是电缆的最外层,用软塑料或黑色棉纱织物制成。

　　(2)金属网层:用多根铜、钢、锡丝编织,使用时接地,保护人身安全。

　　(3)半导体层:在绝缘橡胶层外面紧贴的一层,有一定导电功能,可为感应电荷提供通道,消除橡胶层外表面和金属网层之间的电场,避免它们之间因存在空气而发生放电造成的绝缘层老化。

　　(4)主绝缘层:用来隔离芯线和金属接地网之间的高压。

　　(5)芯线:一般有两根同心芯线,用来传送阳极电流或灯丝加热电流。由于芯线间电压很低,故同心芯线之间的绝缘层很薄。

　　(6)薄绝缘层。

　　(7)电缆头。

（二）冷却部分

　　冷却是保证 X 射线机正常工作和长期使用的关键。冷却不好,会造成 X 射线管阳极过热而损坏,还会导致高压变压器过热,绝缘性能变坏,耐压强度降低而被击穿,影响 X 射线管的寿命。所以 X 射线机在设计制造时采取各种措施保证冷却效率。

　　油绝缘携带式 X 射线机(自冷方式):靠机头内部温差和搅拌油泵使油产生流带走热量,再通过壳体把热量散出去。

　　气绝缘携带式 X 射线机(散热＋强制风冷方式):采用 SF_6 气体作为绝缘介质,X 射线管阳极尾部伸到机壳外,其上装散热片,并用风扇进行强制风冷。

（三）保护部分

　　X 射线机的保护系统主要包含以下部分。

　　(1)独立电路的短路过流保护:熔丝是最常用的短路过流保护元件。保险丝一般主电路15～20 A,电压电路 2～3 A。

　　(2)X 射线管阳极冷却的保护:①温控开关;②水通、油通开关。

　　(3)过载保护。

　　(4)零位保护。

　　(5)接地保护。

　　(6)其他保护,如气压保护(气压开关)0.34 MPa。

（四）控制部分

　　控制部分指 X 射线管外部工作条件的总控制部分,主要包括管电压的调节、管电流的调节以及各种操作指示部分。

　　(1)管电压的调节:一般是通过调整高压变压器的初级侧并联的自耦变压器的电压来实现。

　　(2)管电流的调节:通过调节灯丝加热电流进行调节。

　　(3)操作指示部分:包括控制箱上的电源开关,高压通断开关,电压、电流调节旋钮,电流、电压指示表头,计时器,各种指示灯等。

X 射线机

三、X 射线机的使用和维护

（一）操作程序

1. 通电前的准备

(1)正确可靠连接电源线、电缆线。
(2)检查确认电源电压(220 V)。
(3)控制箱可靠接地。

2. 通电后的检查

(1)控制箱电源指示灯亮。
(2)冷却系统工作正常。

3. 曝光准备

(1)管电压预置。油绝缘 X 射线机调到零位,气绝缘 X 射线机预置到规定数值。
(2)管电流预置。油绝缘 X 射线机调到零位。
(3)曝光时间预置。曝光时间预置到规定数值。

4. 曝光

(1)按下高压开关。
(2)油绝缘 X 射线机均匀调节管电压和管电流到规定数值,气绝缘 X 射线机调节管电压到预定值。
(3)冷却系统必须可靠工作。

5. 曝光结束

(1)对油绝缘 X 射线机,当蜂鸣器响,应均匀调节"kV""mA"回零,红灯灭,高压切断,时间复位。
(2)对气绝缘 X 射线机,当蜂鸣器响,"kV""mA"灯灭,高压切断,时间复位。
曝光过程中若有异常,必须立即切断高压,认真检查并分析原因再考虑是否继续进行操作。

（二）使用注意事项

1. 训机(按说明书要求进行)

训机是按照一定的程序,从低管电压、低管电流逐步升压,直到达到 X 射线机工作所需的最高管电压或额定工作电压的过程。不同的 X 射线机均有自己的具体规定,在训机中应注意观察管电流,如果在某一管电压下管电流不稳定,则应降回原管电压,重新在原管电压下工作一段时间,再升高管电压。如反复数次仍然不行,则说明该 X 射线管真空度不良,已不能使用。

玻璃管 X 射线机对训机的升压速度规定如表 7 - 2 所示。

表 7 - 2　玻璃管 X 射线机训机升压速度规定

停用时间	8~16 h	2~3 天	3~21 天	21 天以上
升压速度	10 kV/30 s	10 kV/60 s	10 kV/2.5 min	10 kV/5 min

金属陶瓷管 X 射线机对训机的要求更加严格(表 7 - 3),这种 X 射线机控制部分一般都装了延时线路、自动训机线路等,如不按要求进行训机,则高压送不上。

表 7 - 3　金属陶瓷管 X 射线机训机规定

终止使用时间	训机方法
1 天	可自动训机至前一天后手动按 10 kV/min 升至使用值
2~7 天	手动训机,从最低值开始,按 10 kV/min 升至最高值(到 210 kV 时,需休息 5 min,然后继续训练)。训练完毕,放置在使用值上
7~30 天	手动训机,从最低值开始,每 5 min 一级,升至最高值。每训机 10 min,休息 5 min
30~60 天	手动训机,从最低值开始,每 5 min 一级,升至最高值。每升一级休息 5 min
60 天以上	与终止使用时间 30~60 天训机方法相同,但需增加休息时间和训练次数

2. 可靠接地

X 射线机是高电压设备,为避免漏电和感应电对其的影响,控制箱和高压发生器都应可靠接地。

由于工作场所是流动的,因此携带式 X 射线机无法固定接地,要采用临时接地措施。常用的方法是利用工作场所附近的接地体,亦可采用一根不小于 $\Phi 10\ mm \times 300\ mm$ 的接地棒,打入土中 250 mm 深(选择较潮湿的地方)便能满足要求。对变频气冷式 X 射线机,严禁用电焊机地线作接地体,因为在电焊机引弧时,可能会发生高频感应电串入击穿控制箱内半导体元件的事故,造成不必要的损失。

移动式 X 射线机一般应采用固定接地,可参照电气设备接地要求去做,接地电阻应小于 5 Ω。

3. 检查电源波动值

电源电压应符合该 X 射线机说明书的要求,其波动值不得超过±10%的额定电压,必要时应加调压器或稳压电源,以保证 X 射线机正常工作。

4. 提前预热

X 射线机送高压前,灯丝要提前预热 2 min 以上,这有利于延长 X 射线管使用寿命。

5. 全过程冷却

X 射线机在工作过程中要可靠冷却,油绝缘 X 射线机主要检查循环油泵、冷却水是否正常,气绝缘 X 射线机检查机头上的冷却风扇是否工作。

6. 间息时间

X 射线机一般要求按时间比例 1：1 工作和休息,确保 X 射线管充分冷却,防止过热。

(三)维护和保养

为了减少 X 射线机使用故障,应做经常性的维护和保养工作。

(1)X 射线机应摆放在通风干燥处,切忌潮湿、高温、腐蚀等环境,以免降低绝缘性能。

(2)运输时要采取防震措施,避免因剧烈震动而造成接头松动、高压包移位、X 射线管破损等。

(3)保持清洁,防止尘土、污物造成短路和接触不良。

(4)保持电缆头接触良好,如因使用时间过长,电缆头磨损松动、接触不良,则应及时更换。

(5)经常检查机头是否漏油(窗口处有气泡)、漏气(压力表示值低于 0.34 MPa),应注意及时予以补充,确保绝缘性能满足要求。

第二节　γ射线机

γ 射线探伤,是利用放射 γ 射线的元素或同位素进行检测的方法。γ 射线机简单轻便,可在无电源和不能使用 X 射线机的条件下应用。常用的 γ 射线源为 Se-75、Co-60 等。使用范围和作用原理与 X 射线探伤相同,差别在于 γ 射线的穿透力较大,可用以检测较厚的工件。

一、γ射线检测设备的特点

(一)优点

(1)探测厚度大:Co-60 可达 200 mm,400 kV X 射线机仅为 100 mm。

(2)适合野外、高空和在用设备检测:体积小,质量轻,不用水电。

(3)检测效率高:球罐周向曝光。

(4)可连续操作:没有冷却的要求,不受外界条件的影响(温度、磁场、压力等)。

(5)故障率低:结构简单,无电路元件。

(6)与同等穿透力的 X 射线机相比,相对便宜。

（二）缺点

(1)更换频繁:有半衰期,部分半衰期较短。

(2)能量不可调节:不可根据厚度选择能量,灵敏度不予保证。

(3)曝光时间有时较长:强度衰减,无法调节。

(4)灵敏度通常低于 X 射线机:固有不清晰度大。

(5)防护方面的要求高:永久的放射源,不易控制。

二、γ 射线检测设备的分类与结构

（一）γ 射线检测设备的分类

(1)按同位素的种类:Co‐60、Ir‐192、Se‐75、Tm‐170、Yb‐169。

(2)按机体结构:直通道型和"S"形弯通道型。

(3)按使用方式:便携式探伤机、移动式探伤机、固定式探伤机、管道爬行器。

工业探伤主要使用:便携式 Ir‐192 和 Se‐75 探伤机;移动式 Co‐60 探伤机;固定式 Tm‐170、Yb‐169 探伤机——轻金属和薄壁工件;管道爬行器——对接环焊缝。

（二）γ 射线检测设备的结构

γ 射线探伤设备分为以下五个部分。

1. 源组件

源组件由源、包壳和辫子组成(图 7‐9)。

2. 探伤机机体

γ 射线机体最主要部分是屏蔽容器,其内部通道设计有"S"形弯通道型和直通道型两种。

所谓"S"形弯通道设计是指其屏蔽材料内通道形状为"S"形,其机体结构如图 7‐10 所示。这种装置是基于辐射以源为始点,以直线向外传播的原理设计的。因为屏蔽体是"S"形,使得射线不能以直线路径从屏蔽体中透射出来,从而达到防护的目的。

直通道型 γ 射线探伤机机体比"S"形弯通道型 γ 射线探伤

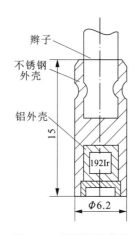

图 7‐9 源组件示意图

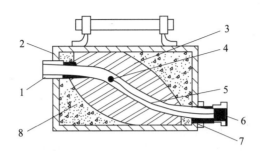

1-快速连接器;2-外壳;3-贫化铀屏蔽层;4-γ源组件;5-源
托;6-安全接插器;7-密封盒;8-聚氨酯填料。
图7-10 "S"形弯通道型γ射线机源容器的基本结构示意图

机机体轻,体积也小,但由于需要解决屏蔽问题,所以结构更复杂一些。在直通道型γ射线探伤机中,射线沿通道的泄漏是靠钨制屏蔽柱屏蔽的。前屏蔽柱装在机体内的闭锁装置中。后屏蔽柱一般两节,长50 mm,装在源组件后,与源辫成链式连接。由于链式连接源辫的柔韧性不如钢索,所以使用直通道型γ射线探伤机时,对输源管弯曲半径要求更大一些,一般不得小于500 mm,而"S"形弯通道型γ射线探伤机输源管弯曲半径则可小一些。

屏蔽容器一般用贫化铀材料制作而成,比铅屏蔽体的体积、质量减小许多。

γ射线机机体上设有各种安全联锁装置可防止操作错误,例如,当源不在安全屏蔽中心位置时锁就锁不上,这时需要用驱动器来调节源的位置使其到达屏蔽中心。因此,该装置能保证源始终处于最佳屏蔽位置。另外,操作时如果控制缆与源辫未连接好,装置可保证操作者无法将源输出,以避免源失落事故的发生。

装置基本程序:专用钥匙—开安全锁—旋动选择环—卸下端盖—连接阴阳接头—选择环到工作位置—源被驱动输出。

3. 驱动机构

驱动机构是将放射源从机体的屏蔽储藏位置送到曝光焦点位置,并能将放射源收回到机体内的装置(图7-11)。一般可分为手动驱动和电动驱动两种。

手动驱动:γ射线探伤设备驱动机构由手摇曲柄、控制导管、驱动缆(软轴)和驱动齿轮等组成。

电动驱动:安全防护,减少辐射和劳动强度;可以预置时间,保证操作人员有足够的时间离开,保证源输送到端头曝光并将源收回到主体屏蔽体内。

4. 输源管

输源管由一根或多根软管连接一个一头封闭的包塑不锈钢软管制成,其用途是保证源始终在管内移动,其长度根据不同需要可以任意选用,使用时开口的一端接到机体源输出门,封闭的一端放在曝光焦点位置。曝光时要求将源输送到输源管的端头,以保证源与曝光焦点重合。

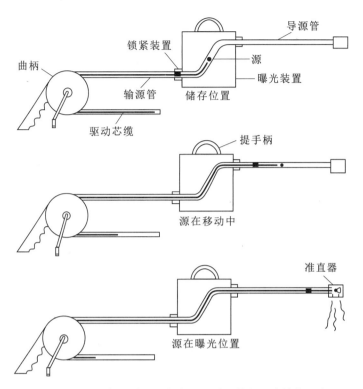

图 7-11　"S"形弯通道型 γ 射线机驱动机构的基本结构示意图

5. 附件

为了射线探伤设备的使用安全和操作方便,一般都配套一些设备附件。常用附件有:①各种专用准直器;②γ 射线监测仪、个人剂量计及音响报警器;③各种定位架;④专用曝光计算尺;⑤换源器。

三、γ 射线检测设备的操作

操作中一旦发生错误有可能导致严重后果,所以 γ 射线探伤机操作必须特别仔细。γ 射线探伤机的操作者必须经过培训,取得《放射工作人员证》才能上岗操作。

(一)γ 射线检测曝光的操作程序

γ 射线检测曝光的一般操作程序,对于手动驱动和自动驱动分别如下所述。

1. 手动驱动

(1)操作前的准备。
(2)主机安装。

（3）组装输源管。

（4）固定照相头。

（5）铺设输源管。

（6）连接输源管。

（7）选择驱动机构操作位置（手动操作时）。

（8）连接控制缆。

（9）计算曝光时间。

（10）送出射源。

（11）收回射源。

（12）锁紧选择环。

2. 自动驱动

（1）安装自动控制电动驱动器；将自动控制仪安放平稳，接好控制仪电源线；按控制仪使用说明书的规定，检查仪表有无故障。

（2）按手动方式相同步骤将控制缆和输源管与主机相连，并进行各项检查。

（3）按自动控制仪使用说明书的规定操作仪器，预置启动延迟时间、输源管距离、曝光时间，然后按下"启动"按钮，自控仪将自动完成"送源→曝光→收源"的检测照相过程。

操作过程中，人员可在远离放射源的地方工作，使受照射剂量减少到最低程度。

射源送出或收回时，应快速轻摇，直到摇不动为止，严禁使劲猛摇，造成软轴移位，齿轮打滑。在用手摇过程中，只要发现移动手柄有困难，就应反向摇动手柄把源收回到屏蔽容器中，然后用γ射线剂量率仪检测工作场所，确定放射源回到储存位置后，再检查控制缆和输源管的弯曲半径是否太小，校正后再往外送源。

（二）换源操作要点

换源器有两个"Ⅰ"孔道，一个用于装新源，一个用于回收旧源。换源主要有两项内容：一是将探伤机里的旧源收回到换源器中；二是将换源器里的新源送到探伤机的屏蔽体中。

（1）按γ射线探伤机操作步骤把驱动机构与探伤机主机连接。

（2）将不带照相头的输源管分别与主机及换源器相连。

（3）摇动驱动机构手柄，将旧源送到换源器中。

（4）从旧源辫上取出控制缆上的阳接头，从换源器旧源孔道接头上拆下输源管，将输源管与换源器上的新源孔道相接。

（5）将控制缆上阳接头与新源辫的阴接头连接，合上导源管。

（6）摇动驱动机构手柄，将新源拉回到探伤机中。

（7）按γ射线探伤机操作步骤取下驱动机构和输源管，锁上安全联锁，换源工作完成。

注意：在换源操作过程中，必须使用γ射线剂量率仪表及音响报警仪进行监测。

四、γ射线探伤机的维护及故障排除

(一)γ射线探伤机的维护

(1)γ射线探伤机设备一定要有专人负责保管。

(2)输源管接头应经常进行擦洗,避免灰尘和砂粒进入;每次使用完毕后应盖好两端"封堵护套"。

(3)控制机构部件摇柄、输源导管应经常采用机油擦洗;软轴应注意清洁,可用柴油清洗泥沙灰尘,待晾干后传送到软管内。

(4)齿轮应经常添加润滑剂,以保持手柄手摇时感觉轻松。

(二)γ射线探伤机的操作故障排除

γ射线探伤设备由于操作不当会引起故障,这类故障及排除方法见表7-4。

表7-4　γ射线探伤机的操作故障及排除方法

故障类型	原因分析	排除故障
γ源送出时发生卡堵	1. 输源导管曲率半径过小 2. 控制缆导管曲率半径过小 3. 曝光头与输源导管连接不良	迅速收回,找出原因,排除故障,仔细操作
γ源收回时发生卡堵	1. 输源导管由于现场条件突然变化,发生曲率半径小于规定值的情况 2. 曝光头与输源导管连接不良	1. 来回摇动手柄,试图收回 2. 快速上前把输源导管拉直,再收回
摇动手柄突感很轻松,摇动圈数超出规定圈数	输入输出端软管接头与γ射线探伤机接头没接好,摇动手柄时软管接头脱落,金属软轴脱在外面	1. 快速拆开摇柄与输送导管连接 2. 用手迅速把金属软轴拉回

(三)γ射线探伤机的机械故障

1. 安全联锁失灵

安全联锁由安全锁、防护盖、选择环、锁紧锁、定位爪等零件组成。一般很少出现故障。若在使用中发现有问题,应首先检查是否严格按照操作程序进行操作,并是否操作到位。如确认存在故障,应通知厂家进行处理。

2. 机械零件损坏

机械零件损坏是γ射线探伤设备出现故障的主要原因。可能出现的损坏有阳接头拉断、驱动机构失灵(弹簧片断裂、齿轮的齿损坏、缆绳节距滑变、杂物卡死等导致)、控制缆导管及输源管被砸扁变形或更严重的损坏、源外包壳与源座脱开等。

故障后果比较严重的是掉源,即阳接头脖子拉断或阳接头从阴接头中脱出。为防止出现这种故障,阳接头采用高强度合金钢,经调质处理后精加工制成。使用中应定期对接头进行检验。

3. 机体破碎

射线探伤设备的机体都十分坚固,即使从高空跌落,最多只砸坏提手或外层钢壳,不会危及内部高强度的屏蔽套,所以机体破碎的故障概率极小。

第三节　射线照相胶片

射线照相胶片是为射线照相而设计的照相胶片。射线胶片照相技术是利用 X 射线、γ射线照射到胶片上,胶片中敏感卤化银晶体发生化学反应,并与邻近也受到光线照射的卤化银晶体相互聚结起来,沉积在胶片上,从而留下影像。由于原理简单、操作灵活,该技术作为最早发明并使用的射线检测技术广泛地应用于人们生产生活的各个方面。

一、射线照相胶片的构造与特点

射线照相胶片不同于一般的感光胶片,一般感光胶片只在胶片片基的一面涂布感光乳剂层,在片基的另一面涂布反光膜。射线照相胶片在胶片片基的两面均涂布感光乳剂层,目的是增加卤化银含量以吸收较多穿透能力很强的 X 射线和 γ 射线,从而提高胶片的感光速度,同时增加底片的黑度。其结构如图 7-12 所示。

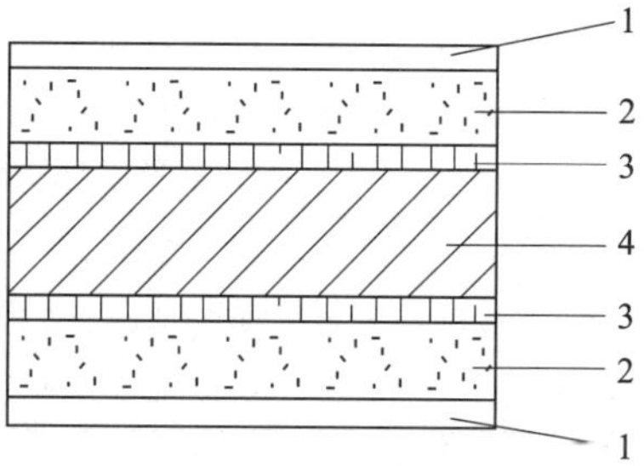

1-保护层;2-感光乳剂层;3-结合层;4-片基。

图 7-12　射线照相胶片的结构示意图

(一)片基

作用:胶片的骨架。

厚度:0.175~0.2 mm。

材料:醋酸纤维、聚酯材料(强度高,适用自动冲洗)。

颜色:白色、淡蓝色(观察效果好)。

(二)结合层

作用:使感光乳剂层和片基牢固地黏结在一起,防止感光乳剂层在冲洗时从片基上脱下来。

材料:由明胶、水、表面活性剂(润湿剂)、树脂(防静电剂)组成。

（三）感光乳剂层

作用：感光。

厚度：10～20 μm。

材料：溴化银微粒在明胶中的混合体。明胶可以使卤化银颗粒均匀地悬浮在感光乳剂层中，具有多孔性，对水有极大的亲合力，使暗室处理药液能均匀地渗透到感光乳剂层中，完成处理。

另含其他物质，如碘化银（改善感光性能、碘化银按物质的量计算一般小于或者等于5%，颗粒大小1～5 μm）、防灰雾剂、稳定剂、坚膜剂等。

感光速度：取决于卤化银的含量，卤化银颗粒团的大小和形状。

（四）保护层

作用：防止感光剂层受到污损和摩擦。

厚度：1～2 μm。

材料：明胶、坚膜剂（甲醛及盐酸荼的衍生物）、防腐剂（苯酚）和防静电剂。为防止胶片粘连，有时在感光乳剂层上还涂布毛面剂。

二、射线照相胶片的特性

黑度 D 定义为照射光强 L_0 与穿过底片的透射光强 L 之比的常用对数值。

射线照相胶片的感光特性主要有感光度（S）、灰雾度（D_0）、梯度（G）、宽容度（L）、最大密度（D_{max}），这些特性可在胶片特性曲线上定量表示。

（一）胶片特性曲线

定义：表示相对曝光量与底片黑度之间关系的曲线。横坐标表示 X 射线的曝光量的对数值，纵坐标表示胶片显影后所得到的相应黑度。

1. 增感型胶片特性曲线"S"形（图 7 - 13）

（1）本底灰雾度（D_0）
（2）曝光迟钝区 1（AB）：曝光量增加，黑度不增加。
（3）曝光不足区 2（BC）：曝光量增加，黑度缓慢增加。
（4）曝光正常区 3（CD）：曝光量增加，黑度线性增加。
（5）曝光过渡区 4（DE）：曝光量增加，黑度增加较小。
（6）反转区 5（EF）：曝光量增加，黑度减少。

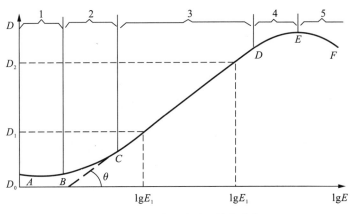

图 7-13　增感型胶片的特性曲线

2. 非增感型胶片特性曲线"J"形(图 7-14)

非增感型胶片的特性曲线也有曝光迟钝区、曝光不足区和曝光正常区,但其曝光过渡区在黑度非常高的区段,大大超过一般观光灯的观察范围,故通常不描绘在特性曲线上。非增感型胶片无明显的负感区。在常用的黑度范围内,非增感型胶片特性曲线呈"J"形。

(二)射线胶片特性参数

1. 感光度(S)

定义:射线底片上产生一定黑度所用曝光量的倒数。它表示胶片感光的快慢。

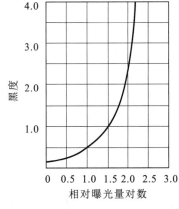

图 7-14　非增感型胶片的特性曲线

ISO 7004 规定感光度为:$D=2.0$(指净黑度,不含 D_0)时,所用曝光量的倒数。

$$S=1/K_S \tag{7-1}$$

曝光量 K_S 以产生片基比胶片灰雾度 D_0 密度大 2.0 的密度所需要的戈瑞数表示(单位为 Gy)。

影响因素:包括乳剂层中的含银量,明胶成分,增感剂含量,银盐颗粒大小、形状。此外还受射线能量、显影条件(显影配方、温度、时间)、增感方式、温度、时间等的影响。对于同类胶片,银盐颗粒越粗,S 越高。

2. 灰雾度(D_0)

定义:未经曝光的胶片显影、定影后也会有一定的黑度,此黑度称为灰雾度(D_0),又称为本底灰雾度。

D_0 由两部分组成：片基自身黑度、胶片乳剂产生的黑度。

D_0 值影响因素：显影条件（显影配方、温度、时间）、胶片感光度、保存条件、保存时间。

通常，感光度 S 愈大则灰雾度 D_0 愈大，灰雾度过大会损害影像对比度和清晰度，降低灵敏度。

3. 梯度（G）

定义：指胶片对不同曝光量在底片上显示不同黑度差别的固有能力。

表示方法：胶片特性曲线上某一点切线的斜率。胶片梯度 G 或称为胶片反差系数 γ。

G 值影响因素：①胶片的种类、型号。对于增感型胶片，当黑度 D 值较低时，D 增大，则 G 增大；当黑度 D 值超过一定值时，D 增大，则 G 减小。在射线照相应用范围内，使用的是非增感型胶片，G 值随黑度 D 的增大而增大。②G 的测定结果还与显影条件（显影配方、温度、时间）有关。

4. 宽容度（L）

宽容度指胶片有效黑度范围相对应的曝光范围。在胶片特性曲线上，用与黑度为许用下限值和上限值（如 1.5 和 3.5）相应的相对曝光量的倍数表示。梯度大的胶片，其宽容度必然小。

三、胶片的使用与保管

（一）胶片的选用

胶片的选用，应根据射线照相技术要求及射线的线质、工件厚度、材料种类等条件综合考虑。

（1）可按像质要求高低选用，如需要较高的射线照相质量，则需使用梯噪比较大的胶片，即使用号数较小的胶片（C1 最高，C6 最低）。

（2）在能满足像质要求的前提下，如需缩短曝光时间，可使用号数较大的胶片。

（3）工件厚度较小、工件材料等效系数较低或射源线质较硬时，可选用梯噪比较大的胶片。

（4）在工作环境温度较高时，宜选用抗潮性能较好的胶片；在工作环境比较干燥时，宜选用抗静电感光性能较好的胶片。

（二）胶片使用与保管的注意事项

（1）胶片不可接近氨、硫化氢、煤气、乙炔和酸等有害气体，否则会产生灰雾。

（2）裁片时不可把胶片上的衬纸取掉裁切，以防止裁切过程中将胶片划伤。不要多层胶片同时裁切，防止轧刀，擦伤胶片。

（3）装片和取片时，胶片与增感屏应避免摩擦，否则胶片会擦伤，显影后底片上会产生黑线。操作时还应避免胶片受压、受曲、受折,否则会在底片上出现新月形影像的折痕。

（4）开封后的胶片和装入暗袋的胶片要尽快使用,如工作量较小,一时不能用完,则要采取干燥措施。

（5）胶片宜保存在低温低湿环境中。温度通常以 $10 \sim 15$ ℃最好,湿度应保持在 $55\% \sim 65\%$ 之间。湿度高会使胶片与衬纸或增感屏粘在一起,但空气过于干燥,容易使胶片产生静电感光。

（6）胶片应远离热源和射线,在暗室红灯下操作不宜距离过近,暴露时间不宜过长。

（7）胶片应竖放,避免受压。

第四节　射线照相辅助设备器材

射线照相辅助设备器材包括:黑度计、增感屏、像质计、暗袋、标记带、屏蔽铅板、中心指示器等。

一、黑度计

黑度计又名光学密度计,或简称密度计。射线照相底片的黑度均用透射式黑度计测量,早期的黑度计是模拟电路指针显示的光电直读式黑度计。目前广泛使用的是数字显示黑度计,其结构原理与指针式不同,该类仪器将接收到的模拟光信号转换成数字电信号,进行数据处理后直接在数码显示器上显示出底片黑度数值。数显式黑度计(图 7-15)有便携式和台式两种。前者比后者体积更小,质量更轻。

图 7-15　数显式黑度计、标准黑度片

黑度计使用前应进行"校零";光孔上不放底片,按下测量臂,入射光直接照到光传感器,按校零"ZERO"钮,显示"0.00",此时微处理器记下入射光通量 Φ_0,即完成"校零"。在完成"校零"后,即可正式测量黑度:将底片放于光孔上按下测量臂,入射光透过底片照到传感器,测量出透射光通量 Φ,最后由微处理器计算出黑度 D,并驱动数码管显示出 D 值。

二、增感屏

目前常用的增感屏有金属增感屏、荧光增感屏和金属荧光增感屏三种。其中以使用金属增感屏所得底片像质最佳,金属荧光增感屏次之,荧光增感屏最差。但增感系数以荧光增感屏最高,金属增感屏最低。

当射线入射到胶片时,由于射线的穿透能力很强,大部分穿过胶片,胶片仅吸收入射射线很少的能量。为了更多地吸收射线的能量,缩短曝光时间,在射线照相检验中,常使用前、后增感屏贴附在胶片两侧,与胶片一起进行射线照相,利用增感屏吸收一部分射线能量,达到缩短曝光时间的目的。

(一)增感系数 Q

增感系数 Q 是描述增感屏增感性能的主要指标,指胶片一定、线质一定、暗室处理条件一定时,得到同一黑度底片,不用增感屏的曝光量 E_0 与使用增感屏时的曝光量 E 之间的比值。

$$Q = E_0/E \qquad\qquad (7-2)$$

曝光量单位:X 射线,mA·min;γ 射线,Ci·min。

增感系数 Q 也可用不用增感屏时的曝光时间 t_0 与使用增感屏时的曝光时间 t 之比来表示,即

$$Q = t_0/t \qquad\qquad (7-3)$$

不同类型的增感屏增感机理不同,增感系数不同。同一类型增感屏在不同能量的射线下使用,增感系数也不同。

(二)金属增感屏

金属增感屏一般是将薄薄的金属箔黏合在优质纸基或胶片片基(涤纶片基)上制成。其构造和增感过程如图 7-16 所示。

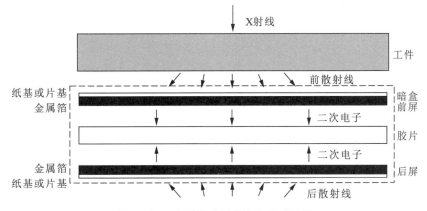

图 7-16　金属增感屏构造和增感过程

1. 构造

金属箔＋纸基或胶片片基。

金属箔材质：铅、钨、钽、钼、铜、铁等，常用铅合金（含 5％左右的锑和锡）。

2. 金属增感屏的基本效应

（1）增感效应：金属增感屏受透射射线激发产生二次电子和二次射线，二次电子与二次射线能量很低，极易被胶片吸收，从而能增加对胶片的感光作用。

（2）吸收效应：金属增感屏对波长较长的散射线有吸收作用，从而减少散射线引起的灰雾度，提高影像对比度。

（三）荧光增感屏

荧光增感屏通常使用的是碳酸钙。在较低管电压时，增感系数大，但影像模糊，清晰度差，灵敏度低，缺陷分辨率差，细小缺陷易漏检，荧光增感屏在射线照相中的使用范围越来越小。为避免危险性缺陷漏检，承压设备的焊缝射线照相不允许使用荧光增感屏。

（四）金属荧光增感屏

这种增感屏兼有荧光增感屏的高增感特性和金属增感屏的散射线吸收作用。与非增感型胶片配合使用，其像质优于荧光增感屏。由于清晰度和分辨力的局限性，金属荧光感屏一般不用于质量要求高的工件的透照。

（五）增感屏的使用注意事项

增感屏在使用过程中，其表面应保持光滑、清洁，无污秽、损伤、变形。装片后要求增感屏与胶片能紧密贴合，胶片与增感屏之间不能夹杂异物。

（1）保持光洁。

（2）无损伤、无变形。

发生变形：会引起胶片与增感屏接触不良，底片影像模糊。

处理方法：对于金属增感屏上比较轻微的折痕、划痕和黏合不良引起的鼓泡，可将金属增感屏放置在光滑的桌面上，用纱布将其抹平。

（3）屏片紧贴。

（4）屏片之间无物品。

（5）防划伤和开裂。

现象：由于发射二次电子的表面积增大，底片上会出现类似裂纹的细黑线。

处理方法：擦拭；严重时应更换。

（6）防止油污和其他污物污染、暗室药液浸蚀。

现象：会吸收二次电子，形成减感现象，使底片上产生白影。

处理方法：表面附着的污物，可用干净纱布蘸乙醚、四氯化碳擦去；严重时应更换。

（7）防潮。

现象：金属箔与基材之间的脱胶和合金成分锡、锑在表面呈线状析出，此时，在增感屏表面出现黑线条，在底片上则产生白线条。

处理方法：更换。

三、像质计

像质计是用来检查和定量评价射线底片影像质量的工具，又称影像质量指示器，或简称透度计、IQI。

（一）像质计的作用与分类

1. 作用

（1）通常用来测量射线照相灵敏度，只有双丝型像质计是用来测量射线照相不清晰度的。

（2）作为永久性的证据，表明射线检测是在适当条件下进行的，但像质计的指示数值不等于被检工件中可以发现缺陷的实际尺寸。

2. 分类

工业射线照相用的像质计有三种类型：金属丝型像质计、孔型像质计和槽型像质计。还有一种双丝型像质计，这种像质计不是用来测量射线照相灵敏度，而是用来测量射线照相不清晰度的。

（二）金属丝型像质计

按金属丝的直径变化规律，金属丝型像质计分为等差数列、等比数列、等径、单丝等几种形式。我国最早曾使用过等差数列像质计，目前以等比数列像质计应用最为普遍。

1. 样式

如图 7 - 17 所示，金属丝型像质计以七根编号相连接的金属丝为一组，每个像质计中的所有金属丝应由相同材料构成，并固定在由弱吸收材料制成的包壳中。金属丝相互平行排列，其长度有三种规格：10 mm、25 mm、50 mm。

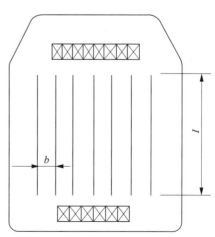

图 7 - 17　金属丝型像质计样式

不同国家的标准对丝的直径与允许的偏差、长度、间距、一个像质计中丝的根数及标志说明等都做出了各自的规定。

2. 丝径

丝径分为等差数列、等比数列、等径、单丝等。其中等比数列像质计应用最普遍。等比数列像质计公比有两种：$\sqrt[10]{10}$（R10 系列），$\sqrt[20]{10}$（R20 系列）。通常使用 R10 系列，相邻直径之比为 $\sqrt[10]{10}=1.25$ 或者 $1/\sqrt[10]{10}=0.8$。

3. 像质计标志

像质计标志由最大直径的线号、线的材料和标准代号组成。标志中最大直径的线号应放置在最大直径线的一侧，最大直径的线号同时表示像质片号。

4. 金属丝型像质计的分类

按材料不同可分为钢质像质计、铝质像质计、钛质像质计、铜质像质计等，分别用代号 FE、AL、TI、CU 表示。照相时像质计材质应与试件相同，当缺少同材质像质计时，也可用原子序数低的材料制作的像质计代替。

金属丝型像质计

（三）像质计的摆放

（1）像质计应放在透照区域内显示灵敏度较低的部位（如离胶片远的工件表面、透照厚度大的部位）。

（2）金属丝型像质计应放在被检焊缝射源一侧，被检区的一端，金属线横贯焊缝，并与焊缝方向垂直，像质计上直径小的金属线应在被检区外侧。

（3）采用射源置于圆心位置的周向曝光技术时，像质计可每隔 90°放一个。

（4）像质计如不能放在近射源侧的表面，可置于胶片侧，但应作对比试验，并应在附近放置"F"作为标记，"F"影像应可见。

（5）平板孔型像质计应放在离被检焊缝边缘 5 mm 以上的母材表面，且像质计下应放置一定厚度的垫片。

四、其他照相辅助设备器材

（一）暗袋（暗盒）（图 7-18）

（1）材料：黑色塑料膜、合成革。
（2）尺寸：与增感屏、胶片尺寸匹配。

（二）标记带

（1）用于放置底片和工件相互对应的标记。
（2）标记包括识别标记和定位标记。
识别标记：产品编号、焊接接头编号、部位编

图 7-18　暗袋

号、透照日期、返修标记和扩探标记。

定位标记:中心标记、搭接标记、检测区标记(焊缝余高磨平)。

(3)采用预曝光方式获得标识。

(三)屏蔽铅板

在暗袋后放置一块厚度为 1 mm 左右的铅板,用于屏蔽散射线。

(四)中心指示器

射线机窗口应装设中心指示器(激光指示器),用于指示射线方向,便于对焦。

(五)其他小器件

为方便工作,还应备齐一些小器件,如铅字、记号笔、卷尺、胶带、电筒等。

复习题(单项选择题)

1. X 射线管的阳极靶最常用的材料是(　　　)。

A. 铜　　　　　　　　B. 钨　　　　　　　　C. 铍　　　　　　　　D. 银

2. 软射线 X 射线管的窗口材料一般是(　　　)。

A. 铜　　　　　　　　B. 钨　　　　　　　　C. 铍　　　　　　　　D. 银

3. X 射线机技术性能指标中,焦点尺寸是一项重要指标。焦点尺寸是指(　　　)。

A. 靶的几何尺寸　　　　　　　　B. 电子束的直径

C. 实际焦点尺寸　　　　　　　　D. 有效焦点尺寸

4. 在条件允许的情况下,焦点尺寸应尽可能的小,其目的是(　　　)。

A. 减小设备体积　　　　　　　　B. 提高清晰度

C. 增加能量密度　　　　　　　　D. 节省合金材料

5. 高压变压器直接与 X 射线管相连接的 X 射线机叫做(　　　)。

A. 全波整流 X 射线机　　　　　　B. 自整流 X 射线机

C. 交流 X 射线机　　　　　　　　D. 恒电压 X 射线机

6. X 射线管对真空度要求较高,其原因是(　　　)。

A. 防止电极材料氧化　　　　　　B. 使阴极与阳极之间绝缘

C. 使电子束不电离气体而容易通过　　D. 以上三者均是

7. 决定 X 射线机工作时间长短的主要因素是(　　　)。

A. 工作电压的大小　　　　　　　B. 工作电流的大小

C. 工件厚度的大小　　　　　　　D. 阳极冷却速度的大小

8. X 射线机中循环油的作用是(　　　)。

A. 吸收散射线　　　　　　　　　B. 滤去一次射线中波长较长的射线

C. 散热　　　　　　　　　　　　D. 增强一次射线

9. 大焦点 X 射线机与小焦点 X 射线机相比,其特点是(　　　)。

A. 射线的能量低穿透力小　　　　　　　　　B. 射线不集中,强度小

C. 照相黑度不易控制　　　　　　　　　　　D. 照相清晰度差

10. 一般 X 射线机调节管电压的方法通常是(　　　)。

A. 调节灯丝的加热电压　　　　　　　　　　B. 调节阴极和阳极之间的电压

C. 调节阴极和阳极之间的距离　　　　　　　D. 调节灯丝与阴极之间的距离

11. X 射线管中的阴极最常见的是(　　　)。

A. 冷阴极　　　　　　　B. 热阴极　　　　　　C. 旋转阴极　　　　　D. 固定阴极

12. 提高灯丝温度的目的是使(　　　)。

A. 发射电子的能量增大　　　　　　　　　　B. 发射电子的数量增多

C. 发出 X 射线的波长较短　　　　　　　　　D. 发出 X 射线的波长较长

13. 大功率 X 射线管阳极冷却的常用方法是(　　　)。

A. 辐射冷却　　　　　　　　　　　　　　　B. 对流冷却

C. 传导冷却　　　　　　　　　　　　　　　D. 液体强迫循环冷却

14. γ 射线探伤机与 X 射线探伤机相比,其优点是(　　　)。

A. 设备简单　　　　　　B. 不需外部电源　　　C. 射源体积小　　　D. 以上三者都是

15. 检测所用的放射性同位素,都是(　　　)。

A. 天然同位素　　　　　　　　　　　　　　B. 人造同位素

C. 稳定同位素　　　　　　　　　　　　　　D. 以上三者都是

16. 利用 γ 射线探伤时,若要增加射线强度可以采用(　　　)。

A. 增加焦距　　　　　　B. 减小焦距　　　　　C. 减小曝光时间　　　D. 三者均可

17. 下面有关 X 射线管焦点的叙述,哪一条是错误的?(　　　)。

A. 有效焦点总是小于实际焦点

B. 焦点越小,照相几何不清晰度越小

C. 管电压、管电流增加,实际焦点会有一定程度的增大

D. 焦点越大,散热越困难

18. 以下关于便携式 X 射线机操作使用的叙述,哪条是错误的?(　　　)

A. X 射线停机超过 3 天,才需要训机

B. 送高压前应预热灯丝

C. 机内 SF_6 气体压力过低,将影响绝缘性能

D. 应保持工作和间歇时间 1:1

19. 以下哪条不是 γ 射线探伤设备的优点?(　　　)。

A. 不需要电和水　　　　　　　　　　　　　B. 可连续操作

C. 可进行周向曝光和全景曝光　　　　　　　D. 曝光时间短,效率高

20. 在管电压、管电流相同的情况下,焦点尺寸越小,其焦点的温度(　　　)。

A. 越低　　　　　　　　B. 越高　　　　　　　C. 不变　　　　　　　D. 不一定

21. 金属增感屏上的深度划伤会在射线底片上产生黑线,这是因为(　　　)。

A. 金属划伤部位厚度减薄,对射线吸收减小,从而使该处透射线增多

B. 划伤使金属表面积增大,因而发射电子面积增大,增感作用加强

C. 深度划伤与胶片之间的间隙增大,散射线增加

D. 以上都对

22. 比较大的散射源通常是( )。

A. 金属增感屏　　　　B. 暗盒背面铅板　　C. 地板和墙壁　　　D. 被检工件

23. 由被检工件引起的散射线是( )。

A. 背散射　　　　　　B. 侧向散射　　　　C. 正向散射　　　　D. 全都是

24. 射线探伤中屏蔽散射线是( )。

A. 金属增感屏和铅罩　　　　　　　　B. 滤板和光孔

C. 暗盒底部铅板　　　　　　　　　　D. 以上全是

25. 射线探伤时,在胶片暗盒和底部铅板之间放一个一定规格的 B 字铅符号,如果经过处理的底片上出现 B 的亮图像,则认为( )。

A. 这一张底片对比度高,像质好

B. 这一张底片清晰度高,灵敏度高

C. 这一张底片受正向散射影响严重,像质不符合要求

D. 这一张底片受背向散射影响严重,像质不符合要求

答案:

1—5:BCDBB　　　　6—10:DDCDB　　　　11—15:BBBDB　　　　16—20:BDADB

21—25:BDCDD

第八章　射线检测工艺

射线检测工艺是指射线检测过程中,为达到检测要求而对射线检测活动规定的方法、程序、技术参数和技术措施等。由于单位不同,检测对象、设备能力、检测环境、检测手段以及操作人员的素质等因素不同,即使对于相同的检测对象,编制的检测工艺也可能是不同的。但是,检测工艺的编制必须要满足相关的法规和标准的要求,还要考虑技术的先进性和检测的经济性。

第一节　曝光曲线的构成和使用条件

曝光曲线是表示工件(材质、厚度)与工艺规范(管电压、管电流、曝光时间、焦距、暗室处理条件等)之间相关性的曲线。X 射线曝光曲线必须通过试验制作,且每台 X 射线探伤机的曝光曲线各不相同,不能通用。通常只选择工件厚度、管电压和曝光量作为可变参数,其他条件必须相对固定。

一、射线透照工艺的术语和定义

1. 公称厚度 T

受检工件的名义厚度,不考虑材料制造偏差和加工减薄。

2. 透照厚度 W

射线照射方向上材料的公称厚度。多层透照时,透照厚度为通过的各层材料公称厚度之和。

3. 工件至胶片距离 b

沿射线中心测定的工件受检部位射线源侧表面与胶片之间的距离。

4. 射线源至工件距离 f

沿射线中心测定的工件受检部位射线源与受检工件近源侧表面之间的距离。

5. 焦距 F

沿射线中心测定的射线源与胶片之间的距离。

6. 射线源尺寸 d

射线源的有效焦点尺寸。

7. 管子直径 D_0

管子的外径。

8. 透照厚度比 K

一次透照长度范围内射线束穿过母材的最大厚度与最小厚度之比。

射线检测透照示意图如图 8-1 所示。

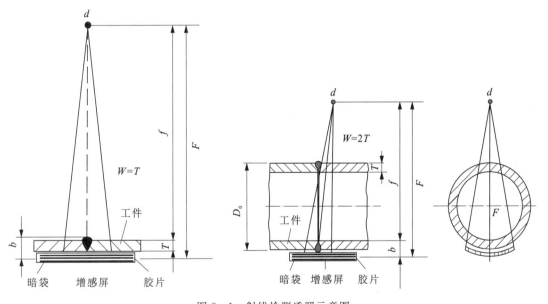

图 8-1　射线检测透照示意图

二、曝光曲线的定义

选用任意一台 X 射线机,在采用相同的增感屏、胶片、显影液、定影液及显影时间、定影时间和显影温度的情况下,对同一材料的不同厚度工件透照时,所用的曝光条件(焦距、管电压、管电流和曝光时间)是不一样的,如果我们固定其中的一些因素,使透照厚度仅随其中某一种因素的变化而改变,那么我们就可以获得一条相关曲线,这条曲线就是曝光曲线。

三、曝光曲线的构成

（一）管电压-厚度（kV-T）曝光曲线

以横坐标表示工件的厚度，纵坐标表示管电压，曝光量为变化参数的曲线称为管电压-厚度（kV-T）曝光曲线（图8-2）。

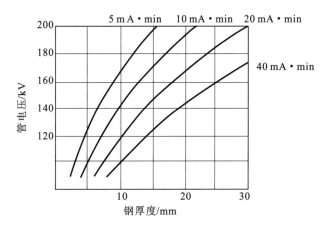

图8-2　管电压-厚度（kV-T）曝光曲线

（二）曝光量-厚度（E-T）曝光曲线

横坐标表示工件的厚度，纵坐标用对数刻度表示曝光量，管电压为变化参数，所构成的曲线称为曝光量-厚度（E-T）曝光曲线（图8-3）。

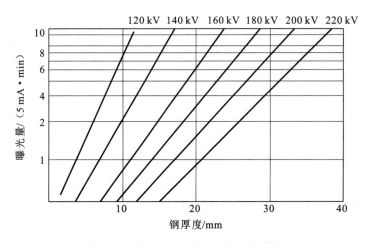

图8-3　曝光量-厚度（E-T）曝光曲线

（三）γ射线曝光曲线

γ射线（Se-75）曝光曲线如图 8-4 所示。

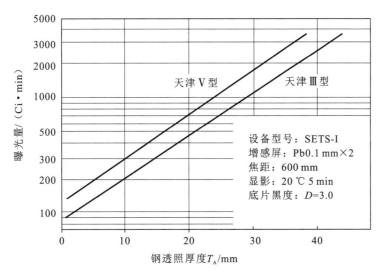

图 8-4　γ射线（Se-75）曝光曲线

四、曝光曲线的使用条件

（一）特定条件

任何曝光曲线只适用于一组特定的条件，这些条件如下。

（1）所使用的 X 射线机（相关条件有高压发生线路及施加波形、射源焦点尺寸及固有滤波）。

（2）一定的焦距（通常取 600～800 mm）。

（3）一定的胶片类型（通常为 T3 或 T2 胶片）。

（4）一定的增感方式（屏型及前后屏厚度）。

（5）所使用的冲洗条件（显影配方、温度、时间）。

（6）基准黑度（通常取 3.0）。

上述条件必须在曝光曲线图上予以注明。

当实际拍片所使用的条件与制作曝光曲线的条件不一致时，必须对曝光量作相应修正。这类曝光曲线一般只适用于透照厚度均匀的平板工件，而对厚度变化较大的工件如形状复杂的铸件等，只能作为参考。

（二）曝光曲线特点

（1）唯一性。不同台 X 射线机，其线质和照射率不同，曝光曲线也不一样。

（2）不固定性。即使同一台 X 射线机，随着时间的推移，管子的灯丝和靶可能老化，从而引起射线照射率的变化，曝光曲线也会发生变化。因此，要定期重新制作曝光曲线，一般每一年制作一次。

第二节　曝光曲线的制作

曝光曲线是在射线机型号、胶片、增感屏、焦距等条件一定的前提下，通过改变曝光参数透照由不同厚度组成的阶梯试块，根据给定冲洗条件下洗出的底片所达到的某一基准黑度，依此绘制管电压与厚度、曝光量与厚度之间关系的曲线。

一、管电压-厚度(kV - T)曝光曲线

在 X 射线机、胶片、增感屏、焦距、暗室处理条件保持不变的情况下，固定曝光量(mA·min)对阶梯试块进行透照。为了使不同厚度部分的黑度值一样，就必须随着厚度的变化而改变曝光强度（管电压 kV）。根据数学分析可以知道，管电压与透照厚度之间不存在简单的线性关系，因而得到的不是直线而是一条曲线，在实验中用阶梯试块实现不同厚度 d 的透照。在同一焦距和曝光量条件下，用不同的管电压进行多张胶片曝光，经暗室处理可得一组底片。通过这组底片可获得多条黑度与厚度的曲线（每张底片即是一条黑度-厚度的曲线）。当我们选取某一黑度值时，不同的管电压对应不同的厚度，即有一对应点，将选取的各点标注于普通坐标纸上便可得一条曝光曲线，这一曝光曲线就是管电压-厚度曝光曲线。

二、曝光量-厚度(E - T)曝光曲线

同制作管电压-厚度曝光曲线一样，在各种条件不变的情况下，固定管电压(kV)，改变曝光量(mA·min)，对阶梯试块进行分次曝光。在实验中用阶梯试块实现不同厚度 d 的透照，在同一管电压下用不同的曝光量进行多张胶片曝光，经暗室处理可得一组底片。通过这组底片可获得多条黑度与厚度的关系曲线（每张底片即是一条黑度-厚度的曲线）。当我们选取某一黑度值时，不同的曝光量对应不同的厚度，即有一对应点，将各实验点标注于对数坐标纸上便可得一条曝光曲线，这一曝光曲线就是曝光量-厚度曝光曲线。

三、曝光曲线的制作方法与步骤

（一）准备

确定制作曝光曲线的条件和准备阶梯试块。

1. 需确定制作曝光曲线的主要条件

（1）X 射线机型号。
（2）透照物体的材料和厚度范围。
（3）透照的主要条件（胶片、焦距、增感屏等）。
（4）射线照相的质量要求（灵敏度、黑度等）。
所使用的阶梯试块面积不可太小，其最小尺寸应为阶梯厚度的五倍，否则散射线将明显不同于均匀厚度平板中的情况。另外，阶梯试块的尺寸应明显大于胶片尺寸，否则要作适当遮边。

2. 阶梯试块的准备

阶梯试块材质与被检工件相同或相似，阶梯试块的厚度按极差为 2 mm 的等差数列变化，从 2 mm 至 20 mm。另外再制备厚度为 10 mm 和 20 mm 的平板试块各一块，如加在阶梯试块下面，可扩大制作曲线的厚度范围。

（二）透照

选定的透照条件下，采用一系列不同的透照电压和不同的曝光量对阶梯试块进行射线照相。严格时应在每个阶梯上放置像质计，以判断射线照相灵敏度是否达到要求。

（三）暗室处理

按规定的暗室处理条件进行暗室处理，得到一系列底片。

（四）绘制 D - T 曲线

采用较小曝光量、不同管电压拍摄阶梯试块，获得第一组底片，再采用较大曝光量、不同管电压拍摄阶梯试块，获得第二组底片，用黑度计测定获得透照厚度与对应黑度的两组数据，绘制出 D - T 曲线图。

（五）绘制 E - T 曲线

选定一基准黑度值，从两张 D - T 曲线图中分别查出某一管电压下对应于该黑度的透照厚度值。在 E - T 图上标出这两点，并以直线连接，即得该管电压的曝光曲线。
注意：射线机上的参考曝光曲线一般不能直接使用，需重新制作。

第三节　曝光曲线的使用

从 E-T 曝光曲线上求取透照给定厚度所需要的曝光量,一般都采用"一点法",即按射线束中心穿透厚度确定与某一管电压相对应的曝光量。

需要注意,对有余高的焊接接头照相,射线穿透厚度有两个值。例如,透照母材厚度 12 mm 的双面焊接接头,母材部位穿透厚度为 12 mm,焊缝部位穿透厚度为 16 mm,这时需要注意标准允许黑度范围与曝光曲线基准黑度的关系,NB/T 47013—2015《承压设备无损检测》规定 AB 级允许黑度范围为 2.0~4.5。如果曝光曲线基准黑度为 3.0 或更高,则以母材部位 12 mm 为透照厚度查表为宜,这样能保证焊缝部位黑度不致太低;如果曝光曲线基准黑度为 2.5 或更低,则以焊缝部位 16 mm 为透照厚度查表为宜,这样能保证母材部位黑度不致太高。

以 12 mm 为透照厚度查曝光曲线,假设可得到三组曝光参数:150 kV、18 mA·min;170 kV、10 mA·min;200 kV、5 mA·min。具体选择哪一组参数,则应根据工件厚度是否均匀,宽容度是否满足,以及照相灵敏度、工作时间及效率等因素,选择高能量、小曝光量的组合,或低能量大、大曝光量的组合。

复习题(单项选择题)

1. 胶片特性曲线上,两个特定黑度点的直线的斜率叫做(　　)。

A. 胶片宽容度　　　　　B. 梯度　　　　　C. 平均梯度　　　　　D. 感光度

2. 由胶片特性曲线可以得到胶片的技术参数是(　　)。

A. 胶片的反差系数　　　　　　　　B. 胶片的本底灰雾度

C. 正常的曝光范围　　　　　　　　D. 三者均是

3. 哪一因素变化会使胶片特性曲线形状明显改变?(　　)。

A. 改变管电压　　　　　　　　　　B. 改变管电流

C. 改变焦距　　　　　　　　　　　D. 改变显影条件

4. 下列有关曝光曲线制作的叙述,正确的是(　　)。

A. 其他条件一定,管电压作为可变参数　　B. 其他条件一定,曝光量作为可变参数

C. 其他条件一定,工件厚度作为可变参数　　D. 以上都是

5. 下列有关曝光曲线使用的叙述,正确的是(　　)。

A. 只要 X 射线机的规格相同,其曝光曲线都是通用的

B. 曝光曲线一定后,实际使用中可对暗室冲洗温度作修改

C. 曝光曲线一般只适用于透照厚度均匀的平板工件

D. 以上都是

答案:1—5:CDDDC

第九章　暗室处理

暗室是冲洗胶片的场所,暗室处理是射线照相过程中的一个重要环节。胶片在暗室处理的好坏,直接影响到底片质量以及底片的保存期,若处理不当,甚至会使透照工作前功尽弃。暗室处理也是透照工艺合理与否的信息反馈。

第一节　暗室基础知识

一、暗室设备器材使用知识

暗室常使用的设备器材包括安全灯、温度计、天平、洗片槽及烘片箱等。有的还配有自动洗片机。

（一）安全灯用于胶片冲洗过程中的照明

不同种类胶片具有不同的感光波长范围,此特性称为感色性。工业射线胶片对可见光的蓝色部分最敏感,而对红色或橙色部分不敏感。因此,用于射线胶片处理的安全灯(图 9-1)采用暗红色或暗橙色。为保证安全,对新购置的安全灯应进行测试,对长期使用的安全灯也应作定期测试。

（二）温度计用于配液和显影操作时测量药液温度

可使用量程大于 50 ℃、刻度为 1 ℃或 0.5 ℃的酒精玻璃温度计,也可使用半导体温度计(图 9-2)。

图 9-1　安全灯

（三）天平用于配液时称量药品

可采用称量精度为 0.1 g 的托盘天平。天平使用后应及时清洁,以防腐蚀造成称量失准(砝码需要校准)。

a）玻璃温度计　　　　　　　　　　　　　　b）半导体温度计

图 9-2　温度计

（四）胶片手工处理可分为盘式和槽式两种方式

由于盘式处理易产生伪缺陷,所以目前多采用槽式处理。洗片槽用不锈钢或塑料制成,其深度应超过底片长度 20％以上,使用时应将药液装满槽,并随时用盖将槽盖好,以减少药液氧化。槽应定期清洗,保持清洁。

二、配液注意事项

（1）配液的容器应使用玻璃、搪瓷或塑料制品,也可使用不锈钢制品,搅拌棒也应用上述材料制作。切忌使用铜、铁及铝制品,因为铜、铁等金属离子对显影剂的氧化有催化作用。

（2）配液用水可使用蒸馏水、去离子水、煮沸后冷却水或自来水,对井水或河水应进行再制,以降低硬度,提高纯度。

（3）配制显影液的水温一般在 30～50 ℃。水温太高会促使某些药品氧化,太低又会使某些药品不易溶解。配制定影液的水温可升至 60～70 ℃,因为硫代硫酸钠溶解时会大量吸热。

（4）配液时应按配方中规定的次序进行,待前一种药品溶解后方可投入下一种药品,切不可随意颠倒次序。在显影液配制中,因米吐尔不能溶于亚硫酸钠溶液,故最先加入,其余显影剂都应在亚硫酸钠之后加入。在配制定影液时,亚硫酸钠必须在加酸之前溶解,以防硫代硫酸钠分解;硫酸铝钾必须在加酸之后溶解,以防水解产生氢氧化铝沉淀。

（5）配液时应不停地搅拌,以加速溶解。但显影液的搅拌不宜过于激烈,且应朝着一个方向进行,以免发生显影剂氧化现象。

（6）配液时宜先取总体积 3/4 的水量,待全部药品溶解后再加水至所要求的体积,配好的药液应静置 24 h 后再使用。

三、胶片处理程序和操作要点

胶片手工处理过程可分为显影、停显、定影、水洗和干燥五个步骤,各个步骤的标准条件和操作要点见表 9-1。

表 9-1　胶片处理的标准条件和操作要点

步骤	温度/℃	时间/min	药液	操作要点
显影	20±2	4～6	显影液(标准配方)	预先水浸,过程中适当搅动
停显	16～24	约0.5	停显液	充分搅动
定影	16～24	5～15	定影液	适当搅动
水洗	—	30～60	水	流动水漂洗
干燥	≤40	—	—	去除表面水滴后干燥

注意事项如下。

(1)显影温度对底片质量影响很大,必须严格控制。

(2)胶片放入显影液之前,应在清水中预浸一下,使胶片表面润湿,避免进入显影液后胶片表面附有气泡造成显影不均匀。

(3)显影时正确的搅动方法:在最初 30 s 内不间断地搅动,以后每隔 30 s 搅动一次。

(4)停显阶段应不间断地充分搅动。

(5)停显温度最好与显影温度相近,停显温度过高,可能会产生网纹、褶皱等缺陷。

(6)定影总的时间为通透时间的两倍。所谓通透时间是指胶片放入定影液开始到乳剂的乳白色消失为止的时间。

(7)水洗应使用清洁的流水漂洗,水洗不充分的底片长期保存后会发生变色现象。

(8)水洗水温应适当控制,水温高时水洗效率也高,但药膜高度膨胀易产生划伤、药膜脱落等缺陷。

(9)底片干燥应选择没有灰尘的地方进行,因为湿底片极易吸附空气中的尘埃。

(10)热风干燥能缩短干燥时间,但温度过高易产生干燥不均的条纹。

(11)水洗后的底片表面附有许多水滴,如不除去会因干燥不均产生水迹,可用湿海绵擦去水滴,或浸入脱水剂溶液,使水从底片表面快速流尽。

第二节　暗室处理技术

暗室处理一般都包括显影、停显(或中间水洗)、定影、水洗、干燥这五个基本过程。经过这些过程,胶片潜在的图像成为固定下来的可见图像。暗室处理方法目前可分成自动处理和手工处理两类。

一、显影

显影液由显影剂、保护剂、促进剂和抑制剂四种成分组成,有时还加入坚膜剂和水质净化剂。

(一)显影剂

显影剂的作用是将已感光的卤化银还原为金属银,常用的显影剂有米吐尔、菲尼酮、对苯二酚。

(1)米吐尔:易溶于水,不易溶于亚硫酸钠溶液,因此配置时应先溶解米吐尔。

米吐尔,又名米得、衣仑(化学名称:对甲氨基酚硫酸盐)。

特点:显影能力强,速度快,初影时间短,影像反差小,受温度影响小,为软性显影剂。

(2)菲尼酮:常温下不溶于水,但易溶于碱性溶液。

菲尼酮化学名称:1-苯基-3-吡唑烷酮。

特点:无显影诱导期,出影快,与对苯二酚配合使用显影能力极强,且性能稳定,是一种软性显影剂。

(3)对苯二酚:易溶于碱性溶液。

对苯二酚,又名海得、几奴尼(化学名称:对苯二酚、氢醌)。

特点:初影时间长,一旦出影,影像密度急增;影像反差很大,与米吐尔、菲尼酮配合使用,呈现超加和作用;受温度和溴化钾影响大;要求 pH 值在 9.0 以上;为硬性显影剂。

米吐尔、菲尼酮:显影能力强,速度快,初影时间短,反差小(软性显影剂)。

对苯二酚:显影速度慢,初影时间长,反差大(硬性显影剂)。

(二)保护剂

作用:阻止显影剂与进入显影液中的氧发生作用。

常用药品:无水亚硫酸钠。

显影剂易发生氧化,导致其显影能力下降、影像浑浊,寿命下降。亚硫酸钠比显影剂具有更强的与氧结合能力,因此能优先与氧结合,减少显影剂的氧化;同时还能与显影剂的氧化物反应,生成可溶的无色的显影剂磺酸盐,从而延长显影剂的寿命。

(三)促进剂

作用:增强显影剂的显影能力和速度。

常用药品:硼砂、碳酸钠、氢氧化钠。

有机显影剂的显影能力随着溶液的 pH 值增大而增强,因此大多数的显影液都是碱性。显影时,每个卤化银化合物分子被还原成一个金属银原子时,就会产生一个氢离子。为不使 pH 值局部降低而减缓显影速度,必须有足够的氢氧根离子来中和氢离子。因此,显影液不仅要呈碱性,而且还应具有保持碱性 pH 值的良好缓冲性能。

（四）抑制剂

作用：抑制灰雾。

常用药品：溴化钾、苯丙三氮唑。

不加抑制剂的显影液对已感光和未感光的溴化银颗粒区别能力很小，从而有形成灰雾的倾向。在显影液中加入溴化钾后，溴离子会吸附在溴化银颗粒周围，从而阻滞显影作用，但这种阻滞作用程度不同，对未感光的颗粒阻滞作用大，对已感光的溴化银颗粒阻滞作用小，从而使显影灰雾降低。抑制剂在抑制灰雾的同时也抑制了显影速度，这样有利于显影均匀。抑制剂对影像层次和反差起调节和控制作用。

（五）影响显影的因素

（1）时间：显影时间与显影配方有关。对于手工处理，大多规定为 4～6 min。显影时间过长，黑度和反差增加，影像颗粒度和灰雾度也增加。

（2）温度：显影温度也与显影配方有关。对于手工处理，推荐显影温度为 18～20 ℃。温度高，显影速度快，但药膜松软，容易造成划伤或脱落。另外温度高时，对苯二酚的显影能力增强，结果使影像的反差增大，灰雾度增大，颗粒度增大；温度低时，对苯二酚的显影能力减弱，显影主要靠米吐尔，因此反差小。

（3）搅动：加速了显影速度，提高了反差，还能保证显影作用均匀。

（4）显影液的活性：取决于显影液的种类、浓度、pH 值。

（5）显影液的老化：显影作用减弱，活性降低，速度变慢，则反差减小，灰雾增大。

为保证显影效果，可在活性减弱的显影液中加入补充液。补充液比显影液有更高的 pH 值、更高的显影剂和亚硫酸盐浓度。每次添加的补充液最好不超过槽中显影液总体积的 2% 或 3%，当加入的补充液达到原显影液体积的 2 倍时，药液必须废弃。

二、停影（停显）

作用：停止显影，因为从显影液中取出胶片后，显影仍在进行。

直接放入定影液易产生不均匀条纹和两色雾翳，污染定影液，使 pH 值升高，缩短定影液寿命。

组成：一般为质量分数 2%～3% 的醋酸溶液，其他停显剂有酒石酸、柠檬酸及亚硫酸氢钠等。

操作要点：不断地搅动（酸碱中和产生 CO_2 气泡）。

三、定影

（一）定影液的组成及作用（酸性溶液）

作用：经过显影后，乳剂膜中有 1/3 的卤化银被还原出来，构成银的影像，其余 2/3 的未曝光的卤化银仍留在乳剂中,这就要求我们把剩余的卤化银洗掉,保留所需的影像,这个过程叫定影。

组成:定影剂、保护剂、坚膜剂、酸性剂。

1. 定影剂

定影剂:硫代硫酸钠(大苏打、海波)。

硫代硫酸根离子与阴离子反应形成多种形式的络合物并溶于水,同时卤离子也进入溶液,但并不参与反应,这样卤化银就从乳剂层中除去而溶解在定影液中。

2. 保护剂

保护剂:无水亚硫酸钠。

定影剂中硫代硫酸钠在酸性溶液中易分解析出硫而失效,无水亚硫酸钠分解出的亚硫酸根离子能与氢离子结合从而抑制硫代硫酸钠的分解。

3. 坚膜剂

坚膜剂:硫酸铝钾、硫酸铬钾。

胶片乳剂层吸水膨胀,易造成划伤和药膜脱落。坚膜剂可降低胶片吸水性,使胶片易于干燥。

4. 酸性剂

酸性剂:醋酸和硼酸。

中和停显阶段未除净的显影液碱性物质,维持酸性。

(二)影响定影的因素

1. 定影时间

定影过程中,胶片乳剂膜的乳黄色消失,变为透明的现象称为"通透",从胶片放入定影液直至通透的这段时间称为"通透时间"。通透现象意味着显影的卤化银已被定影剂溶解,但要使被溶解的银盐从乳剂中渗出进入定影液,还需要附加时间。因此,定影时间明显多于通透时间。

为保险起见,规定整个定影时间为通透时间的两倍。定影速度因定影配方不同而异,还与定影温度、搅动以及定影液老化程度等有关。射线照相底片在标准条件下,采用硫代硫酸钠配方的定影液,所需的定影时间一般不超过 15 min。如采用硫代硫酸铵作定影剂,定影时间将大大缩短。

2. 定影温度

温度影响到定影速度,随着温度的升高,定影速度将加快。但如果温度过高,胶片乳剂膜过度膨胀,容易造成划伤或药膜脱落。通常规定为 16～24 ℃。

3. 定影时的搅动

搅动可以提高定影速度,并使定影均匀。在胶片刚放入定影液中时,应作多次抖动。在定影过程中,应适当搅动,一般每 2 min 搅动一次。

4. 定影液的老化

定影液在使用过程中定影剂不断消耗,浓度变小,而银的络合物和卤化物不断积累,浓度增大,使得定影速度越来越慢,所需时间越来越长,此现象称为定影液的老化。使用老化的定影液,经过若干时间后,会分解出硫化银,使底片变黄,所以对使用的定影液,当其需要的定影时间已长到新液所需时间的两倍时,即认为已经失效,需要换新液。

四、水洗和干燥

(一)水洗

16～24 ℃流动水冲洗 20～30 min。

目的:将胶片表面和乳剂膜内吸附的硫代硫酸钠及银盐络合物清除掉,否则硫化银会使底片发黄,影响底片影像质量。

(二)干燥

干燥是去除膨胀的乳化剂中的水分。

为防止干燥后底片产生水迹,在水洗后、干燥前进行润湿处理,即把水洗后的胶片放入润湿液(质量分数约为 0.3％的洗洁精水溶液)中浸润 1 min。干燥有自然干燥和烘箱干燥(热风温度不超过 40 ℃)。

第三节　自动洗片机特点和使用注意事项

自动洗片机采用连续冲洗方式,能自动完成显影、定影、水洗及干燥整个暗室处理过程。它与手工处理胶片相比有以下优点。

(1)速度快。自动洗片机能在 8～12 min 内提供干燥好的可供评定的射线照相底片。

(2)效率高。每小时可处理 360 mm×100 mm 胶片 100～200 张。

(3)质量好。只要拍片条件正确,通过自动洗片机处理的底片表面光洁、性能稳定且像质好。

(4)劳动强度低。操作者只需将胶片逐张输入自动洗片机即可,对操作者的技术熟练要求不高。

（一）自动洗片机的组成

1. 送片机构

送片机构是由 100 多个滚筒及其传动部件组成,它能使胶片从输入口进,按一定速率移动,完成显影、定影、水洗、干燥等各项胶片处理工作,最后将底片送入收片箱。送片滚筒分为几组,可以方便地从洗片机中取出,进行清洗、维修工作。

2. 温度控制机构

自动洗片机内显影、定影、水洗、干燥的温度要求是严格的,温度的自动控制通过自动电加热器及热交换器来完成,使各项温度达到恒定。

3. 干燥机构

采用电热器和鼓风机,或采用红外干燥装置,使水洗后的底片迅速干燥。

4. 补充机构

显影液、定影液在与胶片多次作用后药力会下降,然而自动洗片机显影、定影的时间和温度是一定的,所以要求药液的浓度不能变化,为了解决这一矛盾,自动洗片机配置了胶片面积扫描装置和显影液、定影液补充装置。每次进片,自动洗片机都能给出一个进片信号,使溶液泵自动按输入胶片的面积向机内补充一定数量的显影液、定影液,与此同时机内排出相应数量的溶液。每处理 $1\ m^2$ 的胶片约需补充 1000 mL 显影液和 1000 mL 定影液。

5. 搅拌机构

为了使机内药液温度、浓度均匀,并使胶片表面不断与溶液充分接触,自动洗片机设有搅拌机构。

（二）自动洗片机使用的注意事项

（1）自动洗片机正式投入使用前,除对主机作大量的调整试验外,由于自动洗片机显影的温度和时间是固定的,故对曝光参数要求较为苛刻,必须对所有射线探伤机重新制作曝光曲线,以适应自动洗片机的特点,否则底片的黑度不能达到预期效果。在透照时应严格按照采用自动洗片条件制作的新曝光曲线控制摄片条件,才能得到满意的底片。

（2）每次使用前,应先开机预热一段时间,当温度达到设定温度、机器给出允许送片信号后才能开始处理胶片。

（3）处理的胶片的长度一般不应小于 100 mm。

（4）胶片不能不间断地连续送入(对同一送片位置),必须在前一张胶片已送入一定时间、机器给出允许送片信号后方可送入第二张胶片。

（5）胶片送入时,应使其长度方向尽量垂直于送入口方向。

（6）在自动洗片机工作结束后或开始前,将显影槽和定影槽中的辊轴机构取出,用清水洗净,以免其上黏附的药液氧化和形成结晶颗粒对胶片产生污染。否则,在正式处理胶片前,应先送入一张宽度为机器可处理的最大幅面的、一定长度的清洗片(通常用一张 43 cm×35 cm 尺寸的废胶片),用它带走辊轴上黏附的已氧化的显影液和定影液,但这并不是推荐的方法。此外,还应定期清洗水洗槽及其辊轴。

(7)要防止异物进入洗片机,防止划伤滚筒。

(8)普通手工冲洗显影液不能用于自动洗片机,自动洗片机必须使用专门配方配制的药液。

复习题(单项选择题)

1. 显影的目的是(　　　)。

A. 使曝光的金属银转变为溴化银　　　　　B. 使曝光的溴化银转变为金属银

C. 去除未曝光的溴化银　　　　　　　　　D. 去除已曝光的溴化银

2. 显影液的主要成分是(　　　)。

A. 还原剂和促进剂　　　B. 保护剂　　　　C. 抑制剂　　　　D. 以上全是

3. 还原剂通常采用(　　　)。

A. 亚硫酸钠　　　　　　　　　　　　　　B. 溴化钾

C. 米吐尔和对苯二酚　　　　　　　　　　D. 碳酸钠

4. 显影液中的促进剂通常采用(　　　)。

A. 亚硫酸钠　　　　　　B. 溴化钾　　　　C. 菲尼酮　　　　D. 碳酸钠

5. 显影液中的保护剂通常采用(　　　)。

A. 亚硫酸钠　　　　　　B. 溴化钾　　　　C. 菲尼酮　　　　D. 碳酸钠

6. 显影液中的抑制剂通常采用(　　　)。

A. 亚硫酸钠　　　　　　B. 溴化钾　　　　C. 菲尼酮　　　　D. 氢氧化钠

7. 显影操作时,不断搅动底片的目的是(　　　)。

A. 使未曝光的溴化银粒子脱落

B. 驱除附在底片表面的气孔,使显影均匀,加快显影

C. 使曝过光的溴化银加速溶解

D. 以上全是

8. 在显影过程中应翻动胶片或搅动显影液,其目的是(　　　)。

A. 保护胶片时,使其免受过大压力　　　　B. 使胶片表面的显影液更新

C. 使胶片表面上未曝光的银粒子散开　　　D. 防止产生网状皱纹

9. 显影时,哪一条件的变化会导致影像颗粒粗大?(　　　)

A. 显影液活力降低　　　　　　　　　　　B. 显影液搅动过度

C. 显影时间过短　　　　　　　　　　　　D. 显影温度过高

10. 以下关于显影剂性质的叙述,哪一条是正确的?(　　　)

A. 对苯二酚显影反差小

B. 菲尼酮可取代对苯二酚与米吐尔组成显影剂

C. 当温度降低时,对苯二酚显影能力显著降低,米吐尔则不明显

D. 当碱度增大时,米吐尔显影能力显著提高,对苯二酚则不明显

11. 定影液中的定影剂通常采用(　　　)。

A. 硫代硫酸钠　　　　　B. 冰醋酸　　　　　C. 明矾　　　　　D. 亚硫酸钠

12. 定影液使用一定的时间后失效,其原因是(　　　)。

A. 主要起作用的成分已挥发　　　　　　　B. 主要起作用的成分已沉淀

C. 主要起作用的成分已变质　　　　　　　D. 定影液里可溶性的银盐浓度太高

13. 在定影操作时,定影时间一般为(　　　)。

A. 20 min　　　　　　　　　　　　　　　B. 底片通透时间

C. 通透时间的 2 倍　　　　　　　　　　　D. 30 min

14. 定影液是一种(　　　)。

A. 酸性溶液　　　　　B. 碱性溶液　　　　　C. 中性溶液　　　　　D. 三者均不是

15. 在定影液中能抑制硫酸钠被分解析出硫的化学药品是(　　　)。

A. CH_3COOH_2　　　　B. H_3BO_3　　　　C. Na_2SO_4　　　　D. Na_2SO_3

16. 以下哪一种材料不适宜用作盛放洗片液的容器?(　　　)

A. 塑料　　　　　　　B. 不锈钢　　　　　C. 搪瓷　　　　　D. 铝

17. 显影速度变慢,反差减小,灰雾增大,引起上述现象的原因可能是(　　　)。

A. 显影温度过高　　　　　　　　　　　　B. 显影时间过短

C. 显影时搅动不足　　　　　　　　　　　D. 显影液老化

18. 硼砂在显影液中的作用是(　　　)。

A. 还原剂　　　　　　　B. 促进剂　　　　　C. 保护剂　　　　　D. 酸性剂

19. 硫酸铝钾在定影液中的作用是(　　　)。

A. 定影剂　　　　　　　B. 保护剂　　　　　C. 坚膜剂　　　　　D. 酸性剂

20. 配制定影液时,如果在加酸之前就加入硫酸铝钾,则会发生硫酸铝钾被(　　　)。

A. 氧化　　　　　　　B. 还原　　　　　C. 抑制　　　　　D. 水解

21. 盛放显影液的显影槽不用时应用盖盖好,这主要是为了(　　　)。

A. 防止药液氧化　　　　　　　　　　　　B. 防止落进灰尘

C. 防止水分蒸发　　　　　　　　　　　　D. 防止温度变化

22. 显影配方中哪一项改变会导致影像灰雾增大,颗粒变粗?(　　　)

A. 米吐尔改为菲尼酮　　　　　　　　　　B. 增大亚硫酸钠用量

C. 硫酸钠改为氢氧化钠　　　　　　　　　D. 增大溴化钾用量

23. 抑制剂的作用是(　　　)。

A. 抑制灰雾　　　　　　　　　　　　　　B. 抑制显影速度,有利于显影均匀

C. 对影像层次和反差起调节和控制作用　　D. 以上都是

答案:

1—5：BDCDA　　　　6—10：BBBDC　　　　11—15：ADCAD　　　　16—20：DDBCD

21—23：ACA

第十章　安全防护

射线具有生物效应,超辐射剂量可能引起放射性损失,破坏人体的正常组织从而出现病理反应。射线检测过程中,检测人员应做好安全防护措施,避免遭受射线辐射伤害。射线检测的安全防护措施包括屏蔽防护、距离防护、时间防护。

第一节　辐射防护的定义、常用辐射量和单位

一、辐射防护的定义

(一)当量剂量

辐射的生物效应不仅仅依赖于吸收剂量的大小。同样的吸收剂量,射线由于其种类与能量不同,对机体产生的效应也不同。考虑到这一因素,采用了一个与辐射种类和射线能量有关的因子对吸收剂量进行修正。用射线辐射权重因子(W_R)(表 10 - 1)修正的平均吸收剂量即为当量剂量。

对于 X 射线、γ 射线而言,辐射权重因数 $W_R=1$。因此可以认为,对于 X 射线、γ 射线的外照射,吸收剂量和当量剂量两者是相等的。

表 10 - 1　一些射线的辐射权重因子

辐射的类型及能量范围	辐射权重因子 W_R	辐射的类型及能量范围	辐射权重因子 W_R
光子,所有能量	1	中子,能量<10 keV	5
电子及介子,所有能量	1	10~100 keV	10
质子(不包括反冲质子),能量>2 MeV	5	>100~2 MeV	20
		>2~20 MeV	10
α 粒子、裂变碎子、重核	20	>20 MeV	5

（二）有效剂量

有效剂量被定义为人体各组织或器官的当量剂量乘以相应的组织权重因数后的和。在辐射防护中，我们关心的往往不是受照体某点的吸收剂量，而是某个器官或组织吸收剂量的平均值。组织权重因子正是用来对某组织或器官的平均吸收剂量进行修正的。用器官与组织权重因子(W_T)（表 10 - 2）修正的平均吸收剂量即为有效剂量。

表 10 - 2　各组织或器官的组织权重因子

组织或器官	组织权重因数 W_T	组织或器官	组织权重因数 W_T
性腺	0.20	肝	0.05
（红）骨髓	0.12	食道	0.05
结肠	0.12	甲状腺	0.05
肺	0.12	皮肤	0.01
胃	0.12	肝表面	0.01
膀胱	0.05	骨表面	0.01
乳腺	0.05	其余组织或器官	0.05

二、常用辐射量和单位

常用辐射量和单位如图 10 - 1 所示。

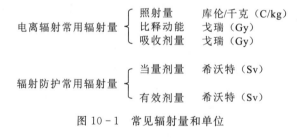

图 10 - 1　常见辐射量和单位

第二节　剂量测定方法和仪器

一、辐射监测内容和分类

（一）内容

工业射线照相一般使用的是 X 射线和 γ 射线。工作人员在辐射场中工作，主要受外照射。因此,辐射监测的内容主要是防护监测,按监测的对象可分为工作场所辐射监测和个人剂量监测两大类。

辐射防护监测的实施包括辐射监测方案的制订、现场测量、照射场测量、数据处理、结果评价等。在监测方案中,应明确监测点位、监测周期、监测仪器与方法以及质量保证措施等。辐射防护监测特别强调质量保证措施,监测人员应经考核持证上岗,监测仪器要定期送计量部门检定,对监测全过程要建立严格的质量控制程序。

(二)分类

1. 工作场所辐射检测

1)透照室内辐射场测定

在透照室内辐射场测定中,需测定不同射线源在不同条件下射线直接输出剂量、散射线量以及有散射体存在时剂量场的分布情况,以便及时发现潜在的高剂量区,从而采取必要的防护措施。

根据剂量场的分布资料,可以计算工作人员的允许连续工作时间,估计工作者在给定条件下将受到的照射剂量。

另外,还可测定增添防护设施后剂量场的改变情况,以便评定防护设施的性能。

2)周围环境剂量场分布测定

周围环境剂量场分布测定包括透照室门口、窗口、走廊、楼上、楼下和其他相邻房门以及周围环境的照射量率,它可为改善防护条件提供有价值的信息,保证环境剂量水平符合放射卫生防护要求。

3)控制区和监督区剂量场分布测定

现场透照时,应根据剂量水平划分控制区和监督(管理)区。作业场所启用时,应围绕控制区边界测量辐射水平,并按空气比释动能率不超过 40 μGy/h 的要求进行调整。操作过程中,应进行辐射巡测,观察放射源的位置和状态。

控制区是在辐射工作场所划分的一种区域,在该区域内要求采取专门的防护手段和安全措施,以便在正常工作条件下能有效控制照射剂量和防止潜在照射。

监督(管理)区是指辐射工作场所控制区以外,通常不需要采取专门防护手段和安全措施但要不断检测其职业照射条件的区城。

现行标准对控制区的规定:以空气比释动能率低于 40 μGy/h 作为控制区边界。

对监督(管理)区的规定:对于 X 射线照相,控制区边界外空气比释动能率 4 μGy/h 以上的范围划为管理区;对于 γ 射线照相,控制区边界外空气比释动能率在 2.5 μGy/h 以上的范围划为监督区。

2. 个人剂量监测

个人剂量监测是测量被射线照射的个人所接受的剂量,这是一种控制性的测量。它可以告知在辐射场中工作的人员直到某一时刻为止,已经接受了多少照射量或吸收剂量,因此,可根据个人剂量监测控制以后的照射。如果被照射者接受了超剂量的照射,个人剂量监测不仅有助于分析超剂量的原因,还可以为医生治疗被照射者提供有价值的数据。

实际上,并不是任何外照条件下都需要进行个人剂量监测。通常只有受照射剂量达到某一水平的地方或偶尔可能发生大剂量照射的地方,才需要进行个人剂量监测。

GB 18871—2002《电离辐射防护与辐射源安全基本标准》规定了个人剂量监测的三种情况。

(1)对于任何在控制区工作的工作人员,或有时进入控制区工作并可能受到显著职业照射的工作人员,或其职业照射剂量可能大于 5 mSv/a 的工作人员,均应进行个人监测。在进行个人监测不现实或不可行的情况下,经审管部门认可后可根据工作场所监测的结果和受照地点和时间的资料对工作人员的职业受照作出评价。

(2)对在监督区或只偶尔进入控制区工作的工作人员,如果预计其职业照射剂量在 1～5 mSv/a 范围内,则应尽可能进行个人监测。应对这类人员的职业受照进行评价,这种评价应以个人监测或工作场所监测的结果为基础。

(3)如果可能,对所有受到职业照射的人员均应进行个人监测。但对于受照剂量始终不可能大于 1 mSv/a 的工作人员,一般可不进行个人监测。

二、工作场所辐射检测仪器

(一)气体电离探测器

电离室探测器、正比计数器、G-M 计数管统称为气体电离探测器。

1. 电离室探测器

电离室探测器具有结构简单、使用方便、测量范围宽、能量响应好和工作稳定可靠等优点,虽然灵敏度不是很高,但足够满足常规防护监测的需要,因此广泛应用于 X 射线和 γ 射线剂量测量。

2. G-M 计数管

它比电离室探测器灵敏度高,仪器结构简单,不易损坏,价格低廉。其缺点是:分辨时间太长,不能用于高计数率测量,在很强的辐射场中,由于计数率太大会发生"饱和"。G-M 计数管对 γ 射线探测效率较低。

(二)闪烁探测器

闪烁探测器由闪烁体和光电倍增管组成,目前应用最广。

优点:分辨时间短,灵敏度比 G-M 计数管高,在 γ 射线检测中效率高,能测量射线的强度和能量。

（三）半导体探测器

它的突出优点是能量分辨能力很高,比闪烁探测器要高数十倍。

三、个人剂量监测仪器

常用的个人剂量监测仪有电离室式剂量笔、胶片剂量计以及属于固体剂量仪的玻璃剂量仪和热释光剂量仪。目前使用较多的是固体剂量仪。

（一）电离室式剂量笔

优点:读数迅速、简便。

缺点:能量响应较差,并且常由于绝缘性能不良或受到冲撞震动而引起错误的读数,目前已很少使用。

（二）热释光剂量仪

优点:灵敏度和精确度较高,尺寸小,佩戴方便。

缺点:不能直接读数,需要通过专门的加热读数装置读取剂量值。不具备复测性,但作为剂量元件,可重复投入使用。

第三节　辐射防护的原则、标准和辐射损伤机理

辐射防护的基本原则常称辐射防护三原则,包括辐射实践的正当化、辐射防护的最优化、个人剂量限值。X射线照射生物时,会与体内的细胞、组织、体液和其他物质发生相互作用,导致体内的原子或分子发生离子化,从而直接破坏体内某些大分子结构。另外,辐射可以使体内广泛存在的水分子离子化,从而形成一些自由基,并通过这些自由基的间接作用损害人体。

一、辐射防护的目的和基本原则

（一）辐射防护的目的

辐射防护的目的在于防止有害的确定性（非随机）效应,并限制随机效应的发病率,使之达到被认为可以接受的水平。为了达到此目的,标准中采用防护综合原则替代以往的最大容许剂量,形成了一个比较完整的现代剂量限制体系。

(二)辐射防护基本原则

1. 辐射实践的正当化

即辐射实践所致的电离辐射危害同社会和个人从中获得的利益相比是可以接受的,这种实践具有正当理由,获得的利益超过付出的代价。

2. 辐射防护的最优化

即应当避免一切不必要的照射。在考虑经济和社会因素的条件下,所有辐射照射都应保持在可合理达到的尽可能低的水平。直接以个人剂量限值作为设计和安排工作的唯一依据并不恰当,设计辐射防护的真正依据应是防护最优化。

3. 个人剂量限值

即在实施辐射实践的正当化和辐射防护的最优化原则的同时,运用剂量限值对个人所受的照射加以限制,使之不超过规定限值。

二、剂量限值规定

GB 18871—2002《电离辐射防护与辐射源安全基本标准》对剂量限值规定如下。

(一)职业照射的剂量限值

(1)应对任何工作人员的职业照射水平进行控制,使之不超过下述数值。

①由审管部门决定的连续 5 年的平均有效剂量(但不可作任何追述性平均),20 mSv。

②任何一年中的有效剂量,50 mSv。

③眼晶体的年当量剂量,150 mSv。

④四肢(手和足)或皮肤的年当量剂量,500 mSv。

(2)对于年龄为 16～18 岁接受涉及辐射照射就业培训的徒工和年龄为 16～18 岁在学习过程中需要使用放射源的学生,应控制其职业照射使之不超过下述限值。

①年有效剂量,6 mSV。

②眼晶体的年剂量,50 mSv。

③四肢(手和足)或皮肤的年当量剂量,150 mSv。

(3)特殊情况照射。

①依照审管部门的规定,可将剂量平均期由 5 个连续年延长到 10 个连续年;并且,在此期间内,任何工作人员所接受的平均有效剂量不应超过 20 mSv,任何单一年份不应超过 50 mSv;此外,当任何一个工作人员自此延长平均期开始以来所接受的剂量累计达到 100 mSv 时,应对这种情况进行审查。

②剂量限值的临时变更应遵循审管部门的规定,但任何一年内不得超过 50 mSv,临时

变更的期限不得超过 5 年。

（二）公众照射剂量限值

（1）年有效剂量，1 mSv。

（2）特殊情况下，如果 5 个连续年的平均剂量不超过 1 mSv，则某一单一年份的有效剂量可提高到 5 mSv。

（3）眼晶体的年当量剂量，15 mSv。

（4）四肢（手和足）或皮肤年当量剂量，50 mSv。

三、辐射损伤机理

（一）射线对人体产生的效应

1. 确定性效应

确定性效应是指射线剂量高于某一个剂量值时，临床上即可观察到这种效应，而射线剂量低于该值时就不会产生这种效应。

2. 随机性效应

随机性效应不存在剂量阈值，其有害效应的程度与受照剂量的大小无关，但其发生概率随剂量的增加而增大。

随机性效应分为两大类：第一类发生在体细胞内，当电离辐射使细胞发生变异（基因突变或染色体畸变）而未被杀死，这些存活着的但发生变异的细胞能继续繁殖，经过长短不一的潜伏期，可能在受照射体内诱发癌症，此种随机性效应称为致癌效应。第二类发生在生殖组织细胞内，当电离辐射使生殖细胞发生变异，就可能传给受照射者的后代，使其后裔出现遗传疾患，这种随机性效应称为遗传效应。

（二）影响辐射损伤的因素

（1）辐射性质。辐射种类和能量不同，产生的生物效应不同。

（2）剂量。剂量越大，生物效应越大。

（3）剂量率。细胞具有修复功能，受照总剂量相同时，小剂量分散照射比一次大剂量的急性照射损伤要小很多。

（4）照射部位。具有辐射敏感性的部位有腹部、盆腔、头部、胸部、四肢。

（5）照射面积。面积越大，损伤越大。

（6）个体敏感性。包括年龄、妊娠、疾病、严重外伤和过度的冷、热、饥饿、疲劳。

（7）照射方式。照射方式分为外照射和内照射，射线检测工作者主要是外照射。

（三）辐射损伤机理

射线的间接作用：射线首先与细胞中的水起作用生成一种自由基（游离基），再去破坏生物大分子导致细胞损伤。

射线的直接作用：射线直接与生物大分子作用将生物大分子的化学链轰断引起生物大分子的损伤。只有在含水量为3％以下的化合物受到几十万伦的照射时，才有可能产生直接作用。

第四节　辐射防护的基本方法和防护计算

对于射线检测人员，主要考虑的是外照射的辐射防护，通过防护控制外照射的剂量，使其保持在合理的最低水平，不超过国家辐射防护标准规定的剂量当量限值。射线防护的三要素是距离、时间和屏蔽。

一、辐射防护的基本方法

外照射防护的基本要素：控制受照时间、控制辐射距离、采取屏蔽措施。

（一）控制受照时间

应尽量减少在辐射区域的工作时间，提高工作效率，从而尽可能降低受到的照射。

（二）控制辐射距离

在辐射源一定时，照射剂量或剂量率与距离平方成反比。即从事放射性工作时，应视工作情况，尽量增大与辐射场的距离，以降低受照剂量。

（三）采取屏蔽措施

在人体与辐射源之间加一层足够厚的的屏蔽材料，则人体所受的射线强度将大大的削弱，直到降到安全剂量为止。

屏蔽方式：防护墙、地板、容器、防护屏及铅房等。

屏蔽材料：原子序数高或密度大的材料防护效果好。实际应用中铅和混凝土为优。

二、屏蔽防护常用材料

（一）对屏蔽材料的要求

虽然理论上任何物质都能使穿过的射线受到衰减，但并不是都适合作屏蔽防护材料。

在选择屏蔽防护材料时,必须从材料的防护性能、结构性能、稳定性能和经济成本等方面综合考虑。

1. 防护性能

防护性能主要是指材料对辐射的衰减能力,也就是说,为达到某一预定的屏蔽效果所需材料的厚度和质量。在屏蔽效果相当的情况下,成本差别不大,厚度最薄、质量最轻的材料最理想。此外,还应考虑所选材料在衰减入射的过程中不产生贯穿性的次级辐射,或即使产生,也非常容易吸收。

2. 结构性能

屏蔽材料除应具有很好的屏蔽性能,还应成为建筑结构的部分。因此,屏蔽材料应具有一定的结构性能,包括材料的物理形态、力学特性和机械强度等。

3. 稳定性能

为保持屏蔽效果的持久性,要求屏蔽材料稳定性能好,也就是材料具有抗辐射的能力,而且当材料处于水、汽、酸、碱、高温环境时,能耐高温、抗腐蚀。

4. 经济成本

所选用的屏蔽材料应成本低、来源广泛、易加工,且安装、维修方便。

（二）常用屏蔽防护材料及特点

屏蔽 X 射线和 γ 射线常用的材料有两类:一类是高原子序数的金属,另一类是低原子序数的建筑材料。

1. 铅

原子序数 82,密度 11 350 kg/m^3。铅具有耐腐蚀、在射线照射下不易损坏和强衰减 X 射线的特性,是一种良好的屏蔽防护材料。但铅的价格贵,结构性能差,机械强度差,不耐高温,具有化学毒性,对低能 X 射线散射量较大。选用时需根据情况具体分析,如用作 X 射线管管套内衬防护层、防护椅、遮线器、铅屏风和放射源容器等。

在 X 射线防护的特殊需要中,还常采用含铅制品,如铅橡皮、铅玻璃等。铅橡皮可制成铅橡胶手套、铅橡胶围裙、铅橡胶活动挂帘和各种铅橡胶个人防护用品等;铅玻璃保持了玻璃的透明特性,可作 X 射线机透视荧光屏上的防护用铅玻璃,以及铅玻璃眼镜和各种屏蔽设施中的观察窗。

2. 铁

原子序数 26,密度 7800 kg/m^3。铁的机械性能好,价廉,易于获得,有较好的防护性能,因此,是防护性能与结构性能兼优的屏蔽材料,通常多用于固定式或移动式防护屏蔽。对

100 kV 以下的 X 射线,大约 6 mm 厚的铁板就相当于 1 mm 厚铅板的防护效果。因此,可在很多地方用铁代铅。

3. 砖

砖价廉、通用,来源容易。在医用诊断 X 射线能量范围内,一砖厚(24 cm)实心砖墙约相当于 2 mm 的铅当量。对低管电压产生的 X 射线,砖的散射量较低,是屏蔽防护的好材料,但在施工中应使砖缝内的砂浆饱满,不留空隙。

4. 混凝土

混凝土由水泥、粗骨料(石子)、沙子和水混合组成,密度约为 2300 kg/m³。混凝土中含有多种元素。混凝土的成本低廉,有良好的结构性能,多用作固定防护屏障。为特殊需要,可以加入重骨料(如重晶石、铁矿石、铸铁块等),以制成密度较大的重混凝土。重混凝土的成本较高,浇注时必须保证重骨料在整个防护屏障内均匀分布。

第五节　辐射防护安全管理

一、辐射防护法规与标准

工业射线检测辐射防护法规与标准如下。

(1)《中华人民共和国职业病防治法》

(2)《中华人民共和国放射性污染防治法》

(3)《放射性同位素与射线装置安全和防护条例》

(4)《放射性同位素与射线装置安全许可管理办法》

(5)《关于 γ 射线探伤装置的辐射安全要求》

(6)《放射工作人员职业健康管理办法》

(7)《放射工作卫生防护管理办法》

(8)GB 18871—2002《电离辐射防护与辐射源安全基本标准》

本标准规定了对电离辐射防护和辐射源安全的基本要求,本标准适用于实践和干预中人员所受电离辐射照射的防护和实践中源的安全。

(9)GBZ 132—2008《工业 γ 射线探伤放射防护标准》

本标准规定了工业 γ 射线探伤机的防护性能及探伤作业中的防护、监测以及事故应急等要求。

(10)GBZ 117—2015《工业 X 射线探伤放射防护要求》

本标准规定了工业 X 射线探伤装置、探伤作业场所及放射工作人员与公众的放射防护要求和监测方法。

二、辐射防护培训

（一）《放射性同位素与射线装置安全和防护管理办法》

第十二条明确指出：生产、销售、使用放射性同位素与射线装置的单位，应当对本单位的放射性同位素与射线装置的安全和防护状况进行年度评估，"辐射工作人员变动及接受辐射安全和防护知识教育培训情况"为安全和防护状况年度评估报告应当包括的内容。

第十七条要求：生产、销售、使用放射性同位素与射线装置的单位，应当按照环境保护部审定的辐射安全培训和考试大纲，对直接从事生产、销售、使用活动的操作人员以及辐射防护负责人进行辐射安全培训，并进行考核；考核不合格的，不得上岗。

（二）《放射工作人员健康管理规定》

第十一条　放射工作人员必须接受放射防护培训。放射防护培训须由省级以上卫生行政部门认可的放射卫生防护技术单位举办，并按照统一的教材进行培训，上岗前的培训时间一般为 10 天，上岗后每 2 年复训一次，复训时间不少于 5 天。

（三）GB 18871—2002《电离辐射防护与辐射源安全基本标准》

该标准等效采用了《国际电离辐射防护和辐射源安全的基本安全标准》的技术内容，对于辐射防护安全与培训做了如下规定：第 4.4.1 条要求安全文化素养保证做到"明确规定每个有关人员（包括高级管理人员）对防护与安全的责任，并且每个有关人员都经过适当培训并具有相应的资格"。

三、辐射工作人员证书与健康的管理

第六条　《放射工作人员健康管理规定》如下。
申领《放射工作人员证》的人员，必须具备下列基本条件。
(1)年满 18 周岁，经健康检查，符合放射工作职业的要求。
(2)遵守放射防护法规和规章制度，接受个人剂量监督。
(3)掌握放射防护知识和有关法规，经培训，考核合格。
(4)具有高中以上文化水平和相应专业技术知识和能力。
第七条　《放射工作人员证》每年复核一次，每 5 年换发一次。超过 2 年未申请复核的，需重新办证。
第二十二条　放射工作人员的健康要求按国家 GB 16387—1996《放射工作人员健康标准》执行。
第二十三条　对放射工作人员的健康检查，应根据卫生部发布的《预防性健康检查管理办法》及有关标准进行检查和评价。放射工作人员上岗后 1～2 年进行一次健康检查，必要时可增加检查次数。

第三十四条　根据工作场所类别与从事放射工作时间长短,在国家规定的其他休假外,放射工作人员每年可享受保健休假2～4周,对从事放射工作满20年的在岗人员,可由所在单位利用休假时间安排2～4周的健康疗养。享受寒、暑假的放射工作人员不再享受保健休假。

第三十六条　放射工作人员按本规定在接受健康检查、治疗、休假疗养或因患职业性放射病住院检查、治疗期间,保健津贴、医疗费用按国家有关规定执行。

第三十七条　对诊断为职业性放射病或不适宜继续从事放射工作的人员,所在单位应及时将其调离放射工作岗位,另行分配其他工作。对确诊为职业性放射病致残者,按国家有关规定、标准评定伤残等级并发给伤残抚恤金。因患职业性放射病治疗无效死亡的,按因公殉职处理。

四、辐射事故管理人员管理的主要内容

对于检测来说,辐射事故一般指操作事故。采用X射线检测只要严格遵守安全操作规程,一般不会发生事故。

用γ射线检测,发生过一些放射源与机械手脱开的事故,即机械手已退回到原位时,源却没有回到贮存容器内,造成失去屏蔽;另一类事故是因操作不当使操作系统发生故障,源退不回贮存容器内。

放射性事故是可以预防的,关键在于平常加强对工作人员的安全教育,严格遵守操作规程。

事故的处理程序一般均应包括如下内容。

(1)事故发生后,当事人应立即通知同工作场所的工作人员离开,并报告防护负责人及单位领导。

(2)由单位领导召集专业人员,根据具体情况迅速制订事故处理方案。

(3)事故处理必须在单位负责人的领导下,在有经验的工作人员和卫生防护人员的参加下进行。未取得防护监测人员的允许不得进入事故区。

(4)防护监测人员还应进行以下几项工作。

①迅速确定现场的辐射强度及影响范围,划出禁区,防止外照射的危害。

②根据现场辐射强度,决定工作人员在现场工作的时间。

③协助和指导在现场执行任务的工作人员佩戴防护用具及个人剂量仪。

④对严重剂量事故,应尽可能记下现场辐射强度和有关情况,并对现场重复测量,估计当事人所受剂量,根据受照剂量情况决定是否送医院进行医学处理或治疗。

(5)各种事故处理以后,必须组织有关人员进行讨论,分析事故发生原因,从中吸取经验教训,采取措施防止类似事故重复发生。

(6)凡属大事故或重大事故,应向上级主管部门报告。

复习题(单项选择题)

1. GB 18871—2002 标准规定：放射工作人员受全身均匀照射的年剂量不应超过（　　　）。

A. 50 mSv　　　　　　B. 100 mSv　　　　　C. 150 mSv　　　　　D. 500 mSv

2. 一旦发生放射事故，首先必须采取的正确步骤是（　　　）。

A. 报告卫生防护部门　　　　　　　　B. 测定现场辐射强度

C. 制订事故处理方案　　　　　　　　D. 通知所有人员离开现场

3. 射线的生物效应，与下列什么因素有关？（　　　）

A. 射线的性质和能量　　　　　　　　B. 射线的照射量

C. 肌体的吸收剂量　　　　　　　　　D. 以上都是

4. 热释光探测器用于（　　　）。

A. 工作场所辐射监测　　　　　　　　B. 个人剂量监测

C. 内照射监测　　　　　　　　　　　D. A 和 B

5. 辐射损伤随机效应的特点是（　　　）。

A. 效应的发生率与剂量无关　　　　　B. 剂量越大效应越严重

C. 只要限制剂量便可以限制效应发生　D. 以上 B 和 C

6. 辐射损伤非随机效应的特点是（　　　）。

A. 效应的发生率与剂量无关　　　　　B. 剂量越大效应越严重

C. 只要限制剂量便可以限制效应发生　D. 以上 B 和 C

7. 以下 GB 18871—2002 标准关于特殊照射的叙述，哪一条是错误的？（　　　）

A. 特殊照射事先必须周密计划

B. 计划执行前必须经过单位领导及防射防护负责人批准

C. 有效的剂量当量在一次照射中不得大于 100 mSv

D. 经受特殊照射后的人员不应再从事放射工作

8. 辐射防护三个基本要素是（　　　）。

A. 时间防护　　　　　　B. 距离防护　　　　　C. 屏蔽防护　　　　　D. 以上都是

答案：

1—5：ADDBA　　　　6—8：DDD

<< 第三篇
超声检测

第十一章　超声检测基础知识

超声检测是五大常规无损检测技术之一,是目前国内外应用最广泛、使用频率最高且发展较快的一种无损检测技术。

第一节　超声检测的定义和作用

人们把能引起听觉的机械波称为声波,频率在 $20\sim20\ 000$ Hz 之间。频率低于 20 Hz 的机械波称为次声波,频率高于 $20\ 000$ Hz 的机械波称为超声波。对于次声波和超声波,人是听不到的。

超声检测一般指使超声波与工件相互作用,就反射、透射和散射的波进行研究,对工件进行宏观缺陷检测、几何特性测量、组织结构和力学性能变化的检测和表征,并进而对其特定应用性进行评价的技术。对于宏观缺陷检测的超声波,其常用频率为 $0.5\sim25$ MHz。对钢等金属材料的检测,常用频率为 $0.5\sim10$ MHz。在特种设备行业中,超声检测通常指宏观缺陷检测和材料厚度测量。

超声检测是产品制造中实现质量控制、节约原材料、改进工艺、提高劳动生产率以及节约成本的重要手段,也是设备维护中不可或缺的手段之一。我国特种设备相关法规标准对特种设备的制造、安装、修理改造或定期检验等环节均提出了超声检测的要求。

第二节　超声检测工作原理

超声检测主要是基于超声波在工件中的传播特性,如声波在通过材料时能量会损失,在遇到声阻抗不同的两种介质分界面时会发生反射等。其工作原理如下。

(1)声源产生超声波,采用一定的方式使超声波进入工件。

(2)超声波在工件中传播并与工件材料以及其中的缺陷相互作用,使其传播方向或特征被改变。

(3)改变后的超声波通过检测设备被接收,并可对其进行处理和分析。

(4)根据接收的超声波的特征,评估工件本身及其内部是否存在缺陷及缺陷的特性。

以脉冲反射法为例:声源产生的脉冲波进入到工件中—超声波在工件中以一定方向和

速度向前传播—遇到两侧声阻抗有差异的界面时,部分声波被反射—检测设备接收和显示—分析声波幅度和位置等信息,评估缺陷是否存在或存在缺陷的大小、位置等。两侧声阻抗有差异的界面可能是材料中某种缺陷(不连续),如裂纹、气孔、夹渣等,也可能是工件的外表面。声波反射的程度取决于界面两侧声阻抗差异的大小、入射角以及界面的面积等。通过测量入射声波和接收声波之间声传播的时间,可以得知反射点距入射点的距离。

通常用来发现缺陷和对其进行评估的基本信息如下。

(1)是否存在来自缺陷的超声波信号及其幅度。

(2)入射声波与接收声波之间的传播时间。

(3)超声波通过材料以后能量的衰减。

第三节　超声检测的发展历史和现状

利用声响来检测物体的好坏,这种方法早已被人们所采用。例如,用手拍西瓜,辨别西瓜生熟;敲瓷碗,辨别瓷碗裂与否等。声音反映物体内部某些性质,已是人们熟知的道理。

利用超声波来探查水中物体,是第一次世界大战后发展起来的,Richardson 根据这种方法提出从远方发现冰山的方案之后,由 Langevin 将其作为发现船舶,尤其是潜水艇的手段而被应用。

利用超声波来对固体内部进行无损检测,始于 20 世纪 20 年代末期。1929 年,苏联的 Sokolov 首先提出了利用超声波探查金属物体内部缺陷的建议,并于 1935 年发表了用穿透法进行试验的一些结果,并申请了关于材料中缺陷检测的专利。根据 Sokolov 提出的原理制成的第一种穿透法检测仪器,于第二次世界大战后研制并出现在市场上。但由于这种仪器是利用穿过物体的透射声能进行检测,发射和接收探头需置于工件两侧并始终保持其相对位置关系,同时对缺陷检测灵敏度也较低,应用范围受到极大限制,所以,不久这种仪器就被淘汰了。

脉冲反射法和仪器的出现,给了超声检测新的生命力。1940 年,美国的 Firestone 首次介绍了基于脉冲反射法的超声检测仪,并在其后的几年内进行了试验和完善。1946 年,英国的 D. O. Spronle 研制成第一台 A 型脉冲反射式超声探伤仪。利用该仪器,超声波可从物体的一面发射和接收,能够检测出小缺陷,并能够较准确地确定缺陷位置和测量缺陷尺寸。随后,美国和英国分别开发出 A 型脉冲反射式超声检测仪,并逐步用于锻钢和厚钢板的检测。20 纪 60 年代,电子技术快速发展,以前制约仪器电子性能的很多指标,如放大器线性等主要性能都取得了突破性进展,焊缝检测问题得到了很好的解决。从此,脉冲反射技术开始获得大量的工业应用,直到目前仍是通用性最好、使用最广泛的检测方法之一。20 世纪 70 年代,英国原子能管理局(AEA)国家无损检测研究中心哈威尔(Harwell)实验室的 M. G. Silk 提出衍射时差法超声检测(TOFD)。TOFD 是一种利用超声波衍射现象,通过缺陷端点的衍射波信号检测和测定缺陷尺寸的超声检测技术,近十几年来在欧洲和美洲等西方发达地区开始广泛应用。

随着工业生产对检测效率和检测可靠性要求的不断提高,人们要求超声检测更加快速,缺陷的显示更加直观,对缺陷的描述则更加准确。因此,原有的以 A 型显示手工操作为主的检测方式也不再能够满足要求。20 世纪 80 年代以来,对于规则的板、棒、管类大批量生产的产品,逐渐发展了自动检测系统,配备了自动报警、记录等装置,发展了 B 型成像显示方式。随着电子技术和计算机技术的进步,超声检测设备不断向小型化、智能化方向改进,形成了适用不同用途的多种超声检测仪器,并于 20 世纪 80 年代逐渐取代模拟式仪器成为主流产品。近些年,超声检测新技术层出不穷,如超声三维成像、导波技术、电磁超声检测等,已经开始显示出其强大的生命力。

在我国,开始进行系统的超声检测的应用和研究始于 20 世纪 50 年代初。近 70 多年来,我国的超声检测技术取得了巨大的进步和发展。超声检测在工业中已经确立了其重要地位,几乎渗透到所有工业部门,如作为基础工业的钢铁工业、机器制造业、特种设备行业、石油化工工业、铁路运输业、造船工业、航空航天工业,以及高速发展中的新技术产业,如集成电路工业、核工业等重要工业部门。一支庞大的素质良好的专业队伍已建立起来,其技术水平普遍提高,接近并部分达到国际先进水平,而且应用频度和领域日益扩大。超声相关理论、方法及应用的基础研究正在逐步深入,并取得了许多具有国际先进水平的成果。已制定了一系列国标及行业标准,并引进了许多国外标准。数字式超声仪器已经接近国际先进水平。常规超声无损检测标准化和规范化工作在稳步发展,非常规超声检测技术也迅速发展,管理工作也正在逐步完善。

但是我国超声检测的总体水平与发达国家相比还有一定差距。在检测专业队伍中,高级技术人员和操作人员的比例偏小。以手工检测和模拟式仪器为主的状态还会持续很长一段时间。由于过度的追求近期经济效益,对与超声检测有关的基础研究和应用基础研究投入的人力和经费远少于美、日、德等国,所以目前大部分新技术和新设备主要依靠国外引进。

随着超声检测对象的不断扩大,对其发展提出了许多挑战性的问题,如对缺陷精确定量、定位,尤其是定性问题,复杂结构和特殊材料的检测问题,从无损检测的概念发展到无损评价的概念问题,从质量检测的概念发展到质量管理的概念问题等都是无损检测科学中带有普遍性的问题。这些问题的解决还需付出很大努力。随着超声检测的广泛应用和对超声检测重视程度的不断提高,我国的超声检测将获得更加快速的发展和进步。

第四节　超声检测的优点和局限性

一、超声检测的优点

与其他无损检测方法相比,超声检测方法的优点如下。

(1)适用于金属、非金属和复合材料等多种制件的无损检测。

(2)穿透能力强,可对较大厚度范围内的工件内部缺陷进行检测。例如对金属材料,可检测厚度为 1～2 mm 的薄壁管材和板材,也可检测几米长的钢锻件。

(3)缺陷定位较准确。

(4)对面积型缺陷的检出率较高。

(5)灵敏度高,可检测工件内部尺寸很小的缺陷。

(6)检测成本低、速度快,设备轻便,对人体及环境无害,现场使用较方便等。

二、超声检测的局限性

如同其他无损检测方法,超声检测也有它的局限性,主要如下。

(1)对工件中的缺陷进行精确的定性、定量仍需作深入研究。

(2)对具有复杂形状或不规则外形的工件进行超声检测有困难。

(3)缺陷的位置、取向和形状对检测结果有一定影响。

(4)工件材质、晶粒度等对检测有较大影响。

(5)常用的手工 A 型脉冲反射法检测时结果显示不直观,检测结果无直接见证记录。

三、超声检测的适用范围

超声检测的适用范围非常广,从检测对象的材料来说,可用于金属、非金属和复合材料;从检测对象的制造工艺来说,可用于锻件、铸件、焊接件、胶结件等;从检测对象的形状来说,可用于板材、棒材、管材等;从检测对象的尺寸来说,厚度可小至 1 mm,还可大至几米;从检测缺陷部位来说,既可以是表面缺陷,也可以是内部缺陷。

除此之外,超声检测还适用于起重机械、游乐设施等机电类特种设备的无损检测。

复习题(单项选择题)

1. 关于超声检测,以下正确的是(　　)。

A. 只能检测内部缺陷

B. 只能检测表面缺陷

C. 只能检测内部缺陷和近表面缺陷

D. 可以检测内部缺陷和表面缺陷

2. 关于 A 型脉冲反射法检测,以下说法错误的是(　　)。

A. 结果不直观　　　　　　　　　　　B. 定性较困难

C. 不受工件材质晶粒度影响　　　　　D. 检测结果无直接见证记录

3. 缺陷的哪些特点对超声检测结果有影响?(　　)

A. 位置　　　　　　B. 取向　　　　　　C. 形状　　　　　　D. 以上都是

4. 超声检测是通过哪些信息发现缺陷并对其进行评估?(　　)

A. 是否存在来自缺陷的超声波信号及其幅度

B. 入射声波与接收声波之间的传播时间

C. 超声波通过材料以后能量的衰减

D. 以上都是

5. 关于超声波检测的优点,以下哪一项是错误的?(　　　)

A. 缺陷定位较准确　　　　　　　　　B. 灵敏度较高

C. 可检测的工件厚度范围大　　　　　D. 缺陷定性准确

6. 关于超声波检测的缺点,以下哪一项是错误的?(　　　)

A. 缺陷定位、定性都不太容易　　　　B. 缺陷的位置、取向对检测结果有影响

C. 工件材质、晶粒度对检测有影响　　D. 受工件形状影响较大

7. 超声波是频率超出人耳听觉的弹性机械波,其频率范围为(　　　)。

A. 高于 2 万 Hz　　　　B. 1～10 MHz　　　　C. 高于 200 Hz　　　　D. 0.25～15 MHz

答案:

1—5:DCDDD　　　　　　6—7:AA

第十二章　超声波基础知识

　　超声波是一种机械波,是机械振动在介质中的传播。了解超声波本身的性质,及其在介质中的传播特点,对于正确应用超声检测技术、解决实际检测中的各种问题是十分必要的。超声检测中,主要涉及几何声学和物理声学中的一些基本定律和概念,如几何声学中的反射、折射定律及波形转换,物理声学中波的叠加、干涉和衍射等。

第一节　机械振动与机械波

　　物体(或质点)在某一平衡位置附近做来回往复的运动,称为机械振动。振动的传播过程,称为波动。波动分为机械波和电磁波两大类。

一、机械振动

　　日常生活中的振动现象随处可见,凡有摇摆、晃动、打击、发声的地方都存在机械振动,如弹簧振子、摆轮、音叉、琴弦以及蒸汽机活塞的往复运动等。振动是自然界最常见的一种运动形式。

　　振动产生的必要条件是:物体一离开平衡位置就会受到回复力的作用;阻力要足够小。物体(或质点)在受到一定力的作用下,将离开平衡位置,产生一个位移;该力消失后,在回复力作用下,它将向平衡位置运动,并且还要越过平衡位置移动到相反方向的最大位移位置,然后再向平衡位置运动。这样一个完整运动过程称为一个"循环"或一次"全振动"。每经过一定时间后,振动体总是回复到原来的状态(或位置)的振动称为周期性振动,不具有上述周期性规律的振动称为非周期性振动。

二、机械波

　　机械波是机械振动在介质中的传播过程,如水波、声波、超声波等。电磁波是交变电磁场在空间的传播过程,如无线电波、红外线、可见光、紫外线、X射线、γ射线等。

（一）产生机械波的条件

产生机械波必须具备以下两个条件。

(1)要有做机械振动的波源。

(2)要有能传播机械振动的弹性介质。

机械振动与机械波是互相关联的,振动是产生机械波的根源,机械波是振动状态的传播。波动中介质各质点并不随波前进,而是按照与波源相同的振动频率在各自的平衡位置上振动,并将能量传递给周围的质点。因此,机械波的传播不是物质的传播,而是振动状态和能量的传播。

（二）描述机械波的主要物理量

描述机械波的主要物理量有波长、周期、频率、波速。

(1)波长。波经历一个完整周期所传播的距离,称为波长,用 λ 表示,常用单位为米(m)或毫米(mm)。

(2)周期。当物体做往复运动时完成一次全振动所需要的时间,称为振动周期,用 T 表示,常用单位为秒(s)。

(3)频率。振动物体在单位时间内(1 s)完成全振动的次数,称为振动频率,用 f 表示,常用单位为 Hz。

(4)波速。波在单位时间内(1 s)所传播的距离称为波速,用 c 表示,常用单位为米/秒(m/s)或千米/秒(km/s)。

周期、频率、波长和波速的关系:

$$\lambda = c/f = cT \tag{12-1}$$

由式(12-1)可知,波长与波速成正比,与频率成反比。当频率一定时,波速越高,波长就越长;当波速一定时,频率越低,波长就越长。

【例题】 已知某超声波频率为 5 MHz,其在钢中传播的速度为 5900 m/s,则该超声波的波长为多少?

解:$\lambda = c/f = 5900/5 \times 10^6 = 1.18$(mm)。

第二节　波的分类

波的分类方法有很多种,如按波型分类、按振动的持续时间分类等。下面介绍一下按波型分类的分类方法。

一、纵波 L

介质中质点的振动方向与波的传播方向互相平行的波,称为纵波,通常用 L 表示,如图 12-1 所示。

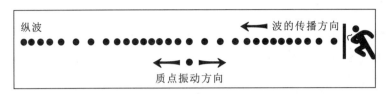

图 12-1　纵波

纵波中介质质点受到交变拉压应力作用并产生伸缩形变,故纵波亦称为压缩波。而且由于纵波中的质点疏密相间,故又称疏密波。

凡能承受拉伸或压缩应力的介质都能传播纵波。固体介质能承受拉伸或压缩应力,因此固体介质可以传播纵波。液体和气体虽然不能承受拉伸应力,但能承受压应力产生的体积变化,因此液体和气体介质也可以传播纵波。

二、横波 S(T)

介质中质点的振动方向与波的传播方向互相垂直的波,称为横波,用 S 或者 T 表示,如图 12-2 所示。

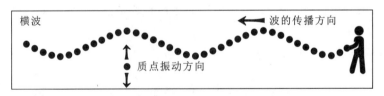

图 12-2　横波

横波中介质质点受到交变的剪切应力作用并产生切变形变,故横波又称切变波或剪切波。只有固体介质才能承受剪切应力,液体和气体介质不能承受剪切应力,故横波只能在固体介质中传播,不能在液体和气体介质中传播。

三、表面波 R

当介质表面受交变应力作用时,产生沿介质表面传播的波,称为表面波(也称为瑞利波),常用 R 表示,如图 12-3 所示。

介质表面受到交变应力,质点振动轨迹为椭圆,可视为纵向振动和横向振动的合成,不可在流体中传播,只能在固体表面传播。因此,表面波适合于检测工件表面的不连续性(最多深入工件表面 2λ)。

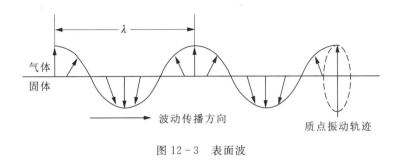

图 12 - 3　表面波

第三节　超声波的传播速度

超声波波型不同时,介质弹性变形形式不同,声速也不一样。同一波型的超声波在介质中的传播速度还与介质的弹性模量和密度有关。对特定的介质,弹性模量和密度为常数,故声速也是常数。不同的介质,有不同的声速。超声波在介质中的传播速度是表征介质声学特性的重要参数。

一、固体介质中的声速

固体介质中声速与介质弹性模量和密度等有关,不同介质,声速不同。固体介质的弹性模量越大、密度越小,则声速越大。

声速还与波的类型有关,同一固体介质中,纵波、横波和表面波的声速各不相同,纵波＞横波＞表面波。

一般固体中的声速随介质温度升高而降低。

固体介质的应力状况对声速有一定的影响,当应力方向与声波传播方向一致时,若应力为压应力,则应力增加,声速加快;反之,若应力为拉应力,则声速减慢。例如,对于 26 ℃下的纯铁,压应力 $p=1000$ Pa 时,$c_S=3219$ m/s;压应力 $p=9000$ Pa 时,$c_S=3252$ m/s。

固体材料组织均匀性对声速的影响在铸铁中表现较为突出。铸铁表面与中心,由于冷却速度不同而具有不同的组织:表面冷却快,晶粒细,声速大;中心冷却慢,晶粒粗,声速小。此外,铸铁中石墨含量和尺寸对声速也有影响,石墨含量和尺寸增加,声速减小。

二、液体、气体中的声速

由于液体和气体只能承受压应力,不能承受剪切应力,因此液体和气体介质中只能传播纵波,不能传播横波和表面波。液体、气体介质中的纵波声速与其容变弹性模量和密度有关,介质的容变弹性模量越大、密度越小,声速就越大。

几乎除水以外的所有液体,当温度升高时,容变弹性模量减小,声速降低。唯有水例外,当水的温度在 74 ℃左右时,声速达最大值;当水的温度低于 74 ℃时,声速随温度升高而增加;当水的温度高于 74 ℃时,声速随温度升高而降低。

第四节　超声波入射时的波型转换与反射、透射、折射定律

一、超声场的特征值

1. 声压 p

超声场中某一点在某一时刻所具有的压强 p_1 与没有超声波存在时的静态压强 p_0 之差,称为该点的声压,用 p 表示。

$$p = p_1 - p_0 \qquad\qquad (12-2)$$

声压单位为帕[斯卡](Pa)、微帕[斯卡](μPa)

超声检测仪器显示的信号幅值的本质就是声压 p,示波屏上的波高与声压成正比。在超声检测中,就缺陷而论,声压值反映缺陷的大小。

2. 声阻抗

超声场中任一点的声压与该处质点振动速度之比称为声阻抗,常用 Z 表示。

$$Z = p/u = \rho cu/u = \rho c \qquad\qquad (12-3)$$

声阻抗的单位为克/(厘米^2·秒)[g/(cm^2·s)]或千克/(米^2·秒)[kg/(m^2·s)]。由式(12-3)可知,声阻抗的大小等于介质的密度与波速的乘积。由 $u = p/Z$ 不难看出,在同一声压下,Z 增加,质点的振动速度下降。因此声阻抗 Z 可理解为介质对质点振动的阻碍作用。这类似于电学中的欧姆定律 $I = U/R$,电压一定,电阻增加,电流减小。声阻抗是表征介质声学性质的重要物理量。超声波在两种介质组成的界面上的反射和透射情况与两种介质的声阻抗密切相关。

材料的声阻抗与温度有关,一般材料的声阻抗随温度升高而降低。这是因为声阻抗 $Z = \rho c$,而大多数材料的密度 ρ 和声速 c 随温度增加而减小。

3. 声强 I

单位时间内垂直通过单位面积的声能称为声强,常用 I 表示。单位是瓦/厘米^2(W/cm^2)或焦耳/(厘米^2·秒)[J/(cm^2·s)]。

当超声波传播到介质中某时,该处原来静止不动的质点开始振动,因而具有动能;同时该处介质产生弹性变形,因而也具有弹性势能;其总能量为二者之和。

超声波的声强与频率的平方成正比,而超声波的频率远大于可引起听觉的声波。因此,

超声波的声强也远大于可引起听觉的声波的声强。这是超声波能用于检测的重要原因。在同一介质中,超声波的声强与声压的平方成正比。

4. 分贝

在生产和科学实验中,所遇到的声强数量级往往相差悬殊,如引起听觉的声强范围为 $10^{-16} \sim 10^{-4}$ W/cm^2,最大值与最小值相差 12 个数量级。显然采用绝对值来度量是不方便的,但如果对其比值(相对量)取对数来比较计算则可大大简化运算。分贝与奈培就是两个同量纲的量之比取对数后的单位。

通常规定将引起听觉的最弱声强 $I_1 = 10^{-16}$ W/cm^2 作为声强的标准,另一声强 I_2 与标准声强 I_1 之比的常用对数称为声强级,单位为贝[尔](B)。

$$\Delta = \lg(I_2/I_1)(B) \tag{12-4}$$

实际应用中由于贝尔太大,故常取其 1/10 即分贝(dB)来作单位,即

$$\Delta = 10\lg(I_2/I_1) = 20\lg(p_2/p_1)(dB) \tag{12-5}$$

在超声检测中,当超声检测仪的垂直线性较好时,仪器示波屏上的波高与声压成正比,这时有

$$\Delta = 20\lg(p_2/p_1)(dB) = 20\lg(H_2/H_1)(dB) \tag{12-6}$$

这里声压基准 p_1 或波高基准 H_1 可以任意选取。

用分贝值表示回波幅度的相互关系,不仅可以简化运算,而且在确定基准波高以后,可直接用仪器衰减器的读数表示缺陷波相对波高。因此,分贝概念的引用对超声检测有很重要的实用价值。此外在超声波的定量计算中和衰减系数的测定中也常常用到分贝。

二、单一界面超声波垂直入射到界面上的反射与透射

当超声波垂直入射到两种介质的界面时,一部分能量透过界面进入第二种介质,成为透射波,波的传播方向不变;另一部分能量则被界面反射回来,沿与入射波相反的方向传播,成为反射波,如图 12-4 所示。

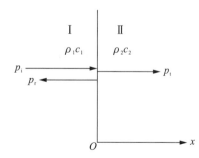

图 12-4　超声波垂直入射单一界面上的反射与透射

其中:p_i 为入射波声压;p_r 为反射波声压;p_t 为透射波声压。

声波的这一性质是超声检测缺陷的物理基础。通常将反射波声压 p_r 与入射波声压 p_i 的比值称为声压反射率 r,将透射波声压 p_t 与入射波声压 p_i 的比值称为声压透射率 t,这两个参数与两种介质声阻抗 $Z(\rho c)$ 的差异直接相关,其表达式如下:

$$r = \frac{Z_2 - Z_1}{Z_2 + Z_1} \tag{12-7}$$

$$t = \frac{2Z_2}{Z_2 + Z_1} \qquad (12-8)$$

式中：Z_1、Z_2——第一种介质和第二种介质的声阻抗。

　　声能反射率为声压反射率的平方。反射声能与透射声能之和等于入射声能。因此,界面两侧的介质声阻抗差越大,反射声能越大,透射声能越小。

　　进行超声检测时,必须考虑声压反射率的影响,如接触法和水浸法中将声波引入工件时,须考虑耦合剂与工件界面上的声能损失。另外,还需考虑缺陷与材料之间的声阻抗差异是否足够引起强的反射波,以便检出缺陷。

三、超声波倾斜入射时的波型转换与反射、折射定律

　　当超声波倾斜入射到界面时,除产生同种类型的反射波和折射波外,还会产生不同类型的反射波和折射波,这种现象称为波形转换,如图 12-5 所示。

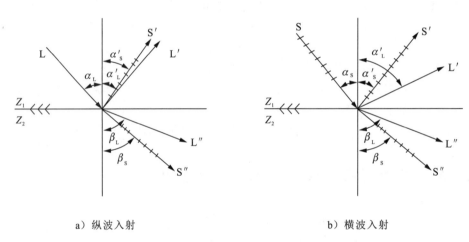

a）纵波入射　　　　　　　　　　b）横波入射

图 12-5　超声波倾斜入射界面

（一）纵波斜入射

　　当纵波 L 倾斜入射到界面时,除产生反射纵波 L′ 和折射纵波 L″ 外,还会产生反射横波 S′ 和折射横波 S″。各种反射波和折射波方向符合反射、折射定律。

$$\frac{\sin\alpha_L}{c_{L1}} = \frac{\sin\alpha_L{}'}{c_{L1}} = \frac{\sin\alpha_S{}'}{c_{S1}} = \frac{\sin\beta_L}{c_{L2}} = \frac{\sin\beta_S}{c_{S2}} \qquad (12-9)$$

式中：c_{L1}、c_{S1}——第一介质中的纵波、横波波速;

　　　c_{L2}、c_{S2}——第二介质中的纵波、横波波速;

　　　α_L、$\alpha_L{}'$——纵波入射角、反射角;

　　　β_L、β_S——纵波、横波折射角;

　　　$\alpha_S{}'$——横波反射角。

由于在同一介质中纵波波速不变,因此 $\alpha_L{}' = \alpha_L$。又由于在同一介质中纵波波速大于横波波速,因此 $\alpha_L{}' > \alpha_S{}'$,$\beta_L > \beta_S$。

1. 第一临界角 α_{I}

由式(12 - 9)可以看出,当 $c_{L2} > c_{L1}$ 时,$\beta_L > \alpha_L$,随着 α_L 增加,β_L 也增加,当 α_L 增加到一定程度时,$\beta_L = 90°$,这时所对应的纵波入射角称为第一临界角,用 α_{I} 表示,如图 12 - 6 所示。

2. 第二临界角 α_{II}

由式(12 - 9)可以看出,当 $c_{S2} > c_{L2}$ 时,$\beta_S > \alpha_L$,随着 α_L 增加,β_S 也增加,当 α_L 增加到一定程度时,$\beta_S = 90°$,这时所对应的纵波入射角称为第二临界角,用 α_{II} 表示,如图 12 - 7 所示。

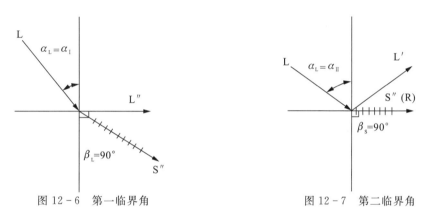

图 12 - 6　第一临界角　　　　　　　　　图 12 - 7　第二临界角

由 α_{I} 和 α_{II} 的定义可得如下结论。

(1)当 $\alpha_L < \alpha_{\text{I}}$ 时,第二介质中既有折射纵波 L'' 又有折射横波 S''。

(2)当 $\alpha_L = \alpha_{\text{I}} \sim \alpha_{\text{II}}$ 时,第二介质中只有折射横波 S'',没有折射纵波 L'',这就是常用横波探头的制作和横波检测的原理。

(3)当 $\alpha_L \geqslant \alpha_{\text{II}}$ 时,第二介质中既无折射纵波 L'',又无折射横波 S''。这时在其介质的表面存在表面波 R,这就是常用表面波探头的制作原理。

例:超声检测钢制工件时,纵波经过探头的有机玻璃斜楔倾斜入射到有机玻璃/钢界面,有机玻璃中 $c_{L1} = 2730$ m/s,钢中 $c_{L2} = 5900$ m/s,$c_{S2} = 3230$ m/s。其第一、第二临界角分别为

$$\frac{\sin\alpha_{\text{I}}}{c_{L1}} = \frac{\sin 90°}{c_{L2}} \Rightarrow \alpha_{\text{I}} = \arcsin\frac{c_{L1}}{c_{L2}} = \arcsin\frac{2730}{5900} = 27.6°$$

$$\frac{\sin\alpha_{\text{II}}}{c_{L1}} = \frac{\sin 90°}{c_{S2}} \Rightarrow \alpha_{\text{II}} = \arcsin\frac{c_{L1}}{c_{S2}} = \arcsin\frac{2730}{3230} = 57.7°$$

由此可见,有机玻璃横波探头楔块角度 α_L 的范围为 $27.6° \sim 57.7°$,有机玻璃表面波探头楔块角度 $\alpha_L \geqslant 57.7°$。

（二）横波斜入射

如图 12-5b)所示,当横波 S 倾斜入射到界面时,同样产生反射纵波 L′和折射纵波 L″,以及反射横波 S′和折射横波 S″,且符合反射、折射定律。

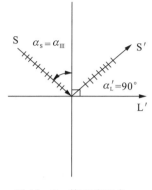

图 12-8　第三临界角

$$\frac{\sin\alpha_S}{c_{S1}} = \frac{\sin\alpha_S{'}}{c_{S1}} = \frac{\sin\alpha_L{'}}{c_{L1}} = \frac{\sin\beta_L}{c_{L2}} = \frac{\sin\beta_S}{c_{S2}} \quad (12-10)$$

由式(12-10)可得:由于 $c_{L1} > c_{S1}$,则 $\alpha_L{'} > \alpha_S$,随着 α_S 增加,$\alpha_L{'}$ 也增加,当 α_S 增加到一定程度时,$\alpha_L{'} = 90°$,这时所对应的横波入射角称为第三临界角,用 α_{III} 表示,如图 12-8 所示。

当 $\alpha_S \geqslant \alpha_{\text{III}}$ 时,在第一介质中只有反射横波,没有反射纵波,即横波全反射。

第五节　超声波的衰减

超声波在介质中传播时,随着距离的增加,超声波能量逐渐减弱的现象叫做超声波衰减。

引起超声波传导时衰减的主要原因是波速扩散、晶粒散射、介质吸收。

1. 扩散衰减

超声波在传播过程中,由于波束的扩散,其能量随距离增加而逐渐减弱的现象称为扩散衰减。超声波的扩散衰减仅取决于波阵面的形状,与介质的性质无关。平面波波阵面为平面,波束不扩散,不存在扩散衰减。柱面波波阵面为同轴圆柱面,波束向四周扩散,存在扩散衰减,声压与距离的平方根成反比。球面波波阵面为同心球面,波束向四面八方扩散,存在扩散衰减,声压与距离成反比。

2. 散射衰减

超声波在介质中传播时,遇到声阻抗不同的界面产生散乱反射引起衰减的现象,称为散射衰减。散射衰减与材质的晶粒密切相关,当材质晶粒粗大时,散射衰减严重,被散射的超声波沿着复杂的路径传播到探头,在示波屏上引起草状回波(又叫草波),使信噪比下降,严重时噪声会淹没缺陷波,如图12-9所示。

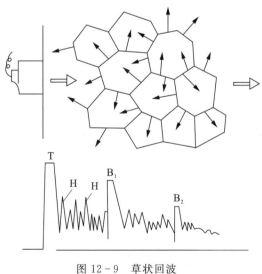

图 12-9　草状回波

3. 吸收衰减

超声波在介质中传播时,由介质中质点间内摩擦(即黏滞性)和热传导引起的超声波的衰减,称为吸收衰减或黏滞衰减。

除了以上三种衰减外,还有位错引起的衰减、磁畴壁引起的衰减和残余应力引起的衰减等。

通常所说的介质衰减是指吸收衰减与散射衰减,不包括扩散衰减。

复习题(单项选择题)

1. 以下关于谐振动的叙述,那一条是错误的?(　　　)

A. 谐振动就是质点在做匀速圆周运动

B. 任何复杂振动都可视为多个谐振动的合成

C. 在谐振动中,质点在位移最大处受力最大,速度为零

D. 在谐振动中,质点在平衡位置速度大,受力为零

2. 机械波的波速取决于(　　　)。

A. 机械振动中质点的速度　　　　　　　　B. 机械振动中质点的振幅

C. 机械振动中质点的振动频率　　　　　　D. 弹性介质的特性

3. 在同种固体材料中,纵波声速 c_L、横波声速 c_S、表面波声速 c_R 之间的关系是(　　　)。

A. $c_R > c_S > c_L$ 　　　B. $c_S > c_L > c_R$ 　　　C. $c_L > c_S > c_R$ 　　　D. 以上都不对

4. 超声波入射到异质界面时,可能发生(　　　)。

A. 反射　　　　　　B. 折射　　　　　　C. 波型转换　　　　　　D. 以上都是

5. 超声波在介质中的传播速度与(　　　)有关。

A. 介质的弹性　　　　　　　　　　　　B. 介质的密度

C. 超声波波型　　　　　　　　　　　　D. 以上全部

6. 在同一固体材料中,纵、横波声速相比,与材料的(　　　)有关。

A. 密度　　　　　　　　　　　　　　　B. 弹性模量

C. 泊松比　　　　　　　　　　　　　　D. 以上全部

7. 质点振动方向垂直于波的传播方向的波是(　　　)。

A. 纵波　　　　　　B. 横波　　　　　　C. 表面波　　　　　　D. 兰姆波

8. 质点振动方向平行于波的传播方向的波是(　　　)。

A. 纵波　　　　　　B. 横波　　　　　　C. 表面波　　　　　　D. 兰姆波

9. 在流体中可传播(　　　)。

A. 纵波　　　　　　　　　　　　　　　B. 横波

C. 纵波、横波及表面波　　　　　　　　　D. 切变波

10. 钢中超声纵波声速为 590 000 cm/s,若频率为 10 MHz,则其波长为(　　　)。

A. 59 mm　　　　　　B. 5.9 mm　　　　　　C. 0.59 mm　　　　　　D. 2.36 mm

11. 下面哪种超声波的波长最短?(　　　)

A. 水中传播的 2 MHz 纵波　　　　　　B. 钢中传播的 2.5 MHz 横波

C. 钢中传播的 5 MHz 纵波　　　　　　D. 钢中传播的 2 MHz 表面波

12. 一般认为表面波作用于物体的深度大约为(　　)。

A. 半个波长　　　　B. 一个波长　　　C. 两个波长　　　D. 3.7 个波长

13. 脉冲反射法超声波探伤主要利用超声波传播过程中的(　　)。

A. 散射特性　　　　B. 反射特性　　　C. 投射特性　　　D. 扩散特性

14. 超声波在弹性介质中的速度是(　　)。

A. 质点振动的速度　　　　　　　　　　B. 波长和频率的乘积

C. 波长和传播时间的乘积　　　　　　　D. 以上都不是

15. 超声波倾斜入射至异质界面时,其传播方向的改变主要取决于(　　)。

A. 界面两侧介质的声阻抗　　　　　　　B. 界面两侧介质的声速

C. 界面两侧介质衰减系数　　　　　　　D. 以上全部

16. 由材料晶粒粗大而引起的衰减属于(　　)。

A. 扩散衰减　　　　B. 散射衰减　　　C. 吸收衰减　　　D. 以上都是

答案:

1—5:ADCDD　　　　6—10:CBAAC　　　　11—15:ACBBB　　　　16:B

第十三章　超声检测仪器、探头和试块

超声检测设备与器材包括超声检测仪、探头、试块、耦合剂和机械扫查装置等,其中超声检测仪和探头对超声检测系统的能力起关键性作用。了解其原理、构造和作用及其主要性能,是正确选择检测设备与器材并进行有效检测的保证。

第一节　超声检测仪

超声检测仪是超声检测的主体设备,它的作用是产生电振荡并施加于换能器(探头)上,激励探头发射超声波,同时接收来自探头的电信号,将其放大后以一定方式显示出来,从而得到被检工件中有关缺陷的信息,如图 13-1 所示。

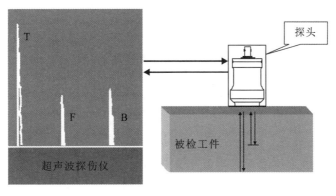

图 13-1　超声检测仪示意图

HS700 数字式
超声波探伤仪

一、超声检测仪的分类

超声检测仪按照其指示的参量可以分为以下三类。

第一类指示声的穿透能量,称为穿透式检测仪。这类仪器发射频率不变(或在小范围内周期性变化)的超声连续波,根据透过工件的超声波强度变化判断工件中有无缺陷及缺陷大小。这种仪器灵敏度低,且不能确定缺陷深度位置,须从两侧接近工件,目前已很少使用。

第二类指示频率可变的超声连续波在工件中形成驻波的情况,可用于共振测厚,但目前已很少使用。此类仪器可通过探头向工件中发射连续的频率周期性变化的超声波,根据发射波与反射波的差频变化情况判断工件中有无缺陷,但由于只适宜检查与检测面平行的缺陷,所以这种仪器也大多被脉冲波检测仪所代替。

第三类指示脉冲波的幅度和运行时间,称为脉冲波检测仪。通过探头向工件周期性地发射一持续时间很短的电脉冲,激励探头发射脉冲超声波,并接收从工件中反射回来的脉冲波信号,通过检测信号的返回时间和幅度判断是否存在缺陷和缺陷大小等情况,这类仪器称为脉冲反射式超声检测仪。

还有采用一发一收双探头方式,接收从工件中衍射回来的脉冲波信号,通过检测信号的返回时间来判断是否存在缺陷和缺陷大小等情况,这类仪器称为衍射时差法超声检测仪(TOFD),目前运用越来越广泛。

脉冲波检测仪的信号显示方式可分为 A 型显示和超声成像显示,其中超声成像显示又可分为 B、C、D、S、P 型显示等类。其中 A 型脉冲反射式超声检测仪是使用范围最广、最基本的一种类型。

除了上述按照原理的差异分类以外,根据采用的信号处理技术,超声检测仪还可分为模拟式和数字式仪器。按照不同的用途,人们制造了非金属检测仪、超声测厚仪等。按超声波的通道数,分为单通道和多通道超声检测仪。

二、A 型显示

A 型显示是一种波形显示,是将超声信号的幅度与传播时间的关系以直角坐标的形式显示出来,如图 13-2 所示。横坐标代表声波的传播时间,纵坐标代表信号幅度。如果超声波在均质材料中传播,声速是恒定的,则传播时间可转变为传播距离。从声波的传播时间可以确定缺陷位置,由回波幅度可以估算缺陷当量尺寸。

图 13-2 所示为脉冲反射法检测的典型 A 型显示图形,左侧的幅度很高的脉冲 T 称为始脉冲或始波,是发射脉冲直接进入接收电路后,在屏幕上的起始位置显示出来的脉冲信号;右侧的高回波 B 称为底波或底面回波,是超声波传播到与入射面相对的工件底面产生的反射波;中间的回波 F 则为缺陷的反射回波。

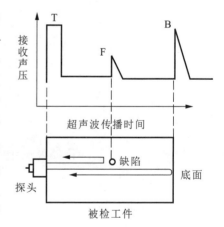

T-始波;F-缺陷波;B-底波。

图 13-2 　A 型显示原理

A 型显示具有检波与非检波两种形式,如图 13-3 所示。非检波信号又称射频信号,是探头输出的脉冲信号的原始形式,可用于分析信号特征;检波形式是探头输出的脉冲信号经检波后显示的形式。由于检波形式可将时基线从屏幕中间移到刻度板底线,可观察的幅度范围增加了,同时图形较为清晰简单,便于判断信号的存在及读出信号幅度。但检波形式与非检波形式相比,失去了其中的相位信息。

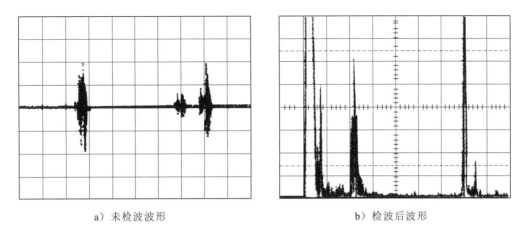

a）未检波波形　　　　　　　　　　　　b）检波后波形

图 13 - 3　A 型显示波形

三、模拟式超声检测仪

（一）仪器组成部分和工作原理

A 型脉冲反射式模拟超声检测仪的主要组成部分是同步电路、扫描电路、发射电路、接收放大电路、显示电路和电源等，如图 13 - 4 所示。除此之外，检测仪还有延时电路、报警电路、深度补偿电路、标记电路、跟踪及记录等附加装置。

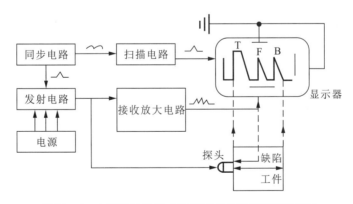

图 13 - 4　A 型脉冲反射式模拟超声检测仪电路方框图

仪器工作原理：同步电路产生的触发脉冲同时加至扫描电路和发射电路，扫描电路受触发开始工作，产生锯齿波扫描电压，加至示波管水平偏转板，使电子束发生水平偏转，在荧光屏上产生一条水平扫描线。与此同时，发射电路受触发产生高频脉冲，施加至探头，激励压电晶片振动产生超声波，超声波在工件中传播，遇缺陷或底面产生反射，返回探头时，又被压电晶片转变为电信号,经接收电路放大和检波,加至示波管垂直偏转板上,使电子束发生垂直偏转,在水平扫描线的相应位置上产生缺陷回波和底波。

(二)仪器主要组成部分的作用

1. 同步电路

同步电路又称触发电路,主要由振荡器和微分电路等组成。其作用是每秒钟产生数十至数千个周期性的同步脉冲,作为发射电路、扫描电路以及其他辅助电路的触发脉冲,使各电路在时间上协调一致工作。每秒钟内发射同步脉冲的次数称为重复频率。同步脉冲的重复频率决定了超声检测仪的发射脉冲重复频率,即决定了每秒钟向被检工件内发射超声脉冲的次数。在一些仪器上设有重复频率调节旋钮供使用者选择。选择重复频率对自动化检测很重要。自动化检测的优势之一就是可以自动记录超声信号,因而可以实现高速扫查,这就需要有高重复频率以保证不漏检。但是,高重复频率使两次脉冲间隔时间变短,有可能使未充分衰减的多次反射进入下一周期,形成所谓的"幻象波",造成缺陷误判。因此,自动化检测的扫描速度也是受到可用的最大重复频率限制的。在手工检测目视观察的情况下,提高重复频率可使波形显示亮度增加,便于观察。

2. 扫描电路

扫描电路又称时基电路,用来产生锯齿波电压,施加到示波管水平偏转板上,使小波管荧光屏上的光点沿水平方向从左至右做等速移动,产生一条水平扫描时基线。改变扫描速度(锯齿波的斜率)即可改变显示在屏幕上的时间范围,也就是超声波传播的声程范围。

深度调节:用来改变屏幕上显示的时间(距离)范围的大小,称为测量范围或声速,调节该旋钮的实质是调节扫描速度。

扫描延迟:调节屏幕上显示的时间范围的起点,也就是时基电路触发的延迟时间,称为延迟。延迟由延迟电路实现,延迟电路的作用就是将同步信号延迟一段时间后再去触发扫描电路,使扫描延迟一段时间再开始,这样就可以以较快的时基扫描速度将声传播方向上某一小段的波形展现在整个屏幕上,以便更仔细地观察。

3. 发射电路

发射电路是一个电脉冲信号发生器,可以产生 100～400 V 的高压电脉冲,施加到压电晶片上产生脉冲超声波。有些高能型仪器也提供高达 1000 V 的高压电脉冲,以适应一些特殊情况的检测要求。

发射电路通常可分为调谐式和非调谐式两种。调谐式电路谐振频率由电路中的电感、电容决定,发出的超声脉冲频带较窄。谐振频率通常调谐到与探头的固有频率相一致。这种电路常用于为了穿透高衰减材料而需激发宽脉冲的情况。非调谐式电路发射一短脉冲,脉冲形状有尖脉冲、方波等不同形式,脉冲频带较宽,可适应不同频带范围的探头。目前常见的超声检测仪多采用非调谐式电路。

发射电脉冲的频率特性被传递到整个检测系统,首先经探头转换为超声脉冲后进入被检件,之后又回到探头,进入接收放大电路,最后到达显示器。因此,最终显示在屏幕上的信号可以看作是发射脉冲经过一系列过程被处理后的结果。目前的超声检测仪接收电路通常是宽带的,很多常用探头也是宽带的,因此,发射电路的频率特性对最终的 A 显示图形影响很大。为了使探头的能量转换效率达到最高,并保证发射的超声波具有所要求的频谱,通常要求发射脉冲频带范围要包含探头自身的频带范围。频带越宽,发射脉冲越窄,可能达到的分辨力也越好。

超声检测仪中多设置有发射强度调节旋钮或阻尼旋钮,通过改变发射电路中的阻尼电阻,由使用者调节发射脉冲的电压幅度和脉冲宽度。通常电压越高、脉冲越宽,则发射能量越大,但同时,也增大了盲区,使深度分辨力变差。因此,使用时需根据检测对象的特点加以调节,以适应对穿透能力和分辨力的不同要求。

4. 接收放大电路

超声信号经压电晶片转换后得到的微弱电脉冲,被输入到接收放大电路。接收放大电路对其进行放大、检波,使其能在显示屏上得到足够的显示。接收放大电路道常由衰减器、高频放大器、检波器和视频放大器等组成。接收放大电路的性能对检测仪性能影响极大,它直接影响到检测仪的垂直线性、动态范围、检测灵敏度、分辨力等重要技术指标。

在用单晶片探头以脉冲反射方式进行检测时,发射脉冲在激励探头的同时也直接进入接收放大电路,形成始波。由于发射脉冲电压很高,在短时间内放大器的放大倍数会降低,甚至没有放大作用,这种现象称为阻塞。

由于发射脉冲自身有一定的宽度,加上放大器的阻塞现象,在靠近始波的一段时间范围内,所要求发现的缺陷往往不能发现,具体到被检工件中,这段时间所对应的由入射面进入工件的深度距离,称为盲区。

5. 显示电路

显示电路主要由示波管及外围电路组成。示波管用来显示检测图形,由电子枪、偏转系统和荧光屏等三部分组成。

电子枪发射的聚束电子以很高的速度轰击荧光屏时,荧光物质发光,在荧光屏上形成亮点。扫描电路的扫描电压和接收放大电路的信号电压分别加至水平偏转板和垂直偏转板,使电子束发生偏转,因而亮点就在荧光屏上移动,扫描出图形。

当重复扫描相同图像的频率很高时,由于人眼的视觉暂留作用,图像看起来是静止不动的,所以,当探头稳定地放在工件表面时,看到的是静止的回波波形,便于对信号进行评定。当探头移动速度很快时,图像是闪烁变化的,因此,在采用目视观察波形进行检测时,必须限制扫查速度,以保证缺陷波能够产生重复图像,使人眼捕捉到缺陷波。

6. 电源

电源的作用是给检测仪各部分电路提供适当的电能,使整机电路工作。一般检测仪用

220 V 或 110 V 交流电源。小型便携式检测仪多用蓄电池供电,用充电器给蓄电池充电。

(三)仪器主要开关旋钮的作用

检测仪面板上有许多开关和旋钮,用于调节检测仪的功能和工作状态。图 13－5 所示为 CTS－22 型检测仪的面板示意图,下面以这种仪器为例,说明各主要开关的作用及调整方法。

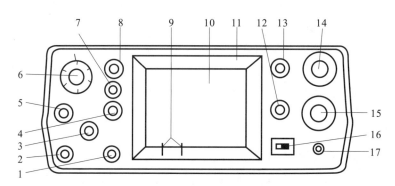

1-发射插座;2-接收插座;3-工作方式选择;4-发射强度;5-粗调衰减器;6-细调衰减器;7-抑制;8-增益;9-定位游标;10-示波管;11-遮光罩;12-聚焦;13-深度范围;14-深度细调;15-脉冲移位;16-电源电压指示器;17-电源开关。

图 13－5　CTS－22 型检测仪面板示意图

1. 工作方式选择旋钮

工作方式选择的作用是选择检测方式,即"双探"或"单探"方式。当开关置于"双探"位置时,为双探头一发一收工作状态,可用一个双晶探头、两个单探头检测,发射探头和接收探头分别连接到发射插座和接收插座。当开关置于"单探"位置时,为单探头自发自收工作状态,此时发射插座和接收插座从内部连通,探头可插入任一插座。

检测仪"单探"方式有两个位置,一个位置为中等发射强度挡,旋钮置于该位置时,发射强度不可变,仪器具有较高的灵敏度和分辨力。另一个位置的发射强度是可变的,旋钮置于该位置时,可用发射强度旋钮调节仪器发射强度,同时改变仪器的灵敏度和分辨力。

2. 发射强度旋钮

发射强度旋钮的作用是改变仪器发射脉冲功率,从而改变仪器的发射强度。增大发射强度时,可提高仪器灵敏度,但脉冲变宽,分辨力变差。因此,在检测灵敏度能满足要求的情况下,发射强度旋钮应尽量放在较低的位置。

3. 衰减器旋钮

衰减器的作用是调节检测灵敏度和测量回波振幅。调节灵敏度时,衰减读数大,灵敏度低;反之,衰减读数小,灵敏度高。测量回波振幅时,衰减读数大,回波幅度高;反之,衰减读数小,回波幅度低。一般检测仪的衰减器分粗调和细调两种,粗调每挡 10 dB 或 20 dB,细调每挡 2 dB 或 1 dB,总衰减量为 80 dB 左右。

4. 增益旋钮

增益旋钮也称增益细调旋钮,其作用是改变接收放大器的放大倍数,进而连续改变检测仪的灵敏度。使用时将反射波高度精确地调节到某一指定高度,仪器灵敏度确定以后,检测过程中一般不再调整增益旋钮。

5. 抑制旋钮

抑制的作用是抑制荧光屏上幅度较低或认为不必要的杂乱反射波使之不予显示,从而使荧光屏显示的波形清晰。

值得注意的是,使用抑制时,仪器垂直线性和动态范围将被改变。抑制作用越大,仪器动态范围越小,从而在实际检测中容易漏掉小的缺陷,因此,除非十分必要,一般不使用抑制。

6. 深度范围旋钮

深度范围旋钮也称深度调节旋钮,其作用是粗调荧光屏扫描线所代表的检测范围。调节深度范围旋钮,可较大幅度地改变时间扫描线的扫描速度,从而使荧光屏上回波间距大幅度地压缩或扩展。

粗调旋钮一般都分为若干挡,检测时应视被探工件厚度选择合适挡位。厚度大的工件,选择数值较大的挡;厚度小的工件,选择数值较小的挡。

7. 深度细调旋钮

深度细调旋钮的作用是精确调整检测范围。调节细调旋钮,可连续改变扫描线的扫描速度,从而使荧光屏上的回波间距在一定范围内连续变化。

调整检测范围时,先将深度粗调旋钮置于合适的挡,然后调节细调旋钮,使反射波的间距与反射体的距离成一定比例。

8. 延迟旋钮

延迟旋钮(或称脉冲移位旋钮)用于调节开始发射脉冲时刻与开始扫描时刻之间的时间差。调节延迟旋钮可使扫描线上的回波位置大幅度左右移动,而不改变回波之间的距离。

调节检测范围时,用延迟旋钮可进行零位校正,即用深度粗调和细调旋钮调节好回波间距后,再用延迟旋钮将反射波调至正确位置,使声程原点与水平刻度的零点重合。水浸检测中,用延迟旋钮可将不需要观察的图形(水中部分)调到荧光屏外,以充分利用荧光屏的有效观察范围。

9. 聚焦旋钮

聚焦旋钮作用是调节电子束的聚焦程度,使荧光屏显示的波形清晰。除聚焦旋钮外,许多仪器还有辅助聚焦旋钮。当调节聚焦旋钮不能使波形清晰时,可配合调节"聚焦"与"辅助聚焦",使波形最清晰为止。

10. 频率选择旋钮

宽频带检测仪的放大器频率范围宽,覆盖了整个检测所需的频率范围,检测仪面板上没有频率选择旋钮,检测频率由探头频率决定。

窄频带检测仪设有频率选择旋钮,用以使发射电路与所用探头相匹配,并改变放大器的通频带,使用时旋钮指示的频率范围应与所选用探头相一致。

11. 水平旋钮

水平旋钮也称零位调节旋钮,用于调节水平旋钮,可使扫描线连扫描线上的回波一起左右移动一段距离,但不改变回波间距。调节检测范围时,用深度粗调和细调旋钮调好回波间距,用水平旋钮进行零位校正。

12. 重复频率旋钮

重复频率旋钮的作用是调节脉冲重复频率,即改变发射电路每秒钟发射脉冲的次数。重复频率低时,荧光屏图形较暗,仪器灵敏度有所提高;重复频率高时,荧光屏图形较亮,这对露天检测观察波形是有利的。应该指出,重复频率要视被探工件厚度进行调节,厚度大,应使用较低的重复频率;厚度小,可使用较高的重复频率。但重复频率过高时,易出现幻象波。有些检测仪的重复频率开关与深度范围旋钮联动,调节深度范围旋钮时,重复频率随之调节到适合于所探厚度的数值。

13. 垂直旋钮

垂直旋钮用于调节扫描线的垂直位置。调节垂直旋钮,可使扫描线上下移动。

14. 辉度旋钮

辉度旋钮用于调节波形的亮度。当波形亮度过高或过低时,可调节辉度旋钮,使亮度适中,但要兼顾聚焦性能。一般辉度调整后应重新调节聚焦和辅助聚焦等旋钮。

15. 深度补偿开关

有些检测仪设有深度补偿开关或"距离振幅校正"(DAC)旋钮,它们的作用是改变放大器的性能,使位于不同深度的相同尺寸缺陷的回波高度差异减小。

16. 显示选择开关

显示选择开关用于选择"检波"或"不检波"显示。开关置于"检波"位置时,荧光屏显示为检波信号显示(或称视频显示);开关置于"不检波"位置时,荧光屏显示为不检波信号显示(或称射频显示)。便携式检测仪大多不具备这种开关。

四、仪器的维护保养

超声检测仪是一种比较精密的电子仪器,为减少仪器故障的发生,延长仪器使用寿命,使仪器保持良好的工作状态,应注意对仪器的维护保养,仪器的维护应注意以下几点。

(1)使用仪器前,应仔细阅读仪器使用说明书,了解仪器的性能特点,熟悉仪器各控制开关和旋钮的位置、操作方法和注意事项,严格按说明书要求操作。

(2)搬动仪器时应防止强烈震动,现场检测尤其高空作业时应采取可靠的保护措施,防止仪器摔碰。

(3)尽量避免在靠近强磁场、灰尘多、电源波动大、有强烈震动及温度过高或过低的场合使用仪器。

(4)仪器工作时应防止雨、雪、水、机油等进入仪器内部,以免损坏仪器线路和元件。

(5)连接交流电源时,应仔细核对仪器额定电源电压,防止错接电源,烧毁元件。使用蓄电池供电的仪器,应严格按说明书进行充电操作。放电后的蓄电池应及时充电,存放较久的蓄电池也应定期充电,否则会影响电池容量甚至无法重新充电。

(6)转或按旋钮时不宜用力过猛,尤其是旋钮在极端位置时更应注意,否则会使旋钮错位甚至损坏。

(7)拔接电源插头或探头插头时,应用手抓住插头壳体操作,不要抓住电缆线拔插。探头线和电源线应理顺,不要弯折扭曲。

(8)仪器每次用完后,应及时擦去表面灰尘、油污,放置在干燥地方。

(9)在气候潮湿地区或潮湿季节,仪器长期不用时,应定期接通电源开机一次,开机时间约半小时,以驱除潮气,防止仪器内部短路或击穿。

(10)仪器出现故障,应立即关闭电源,及时请维修人员检查修理。切忌随意拆卸,以免故障扩大和发生事故。

第二节　超声测厚仪

测厚的方法很多,除常规的机械方法(卡尺、千分尺等)外,还有其他一些方法,如超声波测量、射线测厚、磁性测厚、电流法测厚等。这些方法中,目前应用最广的是超声波测厚,因为超声波测厚仪体积小,质量轻,速度快,精度高,携带使用方便。

超声波测厚仪分为共振式、脉冲反射式和兰姆波式三种。目前,脉冲反射式测厚仪使用最广泛。

一、脉冲反射式测厚原理

发射电路发出脉冲很窄的周期性电脉冲,通过电缆加到探头上,激励探头中压电晶片产生超声波。超声波在工件上下底面产生多次反射。反射波被探头接收,转变为电信号经放大器放大后输入计算电路,由计算电路测出超声波在工件上下底面往返一次传播的时间,最后再换算成工件厚度显示出来。工件厚度 $\delta = 1/2ct$。其中 c 为工件中的波速,t 为超声波在工件中往返一次传播的时间。

二、超声测厚仪的调整与使用

测厚仪有多种,各种测厚仪的调整与使用不完全相同。一般在使用前,要认真阅读说明书,按说明书要求使用。这里以脉冲反射式测厚仪为例简要说明。

(1)用测厚仪测厚前,要先校准仪器的下限和线性。仪器的测量下限要用一块厚度为下限的试块来校准。例如下限为 1 mm 的仪器要有一块 1 mm 厚的试块。调整时将探头对准该试块底面,使仪器显示厚度为 1 mm 即可。仪器的线性要用厚度不同的试块来校正。调整时将探头分别对准厚度不同的试块底面,使仪器显示相应的试块厚度。

(2)选择测厚方法。首先要根据工件厚度情况和精度要求来选择探头。工件较薄时宜选用双晶探头或带延迟块探头,工件较厚时宜选用单晶探头。

(3)测量时,先对工件进行表面处理。

(4)测厚时,探头放置要平稳,压力要适当。每个测试位置尽量在互相垂直的方向各测试一次。

(5)对于高温工件,要用高温探头和特殊耦合剂。

(6)对于管道中的沉积物,当沉积物声阻抗与工件相差不大时,要先用小锤敲击几下管壁后再测,以免误判。

(7)当使用水玻璃作为耦合剂时,用后要及时用湿布擦去探头表面的水玻璃,以免干结后不便清除,有时还会损坏探头。

第三节　超声检测探头

凡能将任何其他形式能量转换成超音频振动形式能量的器件均可用来发射超声波,具有可逆效应时又可用来接收超声波,这类元件称为超声换能器。以换能器为主要元件组装成具有一定特性的超声波发射、接收器件,常称为探头。超声波探头是组成超声检测系统的最重要的组件之一。探头的性能直接影响超声检测能力和效果。

当前超声检测中采用的超声换能器主要有压电换能器、磁致伸缩换能器、电磁声换能器和激光超声换能器。其中最常用的是压电换能器探头,其关键部件是压电晶片,是一个具有压电特性的单晶或多晶体薄片,其作用是将电能转换为声能,并将声能转换为电能。

超声波检测用探头的种类很多,根据波型不同,可分为纵波探头、横波探头、表面波探头、板波探头等;根据耦合方式分为接触式探头和液(水)浸探头;根据波束分为聚焦探头与非聚焦探头;根据晶片数不同分为单晶探头、双晶探头等。此外还有高温探头、微型探头等特殊用途的探头。下面介绍几种典型探头。

一、探头种类

（一）接触式纵波直探头

该直探头用于发射垂直于探头表面传播的纵波，以探头直接接触工件表面的方式进行垂直入射纵波检测，简称纵波直探头，如图 13-6 所示。直探头主要用于检测与检测面平行或近似平行的缺陷，如板材、锻件检测等。纵波直探头的主要参数是频率和晶片尺寸。

单晶直探头

a）接触式纵波直探头照片

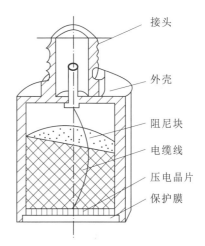

接头

外壳

阻尼块

电缆线

压电晶片

保护膜

b）接触式纵波直探头基本结构

图 13-6　接触式纵波直探头

（二）接触式斜探头

接触式斜探头可分为纵波斜探头（$\alpha_L < \alpha_I$）、横波斜探头（$\alpha_L = \alpha_I \sim \alpha_{\mathrm{II}}$）、表面波探头（$\alpha_L \geqslant \alpha_{\mathrm{II}}$）、兰姆波探头及可变角探头等，如图 13-7 所示。其共同特点是压电晶片贴在一斜楔上，晶片与探头表面成一定倾角。

纵波斜探头是入射角 $\alpha_L < \alpha_I$ 的探头。目的是利用小角度的纵波进行缺陷检测，或在横波衰减过大的情况下，利用纵波穿透能力强的特点进行纵波斜入射检测（奥氏体钢焊缝）。使用时应注意工件中同时存在的横波的干扰。

横波斜探头是入射角 $\alpha_L = \alpha_I \sim \alpha_{\mathrm{II}}$ 且折射波为纯横波的探头。横波斜探头实际上是直探头加斜楔组成的，主要用于检测与检测面成一定角度的缺陷，如焊缝检测、汽轮机叶轮检测等。横波斜探头的标称方式有三种：

一是以纵波入射角 α_L 来标称，常用 $\alpha_L = 30°、40°、45°、50°$ 等，如苏联和我国有些探头。

二是以横波折射角 β_S 来标称，常用 $\beta_S = 40°、45°、50°、60°、70°$ 等，如西方国家和日本的

a）接触式斜探头照片

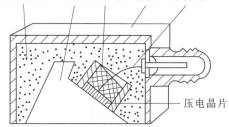

b）接触式斜探头基本结构

图 13-7　接触式斜探头

探头。

三是以钢中折射角的正切值 $K=\tan\beta_S$ 来标称，常用 $K=0.8$、1.0、1.5、2.0、2.5 等。这是我国提出来的，在计算钢中缺陷位置时比较方便。目前国产横波斜探头大多采用 K 值标称系列。横波斜探头上的主要参数为工作频率、晶片尺寸和 K 值。

表面波（瑞利波）探头入射角 α_L 需在产生瑞利波的临界角附近，通常比 $\alpha_{\rm II}$ 略大。表面波探头用于对表面或近表面缺陷进行检测。表面波探头的结构与横波斜探头一样，唯一的区别是斜楔块角度不同。

兰姆波探头的角度根据板厚、频率和所选定的兰姆波模式而定，主要用于薄板中缺陷的检测。

可变角探头的入射角是可变的。转动压电晶片可使入射角连续变化，一般变化范围为 $0°\sim70°$，可实现纵波、横波、表面波或兰姆波检测。

单晶斜探头

（三）双晶探头（分割探头）

双晶探头有两块压电晶片，一块用于发射超声波，另一块用于接收超声波，中间夹有隔声层。根据入射角 α_L 不同，分为双晶纵波探头（$\alpha_L<\alpha_I$）和双晶横波探头（$\alpha_L=\alpha_I\sim\alpha_{\rm II}$）。双晶探头如图 13-8 所示。

双晶探头具有以下优点。

（1）灵敏度高。双晶探头的两块晶片，一发一收。发射晶片用发射灵敏度高的压电材料制成，如 PZT（锆钛酸铅）。接收晶片由接收灵敏度高的压电材料制成，如硫酸锂。这样探头发射和接收灵敏度都高，这是单晶探头无法比拟的。

（2）杂波少盲区小。双晶探头的发射与接收分开，消除了发射压电晶片与延迟块之间的反射杂波。同时由于始脉冲未进入放大器，克服了阻塞现象，使盲区大大减小，为检测近表面缺陷提供了有利条件。

（3）工件中近场区长度小。双晶探头采用了延迟块，缩短了工件中的近场区长度，这对检测是有利的。

（4）检测范围可调。双晶探头检测时，对于位于菱形 $abcd$ ［图 13-8b）］内的缺陷灵敏度

a) 双晶探头照片

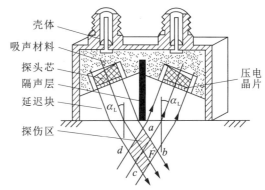

b) 双晶探头基本结构

图 13 - 8 双晶探头

较高。而菱形 *abcd* 是可调的,可以通过改变入射角 α_L 来调整。α_L 增大,菱形 *abcd* 向表面移动,在水平方向变扁。α_L 减小,菱形向内部移动,在垂直方向变扁。

双晶探头主要用于检测近表面缺陷和已知缺陷的定点测量。双晶探头的主要参数为频率、晶片尺寸和声束汇聚区的范围。

(四)接触式聚焦探头

聚焦探头种类较多。根据焦点形状不同分为点聚焦和线聚焦。点聚焦的理想焦点为一点,其声透镜为球面;线聚焦的理想焦点为一条线,其声透镜为柱面。根据耦合情况不同分为水浸聚焦与接触聚焦。水浸聚焦以水为耦合介质,探头不与工件直接接触。接触聚焦是探头通过薄层耦合介质与工件接触。接触聚焦据聚焦方式不同又分为透镜式聚焦、反射式聚焦和曲面晶片式聚焦,如图 13 - 9 所示。透镜式聚焦是平面晶片发射超声波通过声透镜和透声楔块来实现聚集。反射式聚焦是平面晶片发射超声波通过曲面楔块反射来实现聚焦。曲面晶片式聚集探头的晶片为曲面,通过曲面楔块实现聚焦,但曲面晶片很难制作,目前已很少采用。

接触式聚焦探头的主要参数为频率、晶片尺寸和焦距。

(五)水浸平探头和水浸聚焦探头

水浸平探头相当于可在水中使用的纵波直探头,用于水浸法检测。当改变探头倾角使声束从水中倾斜入射至工件表面时,也可通过折射在工件中产生纯横波。

在水浸平探头前加声透镜则可产生聚焦声束,称为水浸聚焦探头。

二、探头型号

探头型号组成项目及排列顺序:基本频率→晶片材料→晶片尺寸→探头种类→探头特征。

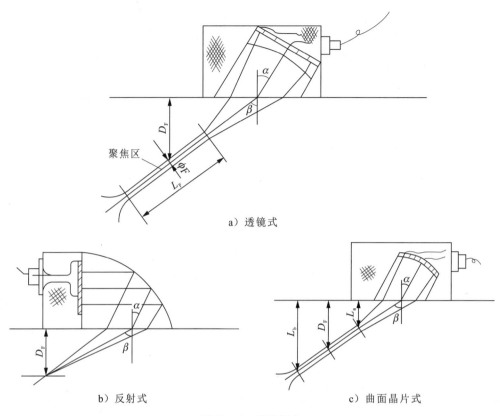

a) 透镜式

b) 反射式

c) 曲面晶片式

图 13-9　聚焦探头

(1)基本频率:用阿拉伯数字表示,单位为 MHz。

(2)晶片材料:用化学元素缩写符号表示,见表 13-1。

表 13-1　晶片材料代号

压电材料	代号	压电材料	代号
锆钛酸铅陶瓷	P	钛酸钡陶瓷	B
钛酸铅陶瓷	T	铌酸锂单晶	L
碘酸锂单晶	I	石英单晶	Q
其他压电材料	N		

(3)晶片尺寸:用阿拉伯数字表示,单位为 mm。其中圆晶片用直径表示;矩形晶片用长×宽表示;双晶探头为圆形的用分割前的直径表示,两片矩形晶片用长×宽×2 表示。

(4)探头种类:用汉语拼音缩写字母表示,见表 13-2。直探头也可不标出。

表 13 - 2 探头种类代号

种类	代号	种类	代号
直探头	Z	斜探头(用 K 值表示)	K
斜探头(用折射角表示)	X	分割探头	FG
水浸聚焦探头	SJ	表面波探头	BM
可变角探头	KB		

(5)探头特征:斜探头钢中折射角正切值(K 值)用阿拉伯数字表示。钢中折射角用阿拉伯数字表示,单位为"°"。双晶探头钢中声束汇聚区深度用阿拉伯数字表示,单位为 mm。

水浸聚焦探头水中焦距用阿拉伯数字表示,单位为 mm。"DJ"表示点聚焦,"XJ"表示线聚焦。

第四节 试 块

与一般的测量方式一样,为了保证检测结果的准确性、可重复性和可比性,必须用一个具有已知固定特性的试样对检测系统进行校准。这种按一定用途设计制作的具有简单几何形状人工反射体或模拟缺陷的试样,通常称为试块。试块和仪器、探头一样,是超声检测中的重要器材。

一、试块的分类和作用

(一)试块分类

超声检测用试块通常分为标准试块、对比试块和模拟试块三大类。

1. 标准试块

标准试块是指具有规定的化学成分、表面粗糙度、热处理及几何形状的材料块,用于评定和校准超声检测设备,即用于仪器探头系统性能校准的试块。NB/T 47013.3—2015《承压设备无损检测 第 3 部分:超声检测》标准中采用的标准试块有 CSK - IA、DZ - I、DB - P(Z20 - 2),如图 13 - 10 所示。

CSK - IA 试块的具体形状、尺寸见本部分,DZ - 1 和 DB - P(Z20 - 2)的具体形状和尺寸见 JB/T 9214—2010《无损检测 A 型脉冲反射式超声检测系统工作性能测试方法》。

标准试块的制造应满足 JB/T 8428—2015《无损检测 超声试块通用规范》的要求,制造商应提供产品质量合格证,并确保在相同测试条件下比较其所制造的每一标准试块与国家标准样品或类似具备量值传递基准的标准试块上的同种反射体(面)时,其最大反射波幅差应小于等于 2 dB。

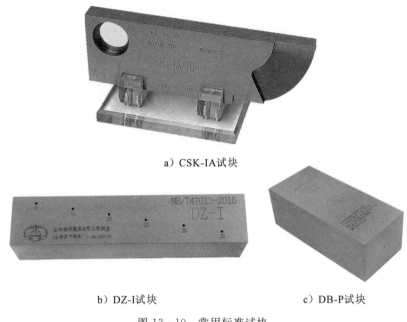

a) CSK-IA试块

b) DZ-I试块

c) DB-P试块

图 13 - 10　常用标准试块

2. 对比试块

对比试块是指与被检件或材料化学成分相似,含有意义明确参考反射体(反射体应采用机加工方式制作)的试块,用以调节超声检测设备的幅度和声程,以将所检出的缺陷信号与已知反射体所产生的信号相比较,即用于检测校准的试块。

对比试块的外形尺寸应能代表被检工件的特征,试块厚度应与被检工件的厚度相对应。如果涉及不同工件厚度对接接头的检测,试块厚度的选择应由较大工件厚度确定。

对比试块应采用与被检材料声学性能相同或相似的材料制成,当采用直探头检测时,不得有大于或等于 $\Phi 2$ mm 平底孔当量直径的缺陷。

常用的对比试块有焊接接头用 CSK - ⅡA、CSK - ⅢA、CSK - ⅣA 及锻件用 CS - 2/3/4 等。

3. 模拟试块

模拟试块是含模拟缺陷的试块,可以是模拟工件中实际缺陷而制作的样件,或者是在以往检测中所发现含自然缺陷的样件。模拟试块主要用于检测方法的研究、无损检测人员资格考核和评定、评价和验证仪器探头系统的检测能力和检测工艺等。

（二）人工反射体

试块中的人工反射体应按其使用目的选择，应尽可能与需检测的缺陷特征接近。常用的人工反射体主要有长横孔、短横孔、横通孔、平底孔、V形槽和其他线切割槽等。

（1）横通孔和长横孔具有轴对称特点，反射波幅比较稳定，有线性缺陷特征，适用于各种 K 值探头。一般代表工件内部有一定长度的裂纹、未焊透、未熔合和条状夹渣。通常使用在对接接头、堆焊层的超声检测中，也有用在螺栓件和铸件检测中的。

（2）短横孔。在近场区表现为线状反射体特征，在远场区表现为点状反射体特征。主要用于对接焊接接头检测。适用于各种 K 值探头。

（3）平底孔。一般具有点状面积型反射体的特点，主要用于锻件、钢板、对接焊接接头、复合板、堆焊层的超声检测。通常适用于直探头和双晶探头的校准和检测。

（4）V形槽和其他线切割槽。具有表面开口的线性缺陷的特点。适用于钢板、钢管、锻件等工件的横波检测，也可模拟其他工件或对接接头表面或近表面缺陷以调整检测灵敏度。检测或校准时，通常采用 $K1$ 斜探头，根据需要，也可采用其他 K 值探头。

二、标准试块

（一）标准试块的要求

标准试块的材质应均匀，内部杂质少，无影响使用的缺陷；加工容易，不易变形和锈蚀，具有良好的声学性能；试块的平行度、垂直度、粗糙度和尺寸精度都应经过严格检验并符合一定的要求。

标准试块要由平炉镇静钢或电炉软钢制作，如20号碳钢。标准试块检测面粗糙度 R 一般不低于 $1.6~\mu m$，尺寸公差为 $\pm0.05~mm$。

试块上的平底孔应检验其直径、孔底表面粗糙度、平面度等。常用下述检查方法：先用无腐蚀性溶剂清洗孔并干燥，然后用注射器将硅橡胶液注入孔内，抽出注射器，插入大头针，待橡胶凝固后借助大头针将橡胶模型取出，在光学投影仪上检查孔底粗糙度和平整程度。

（二）常用标准试块

1. ⅡW 试块

ⅡW 是国际焊接学会的英文缩写。该试块是荷兰代表首先提出来的，故称荷兰试块。该试块形状似船形，因此又叫船形试块，如图13-11所示。ⅡW 试块材质相当于我国20号碳钢，正火处理，晶粒度7～8级。

ⅡW 试块的主要用途如下。

（1）调整纵波检测范围和扫描速度（时基线比例）：利用试块上 25 mm 和 100 mm 尺寸。

（2）校验仪器的水平线性、垂直线性和动态范围：利用试块上 25 mm 或 100 mm 尺寸。

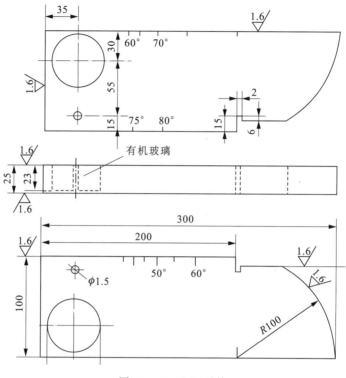

图 13-11　ⅡW 试块

(3)测定直探头和仪器组合的远场分辨力：利用试块上 85 mm、91 mm 和 100 mm 尺寸。

(4)测定直探头和仪器组合后的最大穿透能力：利用直径 50 mm 有机玻璃块底面的多次反射波。

(5)测定直探头与仪器组合的盲区：利用试块上 50 mm 有机玻璃圆弧面至侧面间距 5 mm 和 10 mm。

(6)测定斜探头的入射点：用 R100 圆弧面。

(7)测定斜探头的折射角：折射角在 35°～76°范围内用 50 mm 孔测，折射角在 74°～80° 范围内用 1.5 mm 圆孔测。

(8)测定斜探头和仪器组合的灵敏度余量：利用试块 R100 或直径 1.5 mm 的试块。

(9)调整横波检测范围和扫描速度：由于纵波声程 91 mm 相当于横波声程 50 mm，因此可以利用试块上 91 mm 来调整横波的检测范围和扫描速度。例如横波 1∶1，先用直探头对准 91 底面，使底波 B_1、B_2 分别对准 50、100，然后换上横波探头并对准 R100 圆弧面，找到最高回波，并调至 100 即可。

(10)测定斜探头声束轴线的偏离：利用试块的直角棱边测。

ⅡW 试块用途较广，但也有一些不足，对此一些国家做了小的修改作为该国的标准块。如德国和日本在 R100 圆心处两侧加开宽为 0.5 mm、深为 2 mm 的沟槽，借以获得 R100 圆弧面的多次反射，这就克服了ⅡW 试块调整横波检测围和扫描速度不便的缺点。

2. ⅡW2 试块

ⅡW2 试块也是荷兰代表提出来的国际焊接学会标准试块,由于外形类似牛角,故又称牛角试块。与ⅡW 试块相比,ⅡW2 试块质量轻、尺寸小、形状简单、容易加工和便于携带,但功能不及ⅡW 试块。ⅡW2 试块的材质同ⅡW。其结构尺寸和反射特点如图 13 - 12 所示。

当斜探头对准 $R25$ 时,$R25$ 反射回波一部分被探头接收,显示 B_1,另一部分反射至 $R50$,然后又返回探头,但这时不能被接收因此无回波。当此反射波再次经 $R25$ 反射回到探头时才能被接收,这时显示 B_2,它与 B_1 的间距为 $R25+R50$。以后各次回波间距均为 $R25+R50$。

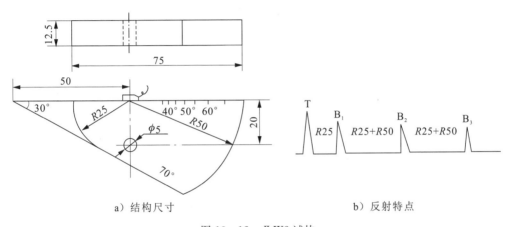

a) 结构尺寸 b) 反射特点

图 13 - 12 ⅡW2 试块

ⅡW2 试块的主要用途如下。

(1)测定斜探头的入射点:利用 $R25$ 与 $R50$ 圆弧反射面测。

(2)测定斜探头的折射角:利用 5 mm 横通孔测。

(3)测定仪器水平、垂直线性和动态范围:利用厚度 12.5 测。

(4)调整检测范围和扫描速度:纵波直探头利用 12.5 底面的多次反射波调整,横波斜探头利用 $R25$ 和 $R50$ 调整。

(5)测定仪器和探头的组合灵敏度:利用 5 mm 或 $R50$ 圆弧面测。

3. CSK - ⅠA 试块

CSK - ⅠA 试块是我国标准 NB/T 47013—2015《承压设备无损检测》中规定的标准试块,是在ⅡW 试块基础上改进后得到的(图 13 - 13)。

(1)将直孔 $\Phi50$ mm 改进 $\Phi50$ mm、$\Phi44$ mm、$\Phi40$ mm 台阶孔,以便于测定横波斜探头的分辨力。

(2)将 $R100$ 改为 $R100$、$R50$ 阶梯圆弧,以便于调整横波扫描速度和检测范围。

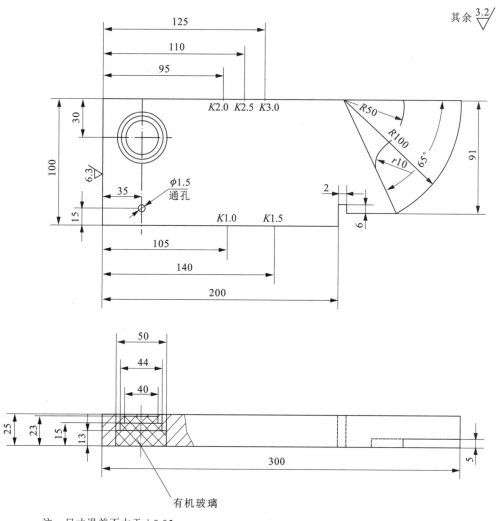

注：尺寸误差不大于±0.05 mm。

图 13-13　CSK-ⅠA 试块

（3）将试块上标定的折射角改为 K 值（$K=\tan\beta_s$），从而可直接测出横波斜探头的 K 值。

CSK-ⅠA 试块的其他功能同ⅡW 试块，材质一般同被检工件。

CSK-ⅠA 试块

三、对比试块

1. 对比试块的要求

对比试块材料的透声性、声速、声衰减等应尽可能与被检工件相同或相近。一般情况下,对比试块材质尽可能与被检工件相同或相近。低合金钢、碳钢和工具钢的声学性能相差不大,以一种材料来制作对比试块基本可以代用。但不锈钢、镍基合金、钴基合金应采用工件本身的材料来制作。制作时应保证材质均匀、无杂质、无影响使用的缺陷。

对比试块的外形应尽可能简单,并能代表被检工件的特征;对比试块厚度应与被检工件的厚度相对应;对比试块粗糙度与被检工件相同或相近。如果涉及两种或两种以上不同厚度部件焊接接头的检测,对比试块的厚度应由其最大厚度来确定。对比试块一般采用人工反射体,常用的人工反射体有长横孔、短横孔、横通孔、平底孔、V形槽和其他线切割槽等。

加工好的试块应测试其外形尺寸公差,并采用硅橡胶覆型的方法观测孔底的形状和尺寸误差。对于成套距离幅度试块,也需要测试其距离幅度曲线。

2. 常用对比试块

NB/T 47013.3—2015 标准中规定和采用的对比试块主要有:①板材检测对比试块。②锻件检测对比试块。③螺栓坯件径向检测对比试块。④奥氏体钢锻件检测对比试块。⑤焊接接头对比试块。⑥无缝钢管检测对比试块。⑦声能传输损耗超声检测对比试块。⑧压力管道和管子焊接接头检测对比试块。⑨奥氏体不锈钢对接接头对比试块。

3. 对比试块主要用途

以常用的 CSK-ⅡA 试块为例,其主要用途如下:①调节时基线比例和检测范围。②测定斜探头的 K 值。③测定横波 AVG 曲线。④调节检测灵敏度。⑤进行缺陷定量。

CSK-ⅡA-1 试块

四、试块的维护和使用

(1)试块应在适当部位编号,以防混淆。
(2)试块在使用和搬运过程中应注意保护,防止碰伤或擦伤。
(3)使用试块时应注意清除反射体内的油污和锈蚀。常用蘸油细布将锈蚀部位抛光,或用合适的去锈剂处理。平底孔在清洗干燥后用尼龙塞或胶合剂封口。
(4)注意防止试块锈蚀,使用后停放时间长,要涂敷防锈剂。
(5)要注意防止试块变形,如避免火烤,平板试块尽可能立放,防止重压。

五、仪器和探头的性能

仪器和探头的性能包括仪器的性能、探头的性能以及仪器与探头的组合性能。了解这些性能,并定期进行测试和校验,对正确选用检测设备、确保检测结果的可靠性、保证超声检测工作的质量,是十分必要的。

（一）超声检测仪的主要性能

1. 脉冲发射部分

这部分性能主要有发射电压幅度、发射脉冲上升时间、发射脉冲宽度和发射脉冲频谱。其中发射脉冲频谱与前几个参数是相关的。发射脉冲上升时间直接与频谱的带宽相关，发射脉冲上升时间越短，则频带越宽。在仪器技术指标中，常给出发射电压幅度和发射脉冲上升时间，作为发射部分的性能指标。

发射电压幅度也就是发射脉冲幅度，它的高低主要影响发射的超声波能量。发射脉冲上升时间则与可用的超声波频率有关，上升时间短，频带宽，频率上限也高，则可配用的探头频率相应也高。同时，发射脉冲上升时间短，脉冲宽度也可减小，从而可减小盲区，提高分辨力。

2. 接收部分

接收部分的性能主要有垂直线性、频率响应、噪声电平、最大使用灵敏度、衰减器准确度以及与示波管结合的性能，包括垂直偏转极限、垂直线性范围和动态范围。

垂直线性是指输入到超声检测仪接收电路的信号幅度与其在超声检测仪显示器上所显示的幅度成正比关系的程度。在用波幅评定缺陷尺寸的时候，垂直线性对测试准确度影响较大。

频率响应又称接收电路带宽，常用频带的上、下限频率表示。采用宽带探头时，接收电路的频带要包含探头的频带，才能保证波形不失真。

噪声电平是指空载时最大灵敏度下的电噪声的幅度。它的大小会限制仪器可用的最大灵敏度。

最大使用灵敏度是指信噪比大于 6 dB 时可检测的最小信号的峰值电压。它表示的是系统接收微弱信号的能力。

衰减器准确度反映的是衰减器读数的增减与显示的信号幅度变化之间的对应关系。它对仪器灵敏度调整、缺陷当量的评定均有重要意义。

垂直偏转极限是指示波管上 Y 偏转最大时，对应的刻度值。通常要求大于满刻度值（100％）。

垂直线性范围是在规定了垂直线性误差值后，垂直线性在误差范围内的显示屏上的信号幅度范围。通常用上、下限刻度值（％）表示。

动态范围是指在增益不变的情况下，超声检测仪可运用的一段信号幅度范围，在此范围内信号不过载或畸变，也不至过小而难以观测。动态范围通常用满足下述条件的最大输入信号与最小输入信号之比的分贝值表示。

3. 时基部分

时基部分的性能包括水平线性、脉冲重复频率以及与示波管结合的性能，包括水平偏转极限和线性范围。

水平线性又称时基线性,或者扫描线性。水平线性指的是输入到超声检测仪中的不同回波的时间间隔与超声检测仪显示屏时基线上回波的间隔成正比关系的程度。水平线性主要取决于扫描电路产生的锯齿波的线性。水平线性影响缺陷位置确定的准确度。

水平偏转极限是示波管上 X 偏转最大时,对应的刻度值。通常要求大于满刻度值(100%)。

水平线性范围是水平线性在规定误差范围内的时基线刻度范围。在使用时可根据水平线性范围调整仪器的时基线,使要测量的信号位于该范围内。

（二）探头的主要性能

探头的主要性能包括频率响应、相对灵敏度、时间域响应、电阻抗、距离幅度特性、声束扩散特性、斜探头的入射点和折射角、声轴偏斜角和双峰等。

频率响应是在给定的反射体上测得的探头脉冲回波频率特征。用频谱分析仪测试频率特性可得到探头的中心频率、峰值频率、带宽等参数。

相对灵敏度是以脉冲回波的方式,在规定的介质、声程和反射体上,衡量探头电声转换效率的一种度量。

时间域响应是通过回波脉冲的形状、宽度（长度）、峰数等特征来评价探头的性能。脉冲宽度越窄,峰数越少,则探头阻尼效果越好。这样的探头分辨力好,但灵敏度略低。

斜探头的入射点和折射角是实际超声检测中经常用到的参数,每次检测时均要进行测量。入射点指斜楔中纵波声轴入射到探头底面的交点;折射角的标称值指钢中横波的折射角,由斜楔的角度决定。两者均是探头制作完成时的固定参数,但随着使用中探头斜楔的磨损,两个参数均会改变。

（三）超声检测仪和探头的组合性能

组合性能包括灵敏度（或灵敏度余量）、分辨力、信噪比和频率等。

1. 灵敏度

超声检测中灵敏度广义的含义是指整个检测系统（仪器与探头）发现最小缺陷的能力。发现的缺陷越小,灵敏度就越高。

仪器与探头的灵敏度常用灵敏度余量来衡量。灵敏度余量是指仪器最大输出时（增益、发射强度最大,衰减和抑制为零）,使规定反射体回波达基准波高所需衰减的衰减总量（ΔdB）。灵敏度余量大,说明仪器与探头的灵敏度高。灵敏度余量与仪器和探头的综合性能有关,因此又叫仪器与探头的综合灵敏度。

2. 分辨力

超声检测系统的分辨力是指能够对一定大小的两个相邻反射体提供可分离指示时两者的最小距离。由于超声脉冲自身有一定宽度,在深度方向上分辨两个相邻信号的能力有个最小限度(最小距离),称为纵向分辨力。在工件的入射面和底面附近,可分辨的缺陷和相邻界面间的距离,称为入射面分辨力和底面分辨力,又称上面分辨力和下表面分辨力。实际检测时,入射面分辨力和底面分辨力所用的检测灵敏度有关,检测灵敏度高时,界面脉冲或始波宽度会增大,使得分辨力变差。探头平移时,分辨两个相邻反射体的能力称为横向分辨力。横向分辨力取决于声束的宽度。

3. 信噪比

信噪比是指示波屏上有用的最小缺陷信号幅度与无用的最大噪声幅度之比。由于噪声的存在会掩盖幅度低的小缺陷信号,容易引起漏检或误判,严重时甚至无法进行检测。因此,信噪比对缺陷的检测起关键作用。

4. 频率

频率是超声仪器和探头组合后的一个重要参数,很多物理量的计算都与频率有关,例如超声场近场区长度、半扩散角、规则反射体的回波等。探头的公称频率是制造厂在探头上标出的频率。仪器和探头的组合频率取决于仪器的发射电路与探头的组合性能,与公称频率之间往往存在一定的差值。为衡量该差值,实践中往往采用回波频率误差表征。

复习题(单项选择题)

1. A 型扫描显示中,从荧光屏上直接可获得的信息是(　　)。

A. 缺陷的性质和大小　　　　　　　　　　B. 缺陷的形状和取向

C. 缺陷回波的大小和超声传播的时间　　　D. 以上都是

2. A 型扫描显示中,荧光屏上垂直显示大小表示(　　)。

A. 超声回波的幅度大小　　　　　　　　　B. 缺陷的位置

C. 被探材料的厚度　　　　　　　　　　　D. 超声传播时间

3. A 型扫描显示中,水平基线代表(　　)。

A. 超声回波的幅度大小　　　　　　　　　B. 探头移动距离

C. 声波传播时间　　　　　　　　　　　　D. 缺陷尺寸大小

4. 脉冲反射式超声波探伤仪中,产生触发脉冲的电路单元叫做(　　)。

A. 发射电路　　　　B. 扫描电路　　　　C. 同步电路　　　　D. 显示电路

5. 脉冲反射式超声波探伤仪中,产生时基线的电路单元叫做(　　)。

A. 扫描电路　　　　B. 触发电路　　　　C. 同步电路　　　　D. 发射电路

6. 发射脉冲的持续时间叫(　　)。

A. 始脉冲宽度　　　B. 脉冲周期　　　　C. 脉冲振幅　　　　D. 以上都不是

7. 探头上标的 2.5 MHz 是指(　　)。

A. 重复频率　　　　B. 工作频率　　　　C. 触发脉冲频率　　D. 以上都不对

8. 影响仪器灵敏度的旋钮有(　　)。

A. 发射强度旋钮和增益旋钮　　　　　　　B. 衰减器旋钮和抑制旋钮

C. 深度补偿旋钮　　　　　　　　　　　D. 以上都是

9. 仪器水平线性的好坏直接影响(　　)。

A. 缺陷性质判断　　　B. 缺陷大小判断　　C. 缺陷的精确定位　D. 以上都对

10. 仪器的垂直线性好坏会影响(　　)。

A. 缺陷的当量比较　　　　　　　　　B. AVG 曲线面板的使用

C. 缺陷的定位　　　　　　　　　　　D. 以上都对

11. 同步电路每秒钟产生的触发脉冲数为(　　)。

A. 1~2 个　　　　　　B. 数十个到数千个　C. 与工作频率有关　D. 以上都不对

12. 调节仪器面板上的"抑制"旋钮会影响探伤仪的(　　)。

A. 垂直线性　　　　　B. 动态范围　　　　C. 灵敏度　　　　　D. 以上全部

13. 探头的分辨力(　　)。

A. 与探头晶片直径成正比　　　　　　B. 与频带宽度成正比

C. 与脉冲重复频率成正比　　　　　　D. 以上都不对

14. 目前工业超声波探伤使用较多的压电材料是(　　)。

A. 石英　　　　　　　B. 钛酸钡　　　　　C. 锆钛酸铅　　　　D. 硫酸锂

15. 超声波探伤仪的探头晶片用的是下面哪种材料?(　　)

A. 导电材料　　　　　B. 磁致伸缩材料　　C. 压电材料　　　　D. 磁性材料

16. 双晶直探头的最主要用途是(　　)。

A. 检测近表面缺陷　　　　　　　　　B. 精确测定缺陷长度

C. 精确测定缺陷高度　　　　　　　　D. 用于表面缺陷检测

17. 以下哪一条,不属于双晶探头的优点?(　　)

A. 探测范围大　　　　　　　　　　　B. 盲区小

C. 工件中近场长度小　　　　　　　　D. 杂波少

18. 超声探伤系统区别相邻两缺陷的能力称为(　　)。

A. 检测灵敏度　　　　B. 时基线性　　　　C. 垂直线性　　　　D. 分辨力

19. 用于仪器探头系统性能测试校准和检测校准的试块称为(　　)。

A. 标准试块　　　　　B. 对比试块　　　　C. 模拟试块　　　　D. 人工反射体

20. 超声检测对比试块材质的基本要求是(　　)。

A. 材料声速与被检工件声速基本一致　B. 材料中没有影响使用的缺陷

C. 材料衰减与被检工件基本一致且均匀　D. 以上都是

答案:

1—5:CACCA　　　　6—10:ABDCA　　　　11—15:BDBCC　　　　16—20:AADAD

第十四章　超声检测方法和基本检测技术

超声检测方法分类的方式有多种,常用的有以下几种。

(1)按原理分类:脉冲反射法、衍射时差法(TOFD)、穿透法、共振法。

(2)按显示方式分类:A 型显示和超声成像显示(可细分为 B、C、D、S、P 型显示等)。

(3)按波型分类:纵波法、横波法、表面波法、板波法、爬波法等。

(4)按探头数目分类:单探头法、双探头法、多探头法。

(5)按探头与工件的接触方式分类:接触法、液浸法、电磁耦合法。

(6)按人工干预的程度分类:手工检测、自动检测。

每一个具体的超声检测方法都是上述不同分类方式的一种组合,如最常用的单探头横波脉冲反射接触法(A 型显示)。每一种检测方法都有其特点和局限性,针对每个检测对象所采用的不同的检测方法,是根据检测目的及被检工件的形状、尺寸、材质等特征来进行选择的。

这里我们主要讨论 A 型脉冲反射法。

第一节　超声检测方法概述

主要介绍脉冲反射法、纵波法、横波法。

一、脉冲反射法

超声波探头发射脉冲波到被检工件内,通过观察来自内部缺陷或工件底面反射波的情况来对工件进行检测的方法,称为脉冲反射法。

脉冲反射法检测缺陷的方法包括缺陷回波法、底波高度法和多次底波法。

1. 缺陷回波法

根据仪器示波屏上显示的缺陷波形进行判断的方法,称为缺陷回波法。该方法以回波传播时间对缺陷定位,以回波幅度对缺陷定量,是脉冲反射法的基本方法。图 14-1 所示为缺陷回波检测法基本原理,当工件完好时,超声波可顺利传播到达底面,仪器屏幕中只有发射脉冲 T 及底面回波 B 两个信号。若工件中存在缺陷,则在检测图形中,底面回波前有表示缺陷的回波 F。

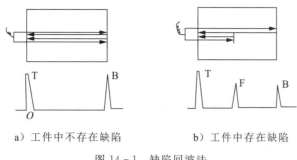

a）工件中不存在缺陷   b）工件中存在缺陷

图 14-1 缺陷回波法

2. 底波高度法

当工件的材质和厚度不变时,底面回波高度应是基本不变的。如果工件内存在缺陷,底面回波高度会下降甚至消失,如图 14-2 所示。这种依据底面回波的高度变化判断工件缺陷情况的检测方法,称为底波高度法。

底波高度法的特点在于同样投影大小的缺陷可以得到同样的指示,而且不出现盲区,但是要求被检工件的检测面与底面平行,耦合条件一致。该方法检出缺陷定位定量不便,灵敏度较低,因此,实际应用中很少作为一种独立的检测方法,而是经常作为一种辅助手段,配合缺陷回波法发现某些倾斜的、小而密集的缺陷。锻件采用直探头纵波检测法时常使用底波高度法,如检测由缺陷引起的底波降低量。

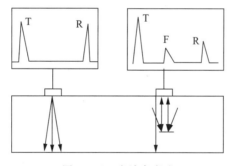

图 14-2 底波高度法

3. 多次底波法

当透入工件的超声波能量较大,而工件厚度较小时,超声波可在检测面与底面之间往复传播多次,示波屏上出现多次底波 B_1、B_2、B_3…。如果工件存在缺陷,则由于缺陷的反射以及散射而增加了声能的损耗,底面回波次数减少,同时也打乱了各次底面回波高度依次衰减的规律,并显示出缺陷回波,如图 14-3 所示。这种依据多次底面回波的变化判断工件有无缺陷的方法,称为多次底波法。

　　多次底波法主要用于厚度不大、形状简单、检测面与底面平行的工件检测,缺陷检出的灵敏度低于缺陷回波法。

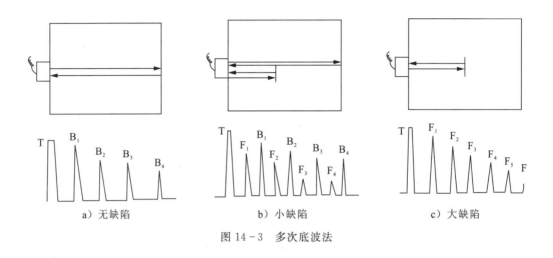

a) 无缺陷　　　　　　　　　b) 小缺陷　　　　　　　　　c) 大缺陷

图 14-3　多次底波法

二、纵波法和横波法

　　脉冲反射法按照波型可分为纵波法和横波法。

(一)纵波法

　　使用纵波进行检测的方法,称为纵波法。在同一介质中传播时,纵波速度大于其他波型的速度,穿透能力强,对晶界反射或散射的敏感性不高,所以可检测工件的厚度是所有波型中最大的,而且可用于粗晶材料的检测。

1. 纵波直探头法

　　使用纵波直探头进行检测的方法,称为纵波直探头法。波束垂直入射至工件检测面,以不变的波型和方向透入工件,所以又称垂直入射法,简称垂直法,如图 14-4 所示。垂直法分为单晶直探头脉冲反射法、双晶直探头脉冲反射法和穿透法。

　　最常用的是单、双晶直探头脉冲反射法。对于单直探头,由于远场区接近按简化模型进行理论推导的结果,可用当量法对缺陷进行评定;同时由于盲区和分辨力的限制,只能发现工件内部离检测面一定距离以外的缺陷。双晶直探头利用两个晶片一发一收,很大程度上克服了单直探头盲区的影响,因此适合检测近表面缺陷和薄壁工件。垂直法主要用于铸造、锻件、轧材及其制品的检测,该法对于与检测面平行的缺陷检出效果最佳。垂直法检测时,波型和传播方向不变,所以缺陷定位较方便。

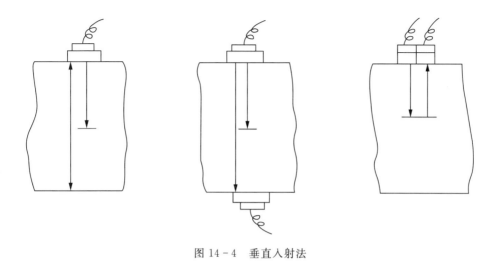

图 14-4　垂直入射法

2. 纵波斜探头法

将纵波倾斜入射至工件检测面,利用折射纵波进行检测的方法,称为纵波斜探头法。此时,入射角小于第一临界角 α_1,工件中既有纵波也有横波,由于纵波传播速度快,几乎是横波的两倍,因此可利用纵波来识别缺陷和定量,但注意不要与横波信号混淆。

一般来说,小角度纵波斜探头常用来检测探头移动范围较小、检测范围较深的一些部件,如从螺栓端部检测螺栓,多层包扎设备的环焊缝等。

对于粗晶材料,如奥氏体不锈钢焊接接头的检测,也常采用纵波斜探头法检测。在 TOFD 检测技术中,使用的探头一般也为纵波斜探头。

(二)横波法

将纵波倾斜入射至工件检测面,利用波型转换得到横波进行检测的方法,称为横波法。由于入射声束与检测面成一定夹角,所以又称斜射法。

斜射声束的产生通常有两种方式,一种是接触法时采用斜探头,由晶片发出的纵波通过一定倾角的斜楔到达接触面,在界面处发生波型转换,在工件中产生折射后的斜射横波声束;另一种是利用水浸直探头,在水中改变声束入射到检测面时的入射角,从而在工件中产生所需波型和角度的折射波。图 14-5 所示的是斜射声束横波接触法平板检测的情况,图 14-6 所示的是斜射声束横波水浸法管材检验的情况。

横波法主要用于焊接接头和管材的检测,是目前特种设备行业中应用最多的一种方法。检测其他工件时,横波法则作为一种有效的辅助手段,用以发现与检测面有一定倾角的缺陷。

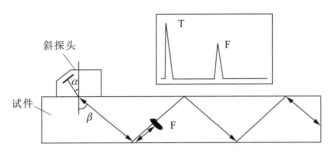

图 14-5　斜射声束横波接触法平板检测

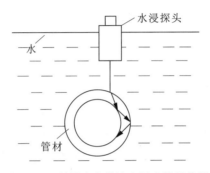

图 14-6　斜射声束横波水浸法管材检测

第二节　仪器和探头的选择

正确选择仪器和探头对于有效地发现缺陷,并对缺陷定位、定量和定性是至关重要的。实际检测中要根据工件结构形状、加工工艺和技术要求来选择仪器与探头。

一、仪器的选择

目前国内外检测仪种类繁多,性能各异,检测前应根据检测要求和现场条件来选择检测仪器。一般根据以下情况来选择仪器。

(1)对于定位要求高的情况,应选择水平线性误差小的仪器。

(2)对于定量要求高的情况,应选择垂直线性好、衰减器精度高的仪器。

(3)对于大型零件的检测,应选择灵敏度余量高、信噪比高、功率大的仪器。

(4)为了有效地发现近表面缺陷和区分相邻缺陷,应选择盲区小、分辨力好的仪器。

(5)对于室外现场检测,应选择质量轻、荧光屏亮度好、抗干扰能力强的携带式仪器。

此外要求选择性能稳定、重复性好和可靠性好的仪器。

二、探头的选择

超声检测中,超声波的发射和接收都是通过探头来实现的。探头的种类很多,结构型式也不一样。检测前应根据被检对象的形状、声学特点和技术要求来选择探头。探头的选择包括探头的型式、频率、带宽、晶片尺寸和横波斜探头 K 值的选择等。

1. 探头型式的选择

常用的探头型式有纵波直探头、横波斜探头、纵波斜探头、双晶探头、聚焦探头等。一般根据工件的形状和可能出现缺陷的部位、方向等条件来选择探头的型式,使声束轴线尽量与缺陷垂直。

纵波直探头波束轴线垂直于检测面,主要用于检测与检测面平行或近似平行的缺陷,如锻件、钢板中的夹层、折叠等缺陷。

横波斜探头是通过波型转换来实现横波检测的。横波波长短,检测灵敏度高,主要用于检测与检测面垂直或成一定角度的缺陷,如焊缝中的未焊透、夹渣、裂纹、未熔合等缺陷。

纵波斜探头主要是利用小角度的纵波进行检测,或在横波衰减过大的情况下,利用纵波穿透能力强的特点进行斜入射纵波检测。此时工件中既有纵波也有横波,使用时需注意横波干扰,可利用纵波和横波的速度不同加以识别。

双晶探头用于检测薄壁工件或近表面缺陷。

水浸聚焦探头可用于检测管材或板材;接触聚焦探头可有效提高信噪比,但检测范围较小,可用于已发现缺陷的精确定量等目的。

2. 探头频率的选择

超声波检测频率一般在 $0.5 \sim 10$ MHz 之间,选择范围大。在选择频率时应注意以下几点。

(1)由于波的绕射,使超声波检测灵敏度约为 $\lambda/2$,因此提高频率,有利于发现更小的缺陷。

(2)频率越高,脉冲宽度越小,分辨力也就越高,有利于区分相邻缺陷且缺陷定位精度高。

(3)频率越高,波长越短,半扩散角就越小,声束指向性也就越好,能量集中,发现小缺陷的能力也就越强,但是相对的检测区域也就越小,仅能发现声束轴线附近的缺陷。

(4)频率越高,近场区长度越大,对检测越不利。

(5)频率越高,衰减越大。对于金属材料,若频率过高或晶粒粗大时,衰减很显著,此时由于晶界的散射还会出现草状回波,信噪比下降,从而导致缺陷检出困难。

(6)对于面积状缺陷,如果频率太高则会形成显著的反射指向性,如果超声波不是近于垂直入射到面状缺陷表面上,在检测方向可能不会产生足够大的回波,检出率将会降低。

由以上分析可知,频率的高低对检测有较大的影响。实际检测中要全面分析考虑各方面的因素,合理选择频率以取得最佳平衡。

一般而言,频率的选择可这样考虑:对于小缺陷、厚度不大的工件,宜选较高频率;对于大厚度工件、高衰减材料,应选择较低频率。例如对于晶粒较细的锻件、轧制件和焊接件等,一般选用较高的频率,常用 2.5～10.0 MHz。对晶粒较粗大的铸件、奥氏体钢等宜选用较低的频率,常用 0.5～2.5 MHz。

3. 探头带宽的选择

探头发射的超声脉冲频率都不是单一的,而是有一定带宽的。宽带探头对应的脉冲宽度较小,深度分辨力好,盲区小,但由于探头使用的阻尼较大,通常灵敏度较低;窄带探头则脉冲较宽,深度分辨力变差,盲区大,但灵敏度较高,穿透能力强。

研究表明,宽带探头由于脉冲短,在材料内部散射噪声较高的情况下,具有比窄带探头信噪比好的优点。例如对晶粒较粗大的铸件、奥氏体钢等宜选用宽带探头。

4. 探头晶片尺寸的选择

探头晶片面积一般不大于 500 mm^2,圆晶片直径一般不大于 $\Phi25$ mm,晶片大小对检测也有一定的影响,选择晶片尺寸时要考虑以下因素。

(1)晶片尺寸越大,半扩散角将越小,波束指向性将越好,超声波能量就会越集中,这对声束轴线附近的缺陷检出十分有利。

(2)随着晶片尺寸的增大,近场区长度也将迅速增大,这对检测不利。

(3)晶片尺寸越大,辐射的超声波能量也就越大,探头未扩散区扫查范围也将变大,而远距离扫查范围相对就会变小,发现远距离缺陷的能力就会增强。

以上分析说明晶片大小对声束指向性、近场区长度、近距离扫查范围和远距离缺陷检出能力有较大影响。实际检测中,在检测面积范围大的工件时,为了提高检测效率宜选用大晶片探头。在检测厚度大的工件时,为了有效地发现远距离的缺陷宜选用大晶片探头。在检测小型工件时,为了提高缺陷定位、定量精度宜选用小晶片探头。在检测表面不太平整或曲率较大的工件时,为了减少耦合损失宜选用小晶片探头。

5. 横波斜探头 K 值的选择

在横波检测中,探头的 K 值对缺陷检出率、检测灵敏度、声束轴线的方向、一次波的声程(入射点至底面反射点的距离)有较大的影响。由 $K=\tan\beta_S$,可知,K 值越大,β_S 也越大,一次波的声程也就越大。

因此在实际检测中,当工件厚度较小时,应选用较大的 K 值,以便增加一次波的声程,避免近场区检测。当工件厚度较大时,应选用较小的 K 值,以减少声程过大引起的衰减,便于发现深度较大处的缺陷。

在焊缝检测中,K 值的选择既要考虑到可能产生的缺陷与检测面形成的角度,还要保证主声束能扫查整个焊缝截面。为了检测单面焊根部是否焊透,还应考虑端角反射问题,使 $K=0.7～1.5$,因为 $K<0.7$ 或 $K>1.5$,端角反射率很低,容易引起漏检。

第三节　耦　合

一、耦合剂的作用、要求、种类及应用

超声耦合是指超声波在探测面上的声强透射率。声强透射率高,超声耦合好。

（一）耦合剂的作用

为改善探头与工件间声能的传递,而加在探头和检测面之间的液体薄层称为耦合剂。当探头和工件之间有一层空气时,超声波的反射率几乎为 100%,即使很薄的一层空气也可以阻止超声波传入工件。因此,排除探头和工件之间的空气非常重要。耦合剂可以填充探头与工件间的空气间隙,使超声波能够传入工件,所以耦合剂的作用在于排除探头与工件表面之间的空气,使超声波能有效地传入工件,达到检测的目的。

除此之外,耦合剂还有润滑作用,可以减小探头和工件之间的摩擦,防止工件表面磨损探头,并使探头便于移动。

（二）耦合剂的要求

一般耦合剂应满足以下要求。
(1)能润湿工件和探头表面,流动性、黏度和附着力适当,不难清洗。
(2)声阻抗高,透声性能好。
(3)来源广,价格便宜。
(4)对工件无腐蚀,对人体无害,不污染环境。
(5)性能稳定,不易变质,能长期保存。

（三）常用耦合剂种类及应用

常用耦合剂有水、甘油、机油、变压器油、化学糨糊。

甘油的声阻抗高,耦合性能好,常用于一些重要工件的精确检测,但价格较贵,对工件有腐蚀作用。

水玻璃的声阻抗较高,常用于表面粗糙的工件检测,但清洗不太方便,且对工件有腐蚀作用。

水的来源广,价格低,常用于水浸检测,但容易流失且易使工件生锈,有时不易润湿工件。

机油和变压器油黏度、流动性、附着力适当,对工件无腐蚀作用,价格也不贵,因此是目前在实验室里使用最多的耦合剂。

化学糨糊也常用来作耦合剂,耦合效果比较好,其成本低、使用方便,故常用于现场

检测。

二、影响声耦合的主要因素

影响声耦合的主要因素有耦合层的厚度、耦合剂的声阻抗、工件表面粗糙度、工件表面形状。

1. 耦合层厚度的影响

耦合层厚度对耦合有较大的影响。当耦合层厚度为 $\lambda/4$ 的奇数倍时，透声效果差，耦合不好，反射回波低。当耦合层厚度为 $\lambda/2$ 的整数倍或很薄时，透声效果好，反射回波高。

2. 耦合剂声阻抗的影响

耦合剂的声阻抗对耦合效果也有较大的影响。对于同一检测面，耦合剂声阻抗越大，耦合效果越好，反射回波也就越高。例如表面粗糙度 $R_z = 100\ \mu m$ 时，$Z = 2.43$ 的甘油耦合回波比 $Z = 1.5$ 的水耦合回波高 $6\sim7$ dB。

3. 工件表面粗糙度的影响

工件表面粗糙度对声耦合有明显的影响。对于同一耦合剂，表面粗糙度大，耦合效果差，反射回波低。声阻抗低的耦合剂，随粗糙度的变大，耦合效果会降低得更快。但若粗糙度太小，即表面很光滑时，耦合效果将不会有明显增加，而且会使探头因吸附力大而移动困难。

一般要求工件的检测面的粗糙度不高于 $6.3\ \mu m$。

4. 工件表面形状的影响

若工件表面形状不同，耦合效果也不一样，其中平面耦合效果最好，凸曲面次之，凹曲面最差。因为常用探头表面为平面，与凸曲面接触为点接触或线接触，耦合效果变差。但是凹曲面，由于探头中心不接触，因此耦合效果很差。不同曲率半径的工件表面的耦合效果也不相同，曲率半径越大，耦合效果越好。

第四节　检测仪器的调节

检测开始之前，应当对仪器进行调节。

一、纵波直探头检测仪器调节

纵波直探头检测仪器调节主要是对仪器进行扫描速度调整和检测灵敏度调整，以保证在确定的检测范围内发现规定尺寸的缺陷,并确定缺陷的位置和大小。

扫描速度调整用于仪器检测范围和缺陷定位,检测灵敏度调整用于发现规定尺寸的缺陷和缺陷定量。

(一)时基线(扫描速度)调整

调整的目的:一是使时基线显示的范围足以包含需检测的深度范围;二是使时基线刻度与在材料中声传播的距离成一定比例,以便准确测定缺陷的深度位置。

调整的内容:一是调整仪器示波屏上时基线的水平刻度值 τ 与实际声程 x(单程)的比例关系,即 $\tau : x = 1 : n$,该比例称为扫描速度或时基扫描线比例。它类似于地图比例尺,如扫描速度 1:2 表示仪器示波屏上水平刻度 1 mm 表示实际声程 2 mm。通常扫描速度的调整是根据所需扫描声程范围确定的。二是扫描速度确定后,还需采用延迟旋钮,将声程零位设置在所选定的水平刻度线上,称为零位调节。通常接触法中,声程零位放在时基线的零点,时基线的读数直接对应反射回波的深度。

调节的一般方法是根据检测范围,利用已知尺寸的试块或工件上的两次不同反射波,通过调节仪器上的扫描范围和延迟旋钮,使两个信号的前沿分别位于相应的水平刻度值处。不能利用始波和一个反射波来调节,因为始波与反射波之间的时间包括超声波通过保护膜、耦合剂的时间,始波起始点不等于工件中的距离零点,这样扫描速度误差大。

用来调节仪器的两个已知声程的信号可以是同材料的试块中的人工反射体信号,也可是工件本身已知厚度的平行面的反射信号。需注意的是,调节扫描速度用的试块应与被检工件具有相同的声速,否则调定的比例与实际不符。

例:检测厚度为 400 mm 的低碳钢锻件,如何使用 CSK-ⅠA 试块调节扫描速度?

检测仪示波屏满刻度为 100 格,扫描速度可考虑调节为 1:4。可将探头对准试块上厚度为 100 mm 的底面,重复调节仪器上深度微调旋钮和延迟旋钮使底波 B_2、B_4 分别对准仪器屏幕的水平刻度 50、100,这时扫描线水平刻度值与实际声程的比例正好为 1:4,同时实现了声程零位和时基线零位的重合。

(二)检测灵敏度的调整

检测灵敏度是指在确定的声程范围内发现规定大小缺陷的能力。一般根据产品技术要求或有关标准确定,可通过调节仪器上的增益、衰减器、发射强度等灵敏度旋钮来实现。

调整检测灵敏度的目的在于发现工件中规定大小的缺陷,并对缺陷定量。检测灵敏度太高或太低都对检测不利。灵敏度太高,示波屏上杂波多,缺陷判断困难。灵敏度太低容易发生漏检。

调整检测灵敏度的常用方法有试块调整法和工件底波调整法两种。

1. 试块调整法

对于工件厚度 $x < 3N$ 或不能获得底波时,采用试块调整法较为适宜,因为 $x < 3N$ 时不符合计算法的适用条件,而且幅度随距离的变化不是单调的,如部分钢板检测、锻件检测等。

　　根据工件的厚度和对灵敏度的要求选择相应的试块,将探头对准试块上的人工反射体,调整仪器上的有关灵敏度旋钮,使示波屏上人工反射体的最高反射回波达到基准高度。同时,在采用试块调整法时必须考虑一个问题:试块的表面状态和材质衰减等是否与被检工件相近,在选取试块之后,必须考虑因两者的差异引起的反射波高差异值,并对灵敏度进行补偿。两者的差异称为传输修正值。

　　例1:超声检测厚100 mm(>45 mm)的锻件,检测灵敏度要求是不允许存在Φ2 mm平底孔当量大小的缺陷。假定传输修正值为3 dB,如何调节灵敏度?

　　检测灵敏度的调整方法是:选用CS-2对比试块,依次测试一组不同检测距离的Φ2 mm平底孔(至少3个)。制作单晶直探头的距离-波幅曲线,并以此作为基准灵敏度曲线。当被检部位的厚度大于或等于探头的3倍近场区长度,且检测面与底面平行时,也可以采用底波计算法确定基准灵敏度。完成上述调整后,再用衰减(或增益)旋钮将幅度显示提高3 dB,以进行传输修正。

CS-2试块

　　例2:超声检测厚40 mm(<45 mm)的锻件,检测灵敏度要求是不允许存在Φ2 mm平底孔当量大小的缺陷。假定传输修正值为3 dB,如何调节灵敏度?

　　检测灵敏度的调整方法是:使用CS-3试块,依次测试一组不同检测距离的Φ2 mm平底孔(至少3个)。制作双晶直探头的距离-波幅曲线,并以此作为基准灵敏度曲线。完成上述调整后,再用衰减(或增益)旋钮将幅度显示提高3 dB,以进行传输修正。

2. 工件底波调整法

　　利用试块调整灵敏度,操作简单方便,但需要加工不同声程、不同当量尺寸的试块,成本高,携带不便。同时还要考虑工件与试块因耦合和衰减不同进行补偿。如果利用工件底波来调整检测灵敏度,那么既不要加工任何试块,又不需要进行传输修正。工件底波调整法只能用于厚度 $x \geqslant 3N$ 的工件,同时要求工件具有平行底面或圆柱曲底面,且底面光洁干净,如锻件检测。当底面粗糙或有水、油时,底面反射率将降低,底波下降,这样调整的灵敏度将偏高。

　　利用工件底波调整检测灵敏度是根据工件底面回波与同深度的人工缺陷(如平底孔)回波分贝差为定值的原理进行的,这个定值可以由下述理论公式计算出来。

$$\Delta = 20\lg\frac{P_B}{P_f} = 20\lg\frac{2\lambda x}{\pi D_f^2} \quad (x \geqslant 3N) \tag{14-1}$$

式中:x——工件厚度,mm;

　　　D_f——要求探出的最小平底孔尺寸,mm。

　　利用底波调整灵敏度时,将探头对准工件底面,仪器保留足够的衰减余量,一般大于 $\Delta+(6\sim10)$ dB(考虑扫查灵敏度),将抑制旋钮调整至"0"。调增益旋钮使底波 B_1 最高达到基准高度(如80%),然后用衰减器增益 Δ dB(即衰减余量减小 Δ dB)。

　　例:用2.5P20Z(2.5 MHz,Φ20 mm直探头)检测厚度 $x=400$ mm的饼形钢制工件,钢中 $c_L=5900$ m/s,检测灵敏度为400 mm/Φ2 mm平底孔(在400 mm处发现Φ2 mm平底

孔缺陷),如何利用工件底波调整灵敏度?

(1)计算:利用理论计算公式算出 400 mm 处大平底与 $\Phi 2$ mm 平底孔回波的分贝差 Δ 为

$$\Delta = 20\lg \frac{P_B}{P_f} = 20\lg \frac{2\lambda x}{\pi D_f^2}$$

$$= 20\lg \frac{2 \times 2.36 \times 400}{3.14 \times 2^2} \text{ dB} = 43.5 \text{ dB} \approx 44 \text{ dB}$$

(2)调整:将探头对准工件大平底面,调节衰减(或增益)旋钮使底波 B_1 达 80%;然后调节衰减(或增益)旋钮使幅度显示提高 44 dB,这时 $\Phi 2$ mm 灵敏度就调好了,也就是说这时 400 mm 处的 $\Phi 2$ mm 平底孔回波正好达基准高。如果为了粗探时便于发现缺陷,可调节衰减(或增益)旋钮使衰减量再减小 6 dB 作为扫查灵敏度(扫查灵敏度提高了 6 dB)。但当发现缺陷以后对缺陷定时,衰减器应调回 6 dB。

二、横波斜探头检测仪器调节

(一)探头入射点和折射角的测定

由于有机玻璃楔块容易磨损,所以在每次检测前应进行入射点和折射角的测定。

(二)扫描速度的调节

如图 14-7 所示,横波检测时,缺陷位置可由折射角 β 和声程 x 来确定,也可由缺陷的水平距离 l 和深度 d 来确定。

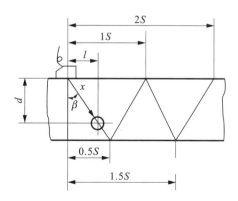

图 14-7　横波检测缺陷位置的确定

一般横波扫描速度的调节方法有三种:声程调节法、水平调节法和深度调节法。

1. 声程调节法

声程调节法是使示波屏上的水平刻度值 τ 与横波声程 x 成比例,即 $\tau:x=1:n$。这时仪器示波屏上直接显示横波声程。按声程调节横波扫描速度可在ⅡW、CSK‐ⅠA、ⅡW2、半圆试块以及其他试块或工件上进行。

1)利用ⅡW试块或CSK‐ⅠA试块调节

ⅡW试块 $R100$ mm圆心处未切槽,因此横波不能在 $R100$ mm圆弧面上形成多次反射,这样也就不能直接利用 $R100$ mm来调节横波扫描速度。但ⅡW试块上有91 mm尺寸,钢中纵波声程91 mm的时间相当于横波声程50 mm的时间。因此利用91 mm可以调节横波扫描速度。

以横波1:1为例进行说明。如图14‐8所示,先将直探头对准91 mm底面,调节仪器使底波 B_1、B_2 分别对准水平刻度50、100,这时扫描线与横波声程的比例正好为1:1。然后换上横波探头,并使探头入射点对准 $R100$ mm圆心,调脉冲移位使 $R100$ mm圆弧面回波 B_1 对准水平刻度100,这时零位才算校准。即这时水平刻度"0"对应于斜探头的入射点,始波的前沿位于"0"的左侧。

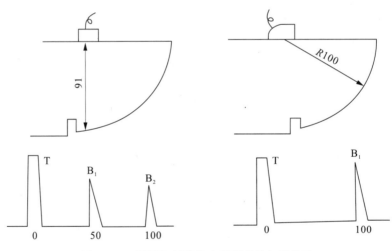

图14‐8　用ⅡW试块按声程调整波扫描速度

利用ⅡW试块调节方法比较麻烦,针对这一情况,我国的CSK‐ⅠA试块在 $R100$ 圆弧处增加了一个 $R50$ 的同心圆弧面,这样就可以将横波探头直接对准 $R50$ 和 $R100$ 圆弧面,使回波 B_1（$R50$）对50,B_2（$R100$）对100,于是横波扫描速度1:1和"0"点同时调好校准。

2)利用ⅡW2和半圆试块调节

当利用ⅡW2和半圆试块调横波扫描速度时,要注意它们的反射特点。探头对准ⅡW2试块 $R25$ 圆弧面时,各反射波的间距为25 mm、75 mm、75 mm……。对准 $R50$ 圆弧面时,各反射波间距为50 mm、75 mm、75 mm……。探头对准 $R50$ 半圆试块(中心为切槽)的圆弧面时,各反射波的间距离为50 mm、100 mm、100 mm……。

下面说明横波1:1扫描速度的调整方法。利用ⅡW2试块调整:探头对准 $R25$ 圆弧面,调节仪器使 B_1、B_2 分别对准水平刻度 25、100 即可,如图 14-9a)所示。

利用 $R50$ 半圆试块调:探头对准 $R50$ 圆弧面,调节仪器使 B_1、B_2 分别对准水平刻度 0、100,然后调"脉冲移位"使 B_1 对准 50 即可,如图 14-9b)所示。

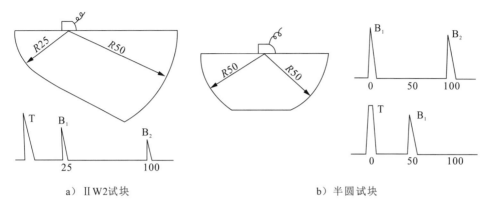

a) ⅡW2试块　　　　　　　　b) 半圆试块

图 14-9　用 ⅡW2 和半圆试块按声程调扫描速度

2. 水平调节法

水平调节法是使示波屏上水平刻度值 τ 与反射体的水平距离 l 成比例,即 $\tau : l = 1 : n$。这时示波屏水平刻度值直接显示反射体的水平投影距离(简称水平距离)。这种方法多用于薄板工件焊缝横波检测。

按水平距离调节横波扫描速度可在 CSK-ⅠA 试块、半圆试块、横孔试块上进行。

1)利用 CSK-ⅠA 试块调节

先计算 B_1、B_2 对应的水平距离 l_1、l_2。

$$\begin{cases} l_1 = \dfrac{50K}{\sqrt{1+K^2}} \\ l_2 = \dfrac{100K}{\sqrt{1+K^2}} = 2l_1 \end{cases} \qquad (14-2)$$

式中:K——斜探头的 K 值(实测值)。

然后将探头对准 $R50$、$R100$,调节仪器使 B_1、B_2 分别对准水平刻度 l_1、l_2。当 $K=1.0$ 时,$l_1=35\ \text{mm}$,$l_2=70\ \text{mm}$,若使 B_1、B_2 分别对准 35、70,则水平距离扫描速度为 1:1。

2)利用 $R50$ 半圆试块调节

先计算 B_1、B_2 对应的水平距离 l_1、l_2。

$$\begin{cases} l_1 = \dfrac{50K}{\sqrt{1+K^2}} \\ l_2 = \dfrac{150K}{\sqrt{1+K^2}} = 3l_1 \end{cases} \qquad (14-3)$$

然后将探头对准 $R50$ 圆弧,调节仪器使 B_1、B_2 分别对准水平刻度值 l_1、l_2。当 $K=1.0$

时，$l_1 = 35$ mm，$l_2 = 105$ mm。先使 B_1、B_2 分别对准 0、70，再调"脉冲移位"使 B_1 对准 35，则水平距离扫描速度为 1∶1。

3. 深度调节法

深度调节法是使示波屏上的水平刻度值 τ 与反射体深度 d 成比例，即 $\tau : d = 1 : n$。这时示波屏水平刻度值直接显示深度距离。这种方法常用于较厚工件焊缝的横波检测。

按深度调节横波扫描速度可在 CSK-ⅠA 试块、半圆试块等试块上调节。

1）利用 CSK-ⅠA 试块调节

先计算 $R50$ mm、$R100$ mm 圆弧反射波 B_1、B_2 对应的深 d_1、d_2。

$$\begin{cases} d_1 = \dfrac{50}{\sqrt{1+K^2}} \\ d_2 = \dfrac{100}{\sqrt{1+K^2}} = 2d_1 \end{cases} \tag{14-4}$$

然后调节仪器使 B_1、B_2 分别对准水平刻度值 d_1、d_2。当 $K = 2.0$ 时，$d_1 = 22.4$ mm、$d_2 = 44.8$ mm，调节仪器使 B_1、B_2 分别对准水平刻度 22.4、44.8，则深度 1∶1 就调好了。

2）利用 $R50$ 半圆试块调节

先计算半圆试块 B_1、B_2 对应的深度 d_1、d_2。

$$\begin{cases} d_1 = \dfrac{50}{\sqrt{1+K^2}} \\ d_2 = \dfrac{150}{\sqrt{1+K^2}} = 3d_1 \end{cases} \tag{14-5}$$

然后调节仪器使 B_1、B_2 分别对准水平刻度值 d_1、d_2 即可。当 $K = 1.0$ 时，$d_1 = 35$ mm，$d_2 = 105$ mm。先使 B_1、B_2 分别对准 0、70，再调"脉冲移位"使 B_1 对准 35，则这时深度 1∶1 调好。

（三）距离-波幅曲线的制作和灵敏度调节

描述某一确定反射体回波高度随距离变化的关系曲线称为距离-波幅曲线。横波距离-波幅曲线是相同大小的反射体随距探头距离的变化其反射波高的变化曲线。需采用检测用的特定探头，在含不同深度人工反射体的试块上实测（如 CSK-ⅡA 试块）横波距离-波幅曲线。根据时基线调节的三种方法，距离-波幅曲线也可按声程、水平距离和深度绘制。

1. 距离-波幅曲线的绘制

距离-波幅曲线有两种形式，一种是用 dB 值表示的波幅作为纵坐标，距离为横坐标，称为距离-dB 曲线；另一种是以 mm（或%）表示的波幅作为纵坐标，距离为横坐标，实际检测中将其绘在示波屏面板上，称为面板曲线。下面以板厚 $T = 30$ mm 为例。

（1）测定探头的入射点和 K 值，并根据板厚按水平或深度调节扫描速度，一般为 1∶1，这里按深度 1∶1 调节。

（2）将探头置于 CSK-ⅡA-1 试块上，调节增益旋钮使深度为 10 mm 的 $\Phi2$ mm×40 mm 横孔的最高回波达 80% 基准高，锁住增益旋钮。然后分别检测不同深度的 $\Phi2$ mm×40 mm 孔，增益旋钮不动，用衰减器将各孔的最高回波调至 80% 高，记下相应的 dB 值和孔深。根据 NB/T 47013.3 规定，将板厚 $T=30$ mm 对应的定量线、判废线和评定线的 dB 值一同记下（实际检测中，只要测到 60 mm 深的横孔即可）。

（3）以距离为横坐标，以波幅为纵坐标，在坐标纸上描点绘出定量线、判废线和评定线，标出Ⅰ区、Ⅱ区和Ⅲ区，并注明所用探头的频率、晶片和 K 值，如图 14-10 所示。

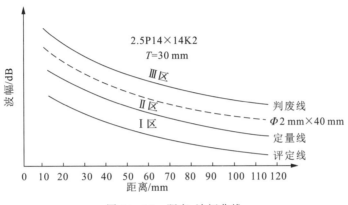

图 14-10　距离-波幅曲线

（4）用深度不同的两孔校验距离-波幅曲线，若不相符，应重测。

2. 灵敏度调节

NB/T 47013.3—2015 标准要求焊缝检测灵敏度不低于评定线。这里 $T=30$ mm，评定线为 $\Phi2$ mm×40 mm-18 dB，二次波检测最大深度为 60 mm。

复习题（单项选择题）

1. 通过观察来自内部缺陷或工件底面反射波的情况来对工件进行检测的方法称为（　　）。
A. 脉冲反射法　　　　　　　　　　　　B. 衍射时差法（TOFD）
C. 穿透法　　　　　　　　　　　　　　D. 共振法

2. 脉冲反射法检测缺陷时，可以采用以下哪种方法？（　　）
A. 缺陷回波法　　　B. 底波高度法　　　C. 多次底波法　　　D. 以上均可

3. 根据仪器示波屏上显示的缺陷波形进行判断的方法，称为（　　）。
A. 缺陷回波法　　　B. 底波高度法　　　C. 多次底波法　　　D. 以上均不对

4. 依据底面回波的高度变化判断工件缺陷情况的检测方法，称为（　　）。
A. 缺陷回波法　　　B. 底波高度法　　　C. 多次底波法　　　D. 以上均不对

5. 依据多次底面回波的变化，判断工件有无缺陷的方法，称为（　　）。
A. 缺陷回波法　　　B. 底波高度法　　　C. 多次底波法　　　D. 以上均不对

6. 在同一介质中,哪种波形传播速度最快?(　　　)

A. 纵波　　　　　　　B. 横波　　　　　　　C. 表面波　　　　　D. 板波

7. 焊接接头的检测,最常用哪种方法?(　　　)

A. 纵波直探头法　　　B. 纵波斜探头法　　　C. 横波直探头法　　D. 横波斜探头法

8. 耦合剂的作用是(　　　)。

A. 填充探头与工件间的空隙,使超声波能传入工件

B. 改善探头与工件间的声能传递

C. 减小探头与工件间的摩擦

D. 以上均对

9. 当耦合层厚度为(　　　)的奇数倍时,透声效果差,耦合不好,反射回波低。

A. λ　　　　　　　　B. $\lambda/4$　　　　　　　C. $\lambda/2$　　　　　　D. $\lambda/8$

10. 当耦合层厚度为(　　　)的整数倍或很薄时,透声效果好,反射回波高。

A. λ　　　　　　　　B. $\lambda/4$　　　　　　　C. $\lambda/2$　　　　　　D. $\lambda/8$

11. 对于同一耦合剂,工件表面粗糙度对耦合有什么影响?(　　　)

A. 表面粗糙度大,耦合效果差,反射回波低

B. 表面粗糙度大,耦合效果好,反射回波高

C. 检测时表面粗糙度越小越好

D. 检测时表面粗糙度越大越好

12. 其他条件一定的情况下,下面哪种工件表面形状耦合效果最好?(　　　)

A. 凸面　　　　　　　　　　　　　B. 凹面

C. 平面　　　　　　　　　　　　　D. 表面形状对耦合影响不大

答案:

1—5:ADABC　　　　　　6—10:ADDBC　　　　　　11—12:AC

第十五章 典型工件的超声波检测

第一节 钢板超声检测

钢板是制造锅炉、压力容器、压力管道等特种设备的主要原材料,为保障其安全运行,经常要求进行超声检测。

一、检测方法

中厚板一般采用脉冲反射式垂直入射法检测,耦合方式有直接接触法和水浸法。采用的探头有聚焦或非聚焦的单晶直探头、双晶直探头。本节主要介绍直接接触法。

采用单晶直探头检测,在调节检测仪扫描线时,一般采用多次底波反射法,即在示波屏上显示多次反射底波。这样不仅可以根据缺陷波来判定缺陷情况,而且可根据底波衰减情况来判定缺陷情况。只有当板厚很大时才采用一次底波或二次底波法。一次底波法示波屏上只出现钢板界面回波与一次底波,只考虑界面回波与底波 B_1 之间的缺陷波。

直接接触法是探头通过薄层耦合剂与工件接触进行检测。当探头位于完好区时,示波屏上显示多次等距离的底波、无缺陷波,如图 15-1a)所示。当板中缺陷较小时,示波屏上缺陷波与底波共存,底波有所下降,如图 15-1b)所示。当板中缺陷较大时,示波屏上出现缺陷的多次反射波,底波明显下降或消失,如图 15-1c)所示。

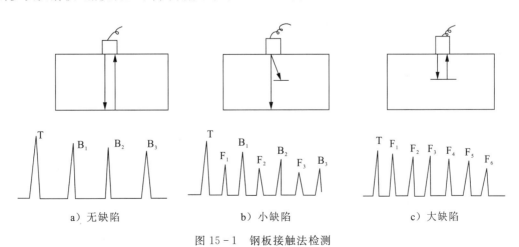

a)无缺陷   b)小缺陷   c)大缺陷

图 15-1 钢板接触法检测

在钢板检测中值得注意的是:当板厚较薄且板中缺陷较小时,各次底波之前的缺陷波开始依次逐渐升高,然后再逐渐降低。这种现象是由不同反射路径声波互相叠加造成的,因此称为叠加效应。在钢板检测中,若出现叠加效应,一般应根据 F_1 来评价缺陷。只有当板厚 $\delta < 20$ mm 时,才以 F_2 来评价缺陷,这主要是为了减小近场区的影响。

二、探头与试块的选择

1. 探头的选择

探头的选择包括探头频率、直径和结构形式的选择。

由于钢板晶粒比较细,为了获得较高的分辨力,宜选用较高的频率,一般为 $2.5 \sim 5.0$ MHz。

钢板面积大,为了提高检测效率,宜选用较大直径的探头。但对于厚度较小的钢板,探头直径不宜过大,因为大探头近场区长度大,对检测不利。一般探头直径范围为 $\Phi 10$ mm $\sim \Phi 25$ mm。

探头的结构形式主要根据板厚来确定。板厚较大时,常选用单晶直探头。板厚较薄时可选用双晶直探头,因为双晶直探头盲区很小。双晶直探头主要用于检测厚度为 $6 \sim 20$ mm 的钢板。

2. 试块的选择

板厚小于等于 20 mm 时,一般用阶梯平底试块;板厚大于 20 mm 时,一般用 $\Phi 5$ mm 平底孔试块。

三、检测范围和灵敏度的调整

1. 检测范围的调整

检测范围的调整一般根据板厚来确定。用接触法检测板厚在 30 mm 以下的钢板时,应能看到 B_{10},检测范围调至 300 mm 左右。板厚在 $30 \sim 80$ mm 时,应能看到 B_5 检测范围为 400 mm 左右。板厚大于 80 mm 时,可适当减少底波的次数,但检测范围仍要保证在 400 mm 左右。

2. 灵敏度的调整

板厚小于等于 20 mm 时,用阶梯平底试块调节,也可用被检板材无缺陷完好部位调节,此时用与工件等原部位试块或被检板材的第一次底波调整到满刻度的 50%,再提高 10 dB 作为基准灵敏度。

板厚大于 20 mm 时,按所用探头和仪器在 $\Phi 5$ mm 平底孔试块上绘制距离-波幅曲线,并以此曲线作为基准灵敏度。

如能确定板材底面回波与不同深度 $\Phi 5$ mm 平底孔反射波幅度之间的关系,则可采用板材无缺陷完好部位第一次底波来调节基准灵敏度。扫查灵敏度一般应比基准灵敏度高 6 dB。

四、扫查

1. 扫查方式

钢板检测时在板材边缘或剖口预定线与在板材中部区域的扫查方法不同。在板材边缘或剖口预定线两侧范围内作 100%扫查,板厚小于 60 mm 时,扫查宽度不小于 50 mm;板厚大于或等于 60 mm 且小于 100 mm 时,扫查宽度不小于 75 mm;板厚大于或等于 100 mm 时,扫查宽度不小于 100 mm。

板材中部区域检测时,探头沿垂直于板材压延方向、间距不大于 50 mm 平行线进行扫查,或探头沿垂直和平行板材压延方向且间距不大于 100 mm 格子线进行扫查。双晶直探头扫查时,探头和移动方向应与探头的隔声层相垂直。如图 15-2 所示。

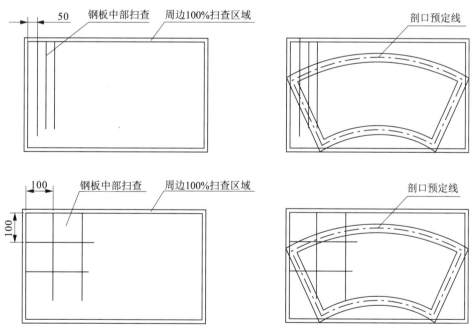

图 15-2　钢板扫查示意图

2. 扫查速度

为了防止漏检,手工检测时扫查速度应在 0.2 m/s 以内,但还要根据所使用仪器的脉冲重复频率和响应速度调整扫查速度。液晶显示屏和其他响应速度较慢的仪器,应使用较小的扫查速度。

在检测时,超声脉冲之间的间隔时间,一般至少应大于超声在材料中传播时间(脉冲在材料中往返所需时间)的 60 倍,只有这样才能避免前一个脉冲的多次回波的干扰,避免形成幻象波。但脉冲最大重复频率还应根据板厚决定。在高速扫查时,脉冲重复频率应该足够高,但脉冲之间的间隔时间至少是超声在板中传播时间的 3 倍,以便最小尺寸的缺陷信号能够显示。

五、缺陷的判别与定量

1. 缺陷的判别

在检测基准灵敏度条件下,发现下列两种情况之一即作为缺陷。

(1)缺陷第一次反射波(F_1)波幅高于距离-波幅曲线;或用双晶探头检测板厚小于 20 mm 板材时,缺陷第一次反射波(F_1)波幅大于或等于显示屏满刻度的 50%。

(2)底面第一次反射波(B_1)波幅低于显示屏满刻度的 50%。

2. 缺陷的定量

1)双晶直探头检测时缺陷的定量

(1)使用双晶直探头对缺陷进行定量时,探头的移动方向应与探头的隔声层相垂直。

(2)板材厚度小于等于 20 mm 时,移动探头使缺陷波下降到基准灵敏度条件下显示屏满刻度的 50%探头中心点即为缺陷的边界点。

(3)板材厚度在 20~60 mm 时,移动探头使缺陷波下降到距离-波幅曲线,探头中心点即为缺陷的边界点。

(4)确定底波低于 50%的缺陷的边界范围时,移动探头使底面第一次反射波上升到基准灵敏度条件下显示屏满刻度的 50%或上升到距离-波幅曲线,此时探头中心点即为缺陷的边界点。

(5)缺陷边界范围确定后用一边平行于板材压延方向矩形框包围缺陷,其长边作为缺陷的长度,矩形面积则为缺陷的指示面积。

2)单晶直探头检测时缺陷的定量

除用以上双晶探头的方法对缺陷进行定量外,还应记录缺陷的反射波幅或当量平底孔直径。

六、缺陷评定和质量分级

具体按照标准 NB/T 47013.3—2015 执行,在此不作详述。

第二节　锻件超声检测

该节主要介绍饼类、碗类锻件的直探头检测。饼类和碗类锻件的锻造工艺主要以锻粗为主,缺陷以平行于端面分布为主,所以用直探头在端面检测是检出缺陷的最佳方法。

一、检测条件选择

1. 探头的选择

对于纵波直入射法,可选用单晶直探头,其参数如公称频率和探头晶片与被检材料有关。若材料为低碳钢或低合金钢,可选用较高的检测频率,常用 2~5 MHz,探头晶片尺寸为 $\Phi14$ mm~$\Phi25$ mm;若材料为奥氏体钢,为了避免出现"草状回波",提高信噪比,可选择较低的频率和较大的探头晶片尺寸,频率常用 0.5~2 MHz,晶片尺寸为 $\Phi14$ mm~$\Phi30$ mm。对于较小的锻件或为了检出近表面缺陷,考虑到直探头的盲区和近场区的影响,还可选用双晶直探头,常用频率为 5 MHz。

2. 耦合选择

接触法时,为了实现较好的声耦合,一般要求检测面的表面粗糙度 R_a 不高于 6.3 μm,表面平整均匀,无划伤、油垢、污物、氧化皮、油漆等。当在试块上调节检测灵敏度时,要注意补偿试块与工件之间因曲率半径和表面粗糙度不同引起的耦合损失。锻件检测时,常用机油、粗糊、甘油等作耦合剂,当锻件表面较粗糙时也可选用黏度更大的水玻璃作耦合剂。

3. 纵波直入射法检测面的选择

锻件检测时,原则上应从两个相互垂直的方向进行检测,并尽可能地检测到锻件的全体积,若锻件厚度超过 400 mm 时,应从相对两端面进行 100% 的扫查。

4. 试块选择

锻件检测中,要根据探头和检测面的情况选择试块。

采用单晶直探头检测时,常选用 CS-2 标准试块来调节检测灵敏度。工件检测距离小于 45 mm 时,应采用双晶直探头和 CS-3 标准试块来调节检测灵敏度。

二、扫描速度和灵敏度调节

调节方法见"第十四章第四节"。

三、扫查

1. 扫查方式

纵波直探头检测的扫查方式一方面要考虑声束覆盖范围,另一方面还要根据受检工件的形状、缺陷的可能取向和延伸方向,尽量使缺陷能够重复显现,并使动态波形容易判别。

根据工件的使用要求不同,有时要求对工件全部体积进行扫查,即探头在整个检测面上沿两个相互垂直的方向作 100% 扫查,移动时相邻的间距需保证声束有一定重叠量,称为全面扫查;有时,则可以间隔较大的间距进行扫查,或只扫查工件的某些部位,称为局部扫查。

用双晶探头检测时,需要考虑扫查方向与隔声层方向平行或垂直进行。

为了增加缺陷显现次数和反射幅度,检测细长形缺陷时,应使探头隔声层与缺陷主延伸方向平行,探头垂直于缺陷主延伸方向移动。测定缺陷纵向长度时,探头隔声层应与缺陷主延伸方向垂直放置,并沿缺陷的纵向移动。

2. 扫查速度

扫查速度指的是探头在检测面上移动的相对速度。扫查速度应适当,在目视观察时应能保证缺陷回波能清楚地看到,在自动记录时则要保证记录装置能有明确的记录。

扫查速度的上限与探头的有效声束宽度和重复频率有关。如果从发射脉冲发出到探头接收到缺陷回波的时间很短,这段时间内探头与工件相对运动的距离可以忽略不计,设重复频率为 f,那么,一次触发后扫描持续的时间为 $1/f$。若扫描重复 n 次才能使人看清楚荧光屏上显示的缺陷回波信号,或者使记录仪明确地记录下缺陷回波信号,则需要的时间为 $(1/f) \times n$,此期间内,缺陷应处在探头的有效直径 D 之下,则扫查速度 v 应为

$$v \leqslant \frac{Df}{n} \qquad (15-1)$$

n 一般取 3 以上的数值。由此可见,如果探头的有效直径大,仪器的重复频率高,则扫查速度可以快一点。如果探头的有效直径小,仪器的重复频率低,则扫查速度必须放慢。

3. 扫查间距

扫查间距指的是相邻扫查线之间的距离(锯齿形扫查为齿距,螺旋线扫查为螺距等)。扫查间距通常根据探头的最小声束宽度来衡量,保证两次扫查之间有一定比例的覆盖。要求较高的工件,扫查间距常要求不大于探头有效声束宽度的 1/2 或 1/3。对于板材等扫查面积大的工件,有时仅要求 10%~20% 的覆盖。

探头有效声束宽度的测定:接触法检测时,根据探头的特点,选择检测深度范围中声束直径最小的深度处,取埋深与之相等并含有所要求直径的平底孔的试块,调节仪器,使平底孔反射波高为荧光屏满刻度的 80%,然后找出探头沿平底孔直径方向移动时反射波高下降 6 dB 的两点间的距离,此距离即为探头有效声束宽度。

四、缺陷回波的判别

在锻件检测中,不同性质的缺陷回波是不同的,实际检测时,可根据示波屏上的缺陷回波情况来分析缺陷的性质和类型。

1. 单个缺陷回波

单个缺陷回波指相邻间距大于 50 mm、回波高不小于 $\Phi 2$ mm 缺陷回波,如锻件中单个夹层、裂纹等。

2. 分散缺陷回波

分散缺陷回波指边长为 50 mm 的立方体内少于 5 个、直径 $\geqslant 2$ mm 的缺陷,如分散性的夹层。

3. 密集缺陷回波

密集缺陷可按以下方式划分:①以缺陷的相互间距划分;②以单位长度时基线内显示缺陷回波数量划分;③以单位面积中的缺陷回波数量划分;④以单位体积内的缺陷回波数量划分。

锻件检测时,在显示屏扫描线上相当于 50 mm 声程范围内同时有 5 个或 5 个以上的缺陷反射信号,或是在 50 mm×50 mm 的检测面上发现在同一深度范围内有 5 个或 5 个以上的缺陷反射信号,其反射波幅均大于等于某一特定当量平底孔的缺陷。

4. 游动回波

游动回波是指随扫查声程变化而游动的缺陷波,其产生是由晶片扩散声束中不同波束射至缺陷产生的反射所致。

5. 底面回波

锻件检测中,有时还可根据底波变化情况来判别锻件中的缺陷情况。

当缺陷回波很高,并有多次重复回波,而底波严重下降甚至消失时,说明锻件中存在平行于检测面的大面积缺陷。

当缺陷回波和底波都很低甚至消失时,说明锻件中存在大面积且倾斜的缺陷或在检测面附近有大缺陷。

当示波屏上出现密集的互相彼连的缺陷回波,底波明显下降或消失时,说明锻件中存在密集性缺陷。

五、缺陷当量的确定

当被检缺陷的深度大于或等于所用探头的 3 倍近场区时,可采用 AVG 曲线或计算法确定缺陷的当量。对于 3 倍近场区内的缺陷，可采用距离-波幅曲线来确定缺陷的当量，也可来用其他等效方法来确定。

六、缺陷评定和质量分级

具体按照标准 NB/T 47013.3—2015 执行，在此不作详述。

第三节　对接焊接接头超声检测

母材厚度为 8～400 mm 的全熔化焊对接焊接接头是特种设备行业超声检测的主要对象之一。低碳钢、低合金钢对接接头的超声检测是焊接接头超声检测技术中最基本的一种应用。

一、焊接接头超声检测技术等级的选择

由于不同类别焊接接头的重要性、失效后果的严重性和危害性，超声检测的有效性和成本等都可能存在显著差异，有必要根据实际情况和要求采用相适应的超声检测技术等级对焊接接头进行检测。

焊接接头超声检测技术等级主要根据检测面的数量、检测探头的多少、是否检测横向缺陷、焊缝余高是否磨平等来进行划分。不同的检测技术等级对质量的保证是不一样的。因此设计、制造、安装和检验检测部门应根据承压设备产品的重要程度进行选用。NB/T 47013.3—2015 中指出承压设备制造、安装及在用的检测技术等级应符合相应规范、标准、设计文件的规定。超声检测技术等级分为 A、B、C 三个检测级别，其中 A 级最低，C 级最高。

二、检测方法和检测条件选择

1. 检测面的准备

检测面包括检测区和探头移动区(图 15-3)。检测区的宽度应是焊缝本身，再加上熔合线两侧各 10 mm。探头移动区与检测方法和母材的厚度有关。

当采用直射法检测时，探头移动区应大于或等于 0.75P。当采用一次反射法检测时，探头移动区大于或等于 1.25P。

$$P = 2TK$$
$$或\ P = 2T\tan\beta \tag{15-2}$$

式中：P——跨距，mm；

　　　T——母材厚度，mm；

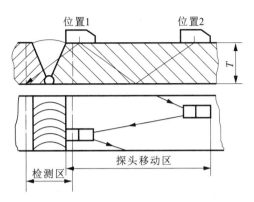

图 15-3　对接焊接接头检测区和探头移动区

K——探头 K 值；

β——探头折射角,(°)。

检测面表面状况好坏,直接影响检测结果。一般检测要求探头的移动区表面粗糙度 R_a 不大于 6.3 μm。因此,应清除检测面表面的飞溅物、氧化皮、凹坑、锈蚀、油垢及其他杂质。一般使用砂轮机、锉刀、喷沙机、钢丝刷和砂纸等对检测面进行修整。对于去除余高的焊缝,应将余高打磨到与邻近母材平齐。保留余高的焊缝,如果焊缝表面有咬边、较大的隆起和凹陷等也应进行适当的修磨,并作圆滑过渡以免影响检测结果的评定。

2. 耦合剂选择

耦合的好坏决定着超声能量传入工件的声强透射率高低。在焊缝检测中,常用的耦合剂材料有水、甘油、机油、变压器油、化学糨糊和润滑脂等。

3. 探头频率和 K 值选择

特种设备焊缝一般晶粒较细,且超声波各向同性。因此,检测波形一般为横波,频率为 2.5~5 MHz。对于母材厚度较大或材质衰减较明显的焊缝,可考虑较低的频率。

由于 A、B 级焊缝余高的存在和斜探头前沿的影响,一次波只能检测到焊缝中下部。当焊缝宽度较大时,若斜探头的 K 值(角度)选择较小,则一次波可能无法检测到焊缝中下部。

因此,斜探头的 K 值(角度)选取应考虑以下三个方面。

(1)斜探头的声束应能扫查到整个检测区截面。

(2)斜探头的声束中心线应尽量与该焊缝可能出现的危险性缺陷垂直。

(3)尽量使用一次波判别缺陷,减少误判并保证有足够的检测灵敏度。

一般斜探头 K 值(角度)可根据焊缝母材的板厚来选取。板厚较薄的采用大 K 值,以避免近场区检测,提高定位、定量精度。板厚较厚的采用小 K 值,以便缩短声程、减小衰减、提高检测灵敏度,还可减小探头移动区、减小打磨宽度。具体选择参照 NB/T 47013.3—2015。条件允许时,应尽量采用较大 K 值探头。

斜探头 K 值(角度)因焊缝及母材的声速、温度的变化而变化,随使用中的磨损而改变,因此,检测前必须在试块上实测 K 值(角度),并在检测中经常校准。

4. 探头晶片尺寸的选择

对于板厚较大的焊缝检测,若探头移动区很平整,使用大晶片探头进行检测也能达到良好的耦合,在这种情况下,为了提高检测速度和效率,可使用晶片尺寸较大的探头。如果板厚较薄且变形较大,为了较好地耦合,应选择晶片尺寸较小的探头。

三、试块

焊接接头的标准试块为 CSK-ⅠA;对比试块为 CSK-ⅡA、CSK-ⅢA 和 CSK-ⅣA。

四、超声检测仪器扫描速度的调节

调节方法见"第十四章第四节"。

五、距离-波幅曲线和灵敏度的调节

调节方法见"第十四章第四节"。

六、传输修正

传输修正又称为声能传输损耗补尝。工件本身影响反射波幅的两个主要因素是:材料的材质衰减、工件表面粗糙度及耦合状况造成的表面声能损失。

碳钢或低合金钢板材的材质衰减,在频率低于 3 MHz、声程不超过 200 mm 时,或者衰减系数小于 0.01 dB/mm 时,可以不计。标准试块和对比试块均应满足这一要求。

被检工件检测时,如声程较大,或材质衰减系数超过上述范围,在确定缺陷反射波幅时,应考虑材质衰减修正,如被检工件表面比较粗糙还应考虑表面声能损失问题。

七、扫查方式

扫查的目的是寻找和发现缺陷。为了达到这个目的,必须采用正确的扫查方式。在焊缝检测过程中,扫查方式有多种。

1. 锯齿形扫查

锯齿形扫查是手工超声检测中最常用的扫查方式,往往作为检测纵向缺陷的初始扫查方式,速度快,易于发现缺陷。作锯齿形扫查时,斜探头应垂直于焊缝中心线放置在检测面上,如图 15-4 所示。探头前后移动的范围应保证扫查到全部焊接接头截面,在保持探头垂直焊缝作前后移动的同时,还应作 10°～15° 的左右转动。应注意每次前进的齿距不得超过探头晶片直径的 85%,以避免间距过大造成漏检。

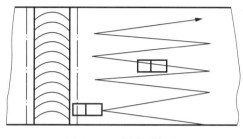

图 15-4　锯齿形扫查

2. 前后、左右、转角、环绕扫查

发现缺陷后,为观察缺陷动态波形和区分缺陷信号或伪缺陷信号,确定缺陷的位置、方向和形状,可采用前后、左右、转角和环绕四种探头基本扫查方式,如图 15-5 所示。

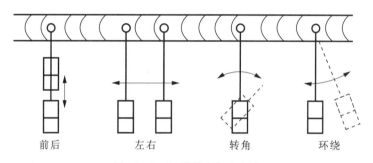

前后　　　　左右　　　　转角　　　环绕

图 15-5　四种基本扫查方式

前后与左右扫查:当用锯齿形扫查发现缺陷后,可用前后与左右扫查找到缺陷的最大回波处,用前后扫查来确定缺陷的水平距离或深度,用左右扫查来确定缺陷沿焊缝方向的长度。

转角扫查:可利用转角扫查推断缺陷的方向。

环绕扫查:可利用环绕扫查大致推断缺陷的形状。扫查时如果缺陷回波高度几乎保持不变,则可大致判断为点状缺陷。

3. 检测横向缺陷的扫查方式

为检测焊缝或热影响区的横向缺陷,可采用如下扫查方式,同时将扫查灵敏度适当提高,一般提高 6 dB。

(1)平行扫查:对于磨平的焊缝,可将斜探头直接放在焊缝上作平行扫查,如图 15-6a)

所示。

　　(2)斜平行扫查:对于有余高的焊缝可在焊缝两侧边缘,使探头与焊缝成一定夹角
(<10°)作斜平行扫查,如图15-6b)所示。

　　(3)交叉扫查:对于电渣焊中的人字形横裂纹,可用K1斜探头在焊缝两侧45°方向作交
叉扫查,如图15-6c)所示。

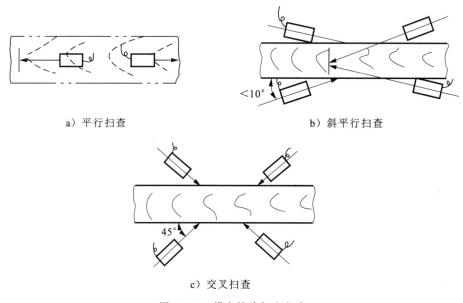

a）平行扫查　　　　　　　　　　b）斜平行扫查

c）交叉扫查

图15-6　横向缺陷扫查方式

4. 双探头扫查方式

　　上述扫查方式是焊缝检测用单探头进行扫查的方式。串列扫查、V形扫查、交叉扫查则
是用双探头进行扫查的常用方式,在此不做详述。

八、扫查速度和扫查间距

1. 扫查速度

　　检测时,探头与检测面相对运动的速度即为扫查速度。扫查速度要适当,才能使检测人
员分辨清楚荧光屏上显示的缺陷回波信号,或者使记录仪能明确地记录下缺陷回波信号。

　　扫查速度与探头的有效直径以及仪器的重复频率有关。如果探头的有效直径大,仪器
的重复频率高,则扫查速度可以快一点。如果探头的有效直径小,仪器的重复频率低,则扫
查速度就需要慢一些。焊缝手工检测的扫查速度不应大于150 mm/s。对于要求很高的检
测场合,扫查速度要慢。总之,扫查速度既要保证检测人员能看清楚荧光屏上显示的缺陷回

波信号,又要保证记录仪能明确地记录下缺陷回波信号,在此前提下可适当提高扫查速度。

2. 扫查间距

扫查间距指的是相邻扫查线(探头移动路线)之间的距离(锯齿扫查为齿距)。扫查间距一般不大于探头晶片直径或探头有效声束宽度的 1/2。

所谓有效声束宽度,是指声束边缘的声压比声束轴线上的声压低某规定的分贝数(如"-6 dB")的声束截面宽度。距探头的距离(声程)不同,其有效声束宽度是不相同的。

九、缺陷评定和质量分级

具体按照标准 NB/T 47013.3—2015 执行,在此不作详述。

<< 第四篇
磁粉检测

第十六章　磁粉检测基础知识

　　磁粉检测是利用磁现象来检测材料和工件中缺陷的方法,具体来讲:铁磁性材料工件被磁化后,在不连续性处或磁路截面变化处,磁力线离开和进入工件表面形成磁极并形成可检测的漏磁场,用漏磁场吸附磁粉形成的磁痕(磁粉聚集形成的图像)来显示不连续性的位置、大小、形状,推断工件中缺陷的存在。

　　由于工件不连续性处的磁导率发生变化,磁感应线溢出工件表面形成磁极,并形成可检测的漏磁场。检测漏磁场的方法称为漏磁场检测,包括磁粉检测与检测元件检测。其区别是:磁粉检测是利用铁磁性粉末——磁粉,作为磁场的传感器,即利用漏磁场吸附磁粉形成的磁痕(磁粉聚集形成的图像)来显示不连续性的位置、大小、形状和严重程度。检测元件检测是利用磁带、霍尔元件、磁敏二极管或感应线圈作为磁场的传感器,检测不连续性处漏磁场的位置、大小和方向。

第一节　磁粉检测原理

　　磁粉检测(magnetic particle testing,MT),又称磁粉检验或磁粉探伤,与射线检测、超声检测、渗透检测和涡流检测一起,并称为五种常规的无损检测方法。

　　基本原理:铁磁性材料的工件被磁化后,由于不连续性的存在,工件表面和近表面的磁力线发生局部畸变而产生漏磁场,吸附施加在工件表面的磁粉,在合适光照条件下形成目视可见的磁痕,从而显示出不连续性的位置、大小、形状和严重程度(深度无法显示),如图 16 - 1所示。由此可见,磁粉检测的基础是不连续性处漏磁场与磁粉的磁互相作用。

第二节　磁粉检测适用范围

　　(1)适用于检测铁磁性材料(比如 Q345R)工件表面和近表面尺寸小、间隙极窄(如可检测出长为 0.1 mm、宽为微米级的裂纹)及目视难以看出的缺陷。

　　马氏体不锈钢和沉淀硬化不锈钢材料(如 1Cr17Ni7)具有磁性,因而可以进行磁粉检

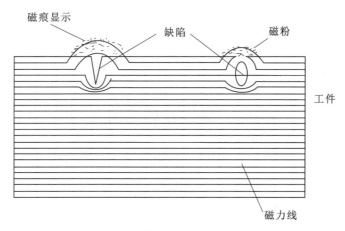

图 16-1　不连续性处的漏磁场和磁痕分布

测。磁粉检测不适用于非磁性材料,比如奥氏体不锈钢材料(如 1Cr18Ni9、0Cr18Ni9Ti)和用奥氏体不锈焊条焊接的焊缝,也不适用于检测铜、铝、镁、钛合金等非磁性材料。

(2)适用于检测工件表面和近表面的裂纹、白点、发纹、折叠、疏松、冷隔、气孔和夹渣等缺陷,但不适用于检测工件表面浅而宽的划伤、针孔状缺陷、埋藏较深的内部缺陷和延伸方向与磁感应线方向夹角小于 20°的缺陷。

(3)用于检测未加工的原材料(如钢坯)和加工的半成品、成品件及使用过的工件及特种设备。

(4)适用于检测管材、棒材、板材、型材和锻钢件、铸钢件及焊接件。

第三节　磁粉检测的优点及其局限性

一、磁粉检测的优点

(1)可检测出铁磁性材料表面和近表面(开口和不开口)的缺陷。

(2)能直观地显示出缺陷的位置、形状、大小和严重程度(深度无法显示)。

(3)具有很高的检测灵敏度,可检测微米级宽度的缺陷。

(4)单个工件检测速度快,工艺简单,成本低廉,污染少。

(5)采用合适的磁化方法,几乎可以检测到工件表面的各个部位,基本上不受工件大小和几何形状的限制。

(6)缺陷检测重复性好。

(7)可检测受腐蚀的表面。

二、磁粉检测的局限性

(1)只适用于铁磁性材料,不能检测奥氏体不锈钢材料和奥氏体不锈钢焊缝及其他非铁磁性材料。

(2)只能检测表面和近表面缺陷。

(3)检测时的灵敏度与磁化方向有很大关系,若缺陷方向与磁化方向近似平行或缺陷与工件表面夹角小于 20°,缺陷就难以发现。另外,表面浅而宽的划伤、锻造皱折也不易发现。

(4)受几何形状影响,易产生非相关显示。

(5)若工件表面有覆盖层,将对磁粉检测有不良影响。用通电法和触头法磁化时,易产生电弧,烧伤工件。因此,电接触部位的非导电覆盖层必须打磨掉。

(6)部分磁化后具有较大剩磁的工件需进行退磁处理。

第四节　检测元件检测

一、录磁探伤法

录磁探伤法又称磁录像法。该法是将具有很高矫顽力和剩磁的磁带紧贴在被检工件表面,对工件进行适当磁化,则在不连续性处产生的漏磁场就全部记录在磁带上;然后通过磁电转换器(又称磁头)将录制的漏磁场信息转换成电信号,显示在荧光屏上,或使用自动记录器获得不连续性漏磁场的完整曲线或图像,从而确定不连续性的部位、性质和大小。由于磁带在记录漏磁场时,能抑制不必要磁化场的干扰,所以在复放磁带时,有较高的灵敏度和良好的再现性。探伤结果也可长期保存。

录磁探伤法适用于焊接件和轧制件的探伤,可发现裂纹、夹杂和气孔等缺陷。

二、感应线圈探伤法

根据电磁感应定律,当线圈与磁化的工件相对运动时,线圈产生感应电动势。检测线圈的电动势与线圈匝数、面积及其相对工件的运动速度有关,而且还与不连续性漏磁通密度的梯度有关。

感应线圈法具有灵敏度高和尺寸小等特点,因而已成功地应用于多种无损检测仪器和磁性测量仪器中,能有效地对钢管、钢棒和钢丝绳等进行探伤。

三、磁敏元件探测法

磁敏元件探测法是通过霍尔元件、磁敏二极管等磁电转换元件探测工件表面漏磁场的方法,探测的灵敏度与检查速度及工件大小无关,利用这种方法还可以获得不连续性(包括缺陷)深度的信息。探测时应尽量缩小磁敏元件与工件表面之间的距离,并始终保持不变。

1. 霍尔元件

霍尔元件的工作原理是将一块通有电流 I 的 N 型半导体放置于磁场强度为 H 的磁场中,当电流沿垂直于磁场方向通过时,在垂直磁场和电流方向的半导体片的两侧将产生一个霍尔电位差,这种现象称为霍尔效应。实验证明,在磁场不太大时,霍尔电位差与电流强度 I 和磁感应强度 B 成正比,与板的厚度 δ 成反比,利用霍尔效应做成高斯计、毫特斯拉计测量磁场时,测量结构简单,能检测狭缝中的磁场分布和测量极其微弱的磁场,并能直接显示磁场强度的大小和方向,因而已被广泛应用。

2. 磁敏二极管

磁敏二极管是一种新型的磁电转换元件,它的灵敏度比霍尔元件高百倍,所以特别适合探测微小磁场变化。磁敏二极管相当于一个 PN 结的二极管,具有与普通二极管相似的伏安特性曲线,磁感应强度在 0.1 T 以下时输出特性近似线性关系,即正向磁敏电压与被测磁场成线性关系,可检测微弱磁场的大小和方向。用它不仅可以制成线路简单的小量程毫特斯拉计、漏磁场测量仪,还可做成自动磁性检测设备。

第五节　磁粉检测的发展简史

磁粉检测是利用磁现象来检测材料和工件中缺陷的方法。人们发现磁现象比电现象要早,远在春秋战国时期,我国劳动人民就发现了磁石吸铁的现象,并用磁石制成了"司南勺",在此基础上制成的指南针是我国古代的伟大发明之一,最早应用于航海业。17 世纪,法国物理学家对磁力作了定量研究。19 世纪初期,丹麦科学家奥斯特发现了电流周围也存在着磁场。与此同时,法国科学家毕奥、萨伐尔及安培对电流周围磁场的分布进行了系统的研究,得出了一般规律。英国的法拉第首创了磁感应线的概念。这些伟大的科学家在磁学史上树立了光辉的里程碑,也给磁粉检测的创立奠定了理论基础。

早在 18 世纪,人们就已开始从事磁通检漏试验。1868 年,英国工程杂志首先发表了利用罗盘仪和磁铁探查磁通以发现炮(枪)管上不连续性的报告。8 年之后,Hering 利用罗盘仪和磁铁来检查钢轨的不连续性,获得了美国专利。

1918 年,美国人 Hoke 发现,由磁性夹具夹持的硬钢块上磨削下来的金属粉末,会在该钢块表面形成一定的花样,而此花样常与钢块表面裂纹的形态一致,被认为是钢块被纵向磁化而引起的,它促使了磁粉检测法的发明。

1928 年,de Forest 为解决油井钻杆的断裂失效,研制出周向磁化法,还提出使用尺寸和形状受控并具有磁性的磁粉的设想,经过不懈的努力,磁粉检测方法基本研制成功,并获得了较可靠的检测结果。

1930 年,de Forest 和 Doane 将研制出的干磁粉成功应用于焊缝及各种工件的探伤。

1934 年,生产磁粉探伤设备和材料的 Magnaflux(美国磁通公司)创立,对磁粉检测的应用和发展起了很大的推动作用。在此期间,首次用来演示磁粉检测技术的一台实验性的固定式磁粉探伤装置问世。

磁粉检测技术早期被用于航空、航海、汽车和铁路等部门,用来检测发动机、车轮轴和其他高应力部件的疲劳裂纹。20 世纪 30 年代,固定式、移动式磁化设备和便携式磁轭相继研制成功,并得到应用和推广,退磁问题也得到了解决。

1935 年,油磁悬液在美国开始使用。

1936 年,法国有人申请了在水磁悬液中添加润湿剂和防锈剂的专利。

1938 年,教科书《无损检测论文集》在德国出版,该书对磁粉检测的基本原理和装置进行了描述。1940 年,《磁通检验的原理》在美国出版。

1941 年,荧光磁粉投入使用。磁粉检测从理论到实践,已初步形成一种无损检测方法。苏联全苏航空研究院的瑞加德罗为磁粉检测的发展做出了卓越的贡献。20 世纪 50 年代初期,他系统研究了各种因素对探伤灵敏度的影响,在大量试验的基础上,制定出了磁化规范,并得到了世界许多国家的认可。

1949 年以前,我国仅有几台美国进口的蓄电池式直流探伤机,用于航空工件的维修检查。1949 年以后,北京航空材料研究院的郑文仪,始终致力于磁粉检测的研发工作,是我国磁粉检测的奠基人。从 20 世纪 50 年代初开始,我国先后引进苏联、欧美等国家和地区的磁粉检测技术,制定出了我国的标准规范,还研发了新工艺和新设备材料,使我国磁粉检测从无到有,得到了很快的发展,并广泛应用于航空、航天、机械工业、兵器、船舶、电力、火车、车、石油、化工等领域。近几十年来,在广大磁粉检测工作者和设备器材制造者的共同努下,磁粉检测已发展成为一种成熟的无损检测方法。

第六节　磁粉检测的现状

国外非常重视磁粉检测设备的开发,因为只有检测设备的进步,才能给磁粉检测带来成功的应用。目前国外磁粉检测设备从固定式、移动式到携带式,从半自动、全自动到专备,从单向磁化到多向磁化,已实现了系列化和商品化。晶闸管等电子元器件被用于磁粉检测设备,使设备小型化成为可能,并实现了电流的无级调节。计算机编程应用到磁粉检测设备,使智能化设备大量涌现,这些设备可以预置磁化规范和合理的工艺参数,进行荧光磁粉检测和自动化操作。国外还成功地运用电视光电探测器的荧光磁粉扫查系统和飞点扫描系统,实现了磁粉检测观察阶段的自动化,将检测到的信息在微机或其他电子装备中进行处理,鉴别可剔除的不连续性,并进行自动标记和分选,大大降低了检测的劳动强度。

近年来,我国磁粉检测设备发展也很快,已实现了系列化。三相全波直流探伤超低频退磁设备的性能已达到国外同类设备的水平。交流探伤机用于剩磁法检验时,我国率先加装断电相位控制器,保证了剩磁稳定。断电相位控制器利用晶闸管技术,可以代替自耦变压器无级调节磁化电流,也为我国磁粉检测设备的电子化和小型化奠定了基础。磁粉检测智能化设备和自动化、半自动化设备已经生产应用,光电扫描图像识别的磁粉探伤机也已研制成功。由于还存在相关与非相关显示有时难以分辨的问题,陈健生等人进一步研发了由多向复合磁化技术、CCD光学检测技术与计算机图像处理技术相组合而成的集成检测设备,该设备具有检测可靠、灵敏度高等特点,被成功应用于石化等行业,取得了很好的效果,引导了我国荧光磁粉自动化探伤设备的新潮流,它的使用完全改变了传统磁粉检测"手脚并用眼睛看"的局面。

磁粉检测的辅助设备,国外开发的很多,如与固定式探伤机配合使用的400 W冷光源黑光灯和高强黑光灯。快速断电试验器的开发解决了直流磁化"快速断电效应"的测量问题。国产袖珍式磁强计XCJ型和JCZ型被用于快速测定剩磁,黑光灯的品种还有待开发。国外有不同规格(包括黑光和白光)的光导纤维内窥镜,能满足孔内壁缺陷的检测要求,仪器型号和生产厂家一般都纳入有关技术标准中。国内也已研制出光导纤维内窥镜,希望能在提高黑光辐照度后得到大力推广应用。

磁粉检测的器材方面,国外在标准试片和标准试块及测量剩磁用的磁强计等方面都形成了系列产品。如在配制磁悬液时应采用低黏度、高闪点的无臭味煤油做载液。国外除用14A荧光磁粉外,还研制出了白光下发荧光的荧光磁粉。

我国研制的磁粉检测器材,如LPW-3号磁粉检验载液(无臭味煤油),性能已赶上国外同类产品,可以替代国外进口产品而用于国外转包生产,在国内许多行业的磁粉检测中也得到普遍使用。磁粉检测用B型和E型标准试块,性能和指标均优于国外同类产品,已被国家质量技术监督检验检疫总局批准为"国家标准样品",并被推广使用。ST80C照度计和UV-A黑光辐照计性能完全满足检测要求。M型多功能标准试片与国外KS234试片等效。我国研制的YC-2型荧光磁粉,灵敏度高,满足磁粉检测的要求,已大力推广使用。磁悬液喷罐使用方便,尤其在特种设备磁粉检测中普遍应用。

在工艺方法方面,北京航空材料研究院的郑文仪发明的磁粉探伤-橡胶铸型法,为间断检测小孔内壁早期疲劳裂纹的产生和扩展速率闯出了一条新路,还为记录缺陷磁痕提供了一种可靠的方法,比国外应用了几十年的磁橡胶法优越得多。

磁粉检测的质量控制,建立在对影响磁粉检测灵敏度和检测可靠性的诸因素逐个加以控制的基础之上。国外非常重视,不仅制定了具体的控制项目、校验周期和技术要求,还设有质量监督检查机制,保证其贯彻执行,同时通过实践对质量控制技术要求进行持续改进。例如几年前美国标准要求工件表面白光照度不低于200英尺烛光(相当于2100 lx),现修正为100),将磁化规范由直径每毫米30~48 A电流修正降为12~32 A,等等。这些改进使磁粉检测标准的技术要求更加合理。

在我国,借鉴国外先进经验,磁粉检测的质量控制也日益受到重视,并能很好地贯彻执行。但各行业、各单位的发展不平衡,表现在有些质量控制项目没有纳入标准,有的虽纳入标准,但流于形式,这一点已引起业内人士的关注。NB/T 47103.4—2015《承压设备无损检测　第四部分:磁粉检测》,已将质量控制项目纳入标准条文,由此可见其重要性。

现在,我国对磁粉检测的基础理论研究比较重视,已取得较大的进展。断裂和塑性力学在无损检测领域的应用,为制定更合理的产品磁粉检测验收标准提供了依据。仲维畅研究的"磁偶极子"理论取得了丰硕的成果,为无损检测界所瞩目。磁粉检测方法日臻完善。对无损检测人员的培训和资格鉴定空前重视,人员素质大大提高。我们相信,磁粉检测在特种设备行业将得到更加广泛的应用和重视,为控制产品质量、防患于未然做出应有的贡献。

复习题(单项选择题)

1. 在不连续性处或磁路截面变化处,磁感应线离开和进入工件表面而形成的磁场称( )。

A. 不连续性　　　　　　B. 缺陷　　　　　　C. 漏磁场　　　　　　D. 变形

2. 能够进行磁粉探伤的材料是( )。

A. 碳钢　　　　　　　　B. 奥氏体不锈钢　　C. 黄铜　　　　　　　D. 铝

3. 下列哪一条是磁粉检测优点?( )

A. 能检出表面夹有外来材料的表面不连续性

B. 对单个零件检测快

C. 可检出近表面不连续性缺陷

D. 以上都是

4. 检测钢材表面缺陷较方便的方法是( )。

A. 静电法　　　　　　　B. 超声波　　　　　　C. 磁粉法　　　　　　D. 射线法

5. 当不连续性处于什么方向时,其漏磁场最强?( )

A. 与磁场成180°角　　　B. 与磁场成45°角　　C. 与磁场成90°角　　D. 与磁场成0°角

6. 直流电通过线圈时产生纵向磁场,其方向可用下述法则确定( )。

A. 左手定则　　　　　　　　　　　　　B. 右手定则

C. 欧姆定律　　　　　　　　　　　　　D. 没有相关的定律

7. 能被强烈吸引到磁铁上来的材料称为( )。

A. 被磁化的材料　　　　B. 非磁性材料　　　C. 铁磁性材料　　　　D. 被极化的材料

答案:

1—5:CADCC　　　　　　　　6—7:BC

第十七章　磁粉检测器材和设备

第一节　磁粉检测器材

磁粉是显示缺陷的重要手段,磁粉质量的优劣和选择是否恰当,将直接影响磁粉检测的结果,所以,检测人员对作为"磁场传感器"的磁粉应进行全面的了解和正确使用。

磁粉的种类很多,按适用的磁痕观察方式,磁粉分为荧光磁粉和非荧光磁粉;按适用的施加方式,磁粉分为湿法用磁粉和干法用磁粉。

一、磁粉

(一)荧光磁粉

在黑光下观察磁痕显示所使用的磁粉称为荧光磁粉。荧光磁粉是以磁性氧化铁粉、工业纯铁粉或羰基铁粉为核心,在铁粉外面用环氧树脂黏附一层荧光染料(如 YC2 荧光磁粉)或将荧光染料化学处理在铁粉表面(如美国 14A 荧光磁粉)制作而成的。

磁粉的颜色、荧光亮度及与工件表面颜色的对比度,对磁粉检测的灵敏度均有很大的影响。由于荧光磁粉在黑光照射下,能发出波长范围 510～550 nm 且对人眼接受最敏感的色泽鲜明的黄绿色荧光,与工件表面颜色的对比度也高,适用于任何颜色的受检表面,容易观察,因而检测灵敏度高,能提高检测速度,所以在国内外都已普遍使用。但荧光磁粉一般只适用于湿法检验。

对在用特种设备进行磁粉检测时,如果制造时采用高强度钢以及对裂纹(包括冷裂纹、热裂纹和再热裂纹)敏感的材料,或是长期工作在腐蚀介质环境下,有可能发生应力腐蚀裂纹的场合,其内壁宜采用荧光磁粉方法进行检测。对细牙螺纹根部缺陷的检测,也应采用荧光磁粉。

(二)非荧光磁粉

在可见光下观察磁痕显示所使用的磁粉称为非荧光磁粉。常用的有四氧化三铁(Fe_3O_4)黑磁粉、γ 三氧化二铁($\gamma - Fe_2O_3$)红褐色磁粉、蓝磁粉和白磁粉,所以也叫彩色磁粉。前两种磁粉既适用于湿法,又适用于干法。以工业纯铁粉等为原料,用黏合剂包覆制成的白磁粉或经氧化处理的蓝磁粉等非荧光彩色磁粉只适用于干法。

湿法用磁粉是将磁粉悬浮在油或水载液中喷洒到工件表面的磁粉；干法用磁粉是将磁粉在空气中吹成雾状喷撒到工件表面的磁粉。

JCM 系列空心球形磁粉是铁铬铝的复合氧化物，具有良好的移动性和分散性，磁化工件时，磁粉能不断地跳跃着向漏磁场处聚集，检测灵敏度高，在高温下不氧化，在 400 ℃上下仍能使用，可用于在高温条件下或部件的高温焊接过程中的磁粉检测。但空心球形磁粉只适用于干法。

在纯铁中添加铬、铝和硅制成的磁粉也可用于 300～400 ℃的高温焊缝缺陷检测。

二、磁悬液

磁粉和载液按一定比例混合而成的悬浮液体称为磁悬液。

（一）磁悬液浓度

每升磁悬液中所含磁粉的质量（g/L）或每 100 mL 磁悬液沉淀出磁粉的体积（mL/100 mL）称为磁悬液浓度。前者称为磁悬液配制浓度，后者称为磁悬液沉淀浓度。

磁悬液浓度（也叫磁悬液质量浓度），对显示缺陷的灵敏度影响很大，浓度不同，检测灵敏度也不同。浓度太低，影响漏磁场对磁粉的吸附量，磁痕不清晰，会使缺陷漏检；浓度太高，会在工件表面滞留很多磁粉，形成过度背景，甚至会掩盖相关显示。所以国内外标准都对磁悬液浓度范围进行了严格限制。

磁悬液浓度大小的选用与磁粉的种类、粒度、施加方式和工件表面状态等因素有关，NB/T 47013.4—2015 中对磁悬液浓度的要求见表 17-1。

表 17-1　磁悬液浓度

磁粉类型	配制浓度/（g·L^{-1}）	沉淀浓度/[mL·（100 mL）$^{-1}$]
非荧光磁粉	10～25	1.2～2.4
荧光磁粉	0.5～3.0	0.1～0.4

考虑到特种设备行业的特点，用配制浓度和沉淀浓度来规定磁悬液浓度。绝大多数的磁悬液是一次性使用，采用配制浓度（g/L），方法简单实用，磁粉用量明确。同时又考虑一些工件在固定式探伤机上检测时，磁悬液可循环使用，因而还规定了沉淀浓度，较为方便、简捷可行。

磁粉探伤-橡胶铸型法中的非荧光磁悬液的配制浓度推荐为 4～10 g/L。

对光亮的工件，应采用黏度和浓度都大一些的磁悬液进行检测。对表面粗糙的工件，应用黏度和浓度小的磁悬液进行检测。对细牙螺纹根部缺陷的检测，应采用荧光磁粉，磁悬液配制浓度用 0.5 g/L。使用剩磁法检验，检验时应多浇几遍磁悬液，以获得最佳的检测效果。

磁悬液浓度沉淀管

（二）磁悬液配制

1. 油磁悬液配制

先取少量的油基载液与磁粉混合,让磁粉全部润湿,搅拌成均匀的糊状,再按比例加入余下的油基载液,搅拌均匀即可。

2. 水磁悬液配制

推荐的非荧光磁粉水磁悬液配方见表 17-2。

表 17-2　非荧光磁粉水磁悬液配方

水	100♯浓乳	三乙醇胺	亚硝酸钠	28♯消泡剂	HK-1 黑磁粉
1 L	10 g	5 g	10 g	0.5～1 g	10～25 g

配制方法:按表 17-2 所示比例将 100♯浓乳加入到 50 ℃温水中,搅拌至完全溶解,然后再加入三乙醇胺、亚硝酸钠和 28♯消泡剂,每加入一种成分后都要搅拌均匀,最后加入 HK-1 黑磁粉并搅拌均匀。

推荐采用的荧光磁粉水磁悬液配方见表 17-3。

表 17-3　荧光磁粉水磁悬液配方

水	JFC 乳化剂	亚硝酸钠	28♯消泡剂	YC2 荧光磁粉
1 L	5 g	10 g	0.5～1 g	0.5～2 g

配制方法:将润湿剂(JFC 乳化剂)与 28♯消泡剂加入水中搅拌均匀,并按比例加足水,制成水载液,取少量水载液与 YC2 荧光磁粉和匀,然后加入余量的水载液,最后再加入亚硝酸钠。

荧光磁粉磁悬液的水载液应进行严格的选择和试验,不应使荧光磁粉结团、剥离或变质。

3. 磁膏水磁悬液的配制

在特种设备检验检测行业,一般多采用磁膏配制水磁悬液,常用的有 HR-1 和 HB-1,易溶于水。由于磁膏中含有磁粉、润湿剂和防腐蚀剂等,所以可与水直接配制。

配制方法:先取少量的水,在水中挤入磁膏后搅拌成稀糊状,再按比例加入水后搅拌均匀即可。

使用时,除应进行综合性能试验外,还必须测量磁悬液的浓度和进行水断试验。

4. 磁悬液喷罐

生产厂家将配制浓度合格的磁悬液装进喷罐中,这些磁悬液的载液多为油基载液和水载液。常用的如 HD-RO 和 HD-BO 黑油及黑水磁悬液喷罐,使用时只需轻轻摇动喷罐,将磁悬液搅拌均匀,即可直接喷洒。检测前先用标准试片进行综合性能试验,合格后即可检测,无需测量浓度。使用喷罐,方便快捷,特别适合高空、野外和仰视检测,应用较广泛。

三、反差增强剂

（一）应用

在表面粗糙的工件上进行磁粉检测时,由于工件表面凹凸不平,或者由于磁粉颜色与工件表面颜色的对比度很低,会使磁痕显示难以识别,容易造成漏检。为了提高缺陷磁痕与工件表面颜色的对比度,检测前,可先在工件表面上涂一层白色薄膜,厚度为 $25\sim45~\mu m$,干燥后再磁化工件,喷洒黑磁粉磁悬液,其磁痕就会清晰可见。这一层白色薄膜就叫做反差增强剂。

（二）配方、施加及清除

反差增强剂可按表 17-4 推荐的配方自行配制,搅拌均匀即可使用。市售产品也有配好的反差增强剂喷罐,常见的有 FC-5 反差增强剂喷罐。

表 17-4　反差增强剂配方

成分	工业丙酮	稀释剂 X-1	火棉胶	氧化锌粉
每 100 mL 含量	65 mL	20 mL	15 mL	10 g

施加反差增强剂的方法:整个工件检查可用浸涂法,局部检查可用喷涂或刷涂法。

清除反差增强剂的方法:可用工业丙酮与稀释剂 X-1 按 3:2 配制的混合液浸过的棉纱擦洗,或将整个工件浸入该混合液中清洗。

（三）反差增强剂喷罐

反差增强剂喷罐具有使用方便、涂层成膜迅速均匀、附着力强、颜色洁白、无强刺激性气味等优点,检测时要使用经过质量认证的、性能好的反差增强剂喷罐。

四、标准试片

（一）用途

(1)用于检验磁粉检测设备、磁粉和磁悬液的综合性能(系统灵敏度)。
(2)用于了解被检工件表面大致的有效磁场强度和方向以及有效检测区。
(3)考察所用的检测工艺规程和操作方法是否妥当。

（4）几何形状复杂的工件磁化时,各部位的磁场强度分布不均匀,无法用经验公式计算磁化规范,磁场方向也难以估计。这时,将小而柔软的试片贴在复杂工件的不同部位,可大致确定较理想的磁化规范。

（二）分类

我国常用试片有 A1、C、D、M1 型四种。试片是由 DT4A 超高纯低碳纯铁经轧制而成的薄片。所有试片的型号名称中的分数中,分子表示人工缺陷槽的深度,分母表示试片的厚度,单位为 μm。经退火处理的为 1 或空缺,未经退火处理的为 2。同一类型和灵敏度等级的试片,未经退火处理的比经退火处理的灵敏度约高 1 倍。

M1 型多功能试片,是将三个槽深各异而间隔相等的人工刻槽,以同心圆式做在同一试片上,其三种槽深分别与 A1 型试片的三种型号的槽深相同,一片多用,观察磁痕显示差异直观,能更准确地推断出被检工件表面的磁化状态。

常见的标准试片类型、规格和图形见表 17-5。

表 17-5　常见的标准试片

类型	规格-缺陷槽深/试片厚度/μm		图形和尺寸/mm
A1 型	A1-7/50		
	A1-15/50		
	A1-30/50		
	A1-15/100		
	A1-30/100		
	A1-60/100		
C 型	C-8/50		
	C-15/50		
D 型	D-7/50		
	D-15/50		
M1 型	Φ12 mm	M1-7/50	
	Φ9 mm	M1-15/50	
	Φ6 mm	M1-30/50	

注:C 型标准试片可剪成 5 个小试片分别使用。

试片常用规格和尺寸如表 17-5 所示,试片的标识在有刻槽的一面,型号是左上方的英文字母,右下角是槽深与试片厚度之比的分式。

1. A1 型(A2 未退火)试片

A1 型试片由退火电磁软铁制造,磁导率较高,用较小磁场就可磁化。它又分为 A1-7/50、A1-15/50、A1-30/50、A1-15/100、A1-30/100、A1-60/100 六种规格,其大小为 20 mm×20 mm。其中 A1-30/100 规格为常用。

2. C 型试片

C 型试片的所用材料与 A1 型试片相同,由退火电磁软铁制造。它又分为 C-8/50、C-15/50 两种规格,其大小为 10 mm×25mm(5 mm/块×5 块)。C 型试片是当 A1 型试片使用不方便时采用的,某种程度上代替 A1 型试片,可用于焊缝坡口检测。其中 C-15/50 规格为常用。

同厚度 C 型试片,刻槽浅,检测灵敏度高。

3. D 型试片

D 型试片可认为是小型的 A1 型试片,又分为 D-7/50、D-15/50 两种规格,其大小为 10 mm×10 mm。也是当 A1 型试片使用不方便时,为了更准确地推断被检工件表面的磁化状态使用。

4. M1 型试片

M1 型试片属于多功能试片,由三个刻槽深度不同而间隔相等的同心圆人工刻槽组成。观察磁痕显示差异直观,可更准确地推断被检工件表面的磁化状态。它又分为 M1-7/50(Φ12 mm)、M1-15/50(Φ9 mm)、M1-30/50(Φ6 mm)三种规格,其大小为 20 mm×20 mm。

(三)试片使用的注意事项

(1)标准试片只适用于连续法检验,不适用于剩磁法检验。

(2)根据工件检测面的大小和形状,选取合适的标准试片类型。探伤面大时,可选用 A1 型试片。探伤面窄小或表面曲率半径小时,可选用 C 型或 D 型试片,因 C 型试片可剪成 5 个小试片单独使用。

(3)根据工件检测所需的有效磁场强度,选取不同灵敏度的试片。需要有效磁场强度较小时,选用分数值较大的低灵敏度试片;需要有效磁场强度较大时,选用分数值较小的高灵敏度试片。

(4)试片表面锈蚀或有褶纹时,不得继续使用。

(5)使用试片前,应用溶剂清洗防锈油。工件表面应打磨平,并除去油污。

(6)将试片有槽的一面与工件受检面接触,用透明胶纸靠试片边缘贴成"井"字形并贴紧

(间隙应小于 0.1 mm),但透明胶纸不得盖住有槽的部位。

(7)也可选用多个试片,同时分别贴在工件上不同的部位,可看出工件磁化后,被检表面不同部位的磁化状态或灵敏度的差异。

(8)用完试片后,可用溶剂清洗并擦干。干燥后涂上防锈油,放回原装片袋保存。

第二节　磁粉检测设备

磁粉检测设备的组成部分如下。

(1)磁化电源:磁粉探伤机的核心部分,用于产生磁场,磁化工件。

(2)断电相位控制器:利用逻辑电路控制触发器,保证交流电一定在 π 或 2π 相位处断电,从而使剩磁稳定。(提供磁化电流,并调整其大小)

(3)工件夹持装置:要防止打火和烧伤工件。

(4)指示和控制装置:有电流表、电压表、Φ 表和 H 表。

(5)磁粉和磁悬液施加装置。

(6)照明装置。照度分为 1000 lx、500 lx、20 lx,强度为 1000 μW/cm²。

(7)退磁装置。

磁粉检测设备按设备的组合方式分为一体型和分立型两种;按设备的质量和可移动性分固定式、移动式和携带式三种。一体型磁粉探伤机,是将磁化电源、螺管线圈、工件夹持装置、磁悬液喷洒装置、照明装置和退磁装置等部分组成一体的探伤机。分立型磁粉探伤,是将各部分按功能制成单独分立的装置,在检测时组合成系统使用的探伤机。固定式探伤机属于一体型的,使用操作方便。移动式和携带式探伤机属于分立型的,便于移动和在现场组合使用。

(一)固定式探伤机

固定式探伤机(图 17-1)的体积和质量都比较大,额定磁化电流一般为 1000～10 000 A。固定式探伤机能进行通电法、中心导体法、感应电流法、线圈法、磁轭法整体磁化或复合磁化等,并带有照明装置、退磁装置、磁悬液搅拌和喷洒装置以及夹持工件的磁化夹头和放置工件的工作台及格栅,适用于中小型工件的检测。此外,固定式探伤机还常常备有触头和电缆,以便对搬上工作台有困难的大型工件进行检测。

两磁化卡头间距离从 1 m 到 4.5 m。该类设备可分别进行交流或直流退磁,或交直流全自动退磁。

(二)移动式探伤机

移动式探伤机(图 17-2)的额定磁化电流一般为 500～8000 A。主体是磁化电源,可提供交流和相半波整流电的磁化电流。配合使用的附件有触头、夹钳、开合和闭合式磁化线圈及软电等,能进行触头法、夹钳通电法和线圈法磁化。这类设备是一种分立式的探伤装置,体积和质量较固定式探伤机小,一般装有滚轮,可推动或吊装在车上拉到检验现场,适宜对大型工件进行检测。

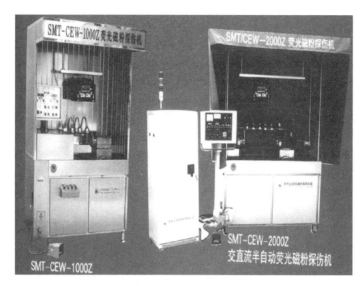

图 17-1 固定式磁粉探伤机

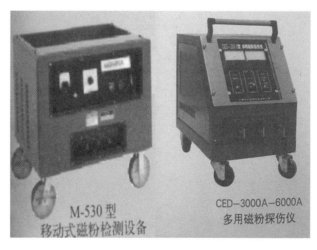

图 17-2 移动式磁粉探伤机

（三）携带式探伤机

携带式探伤机(图 17-3)具有体积小、质量轻和携带方便等特点,额定磁化电流一般为500～2000 A。这类探伤机适用于现场、高空和野外检测,多用于特种设备的焊缝检测,以及飞机、火车、轮船的现场检测或大型工件的局部检测。常用的仪器有带电极触头的小型磁粉探伤机、电磁轭、交叉磁轭或永久磁铁等。仪器手柄上装有微型电流开关,控制通电、断电和自动衰减退磁。

常见携带式磁粉探伤机的分类如下。

(1)电磁轭(包括交流、直流):非电接触,不会产生电弧和烧伤。

(2)交叉磁轭(包括空间交叉、平面交叉):两个轭状的电磁铁以一定的夹角进行空间交叉或平面交叉组合而成,并由不同相位的两组交流电励磁的磁化装置构成。两个电磁轭产生的两个正弦交变磁场叠加后,产生一个方向随时间变化的椭圆形旋转磁场。

(3)永久磁铁:用于没有电源的探伤场地。

(4)小型磁粉探伤机:带有支杆触头和电缆,电缆可绕成线圈进行纵向磁化。此探伤机可属于小型移动式磁粉探伤机。

综合技术要求:主要是考察提升力,当磁轭极间距最大时,交流电磁轭至少 45 N,直流电磁轭至少 177 N,交叉电磁轭至少 118 N(间隙为 0.5 mm)。提升力至少半年校验一次。

提升力试块

磁粉探伤仪

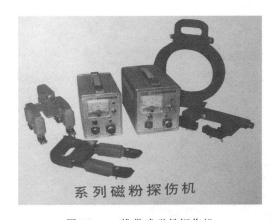

图 17-3　携带式磁粉探伤机

复习题(单项选择题)

1. 用于磁粉探伤的磁粉应具备的性能是(　　)。

A. 无毒　　　　　　　　B. 磁导率高　　　　　C. 顽磁性低　　　　D. 以上都是

2. 以下关于紫外线灯的叙述,哪一条是错误的?(　　)

A. 为延长紫外灯的寿命,应做到用时即开,不用即关

B. 电源电压波动对紫外灯寿命影响很大

C. 有用的紫外光波长范围在 320~400 mm 之间

D. 要避免紫外灯直射入眼

3. 磁悬液的浓度要维持一定水平是因为(　　)。

A. 低浓度产生的显示微弱不利于缺陷检出

B. 高浓度产生的背景较重不利于缺陷检查

C. 以上都是

D. 以上都不是

4. A1 型灵敏度试片正确的使用为(　　　)。

A. 用来评估磁场的大小是否满足灵敏度的要求

B. 需要有槽的一面朝向工件贴于探伤面上

C. 施加磁粉时必须使用连续法

D. 以上都是

5. 下列关于磁粉的叙述中,正确的是(　　　)。

A. 应能和被检表面形成高对比度　　　　　　B. 应与被检表面颜色大致相同

C. 应能黏附在被检物表面上　　　　　　　　D. 颗粒越大越好

6. 使用水磁悬液,添加润湿剂的目的是(　　　)。

A. 防止磁粉凝固　　　　　　　　　　　　　B. 防止腐蚀设备

C. 保证零件适当润湿　　　　　　　　　　　D. 减少水的需要量

答案:

1—5:DACDA　　　　6:C

第十八章　磁粉检测工艺

磁粉检测操作程序主要有：①预处理；②磁化；③施加磁粉或磁悬液；④磁痕的观察与记录；⑤退磁；⑥后处理。

第一节　预处理

被检工件表面不得有油脂、铁锈、氧化皮或其他黏附磁粉的物质。表面的不规则状态不得影响检测结果的正确性和完整性，否则应做适当的修理，即预处理。如打磨，则打磨后被检工件的表面粗糙度 $R_a \leqslant 25\ \mu m$。如果被检工件表面残留有涂层，当涂层厚度均匀且不超过 0.05 mm，不影响检测结果时，经合同各方同意，可以带涂层进行磁粉检测。

此外，预处理还包括涂敷（反差增强剂）、封堵、装配件的撤解等。

磁粉检测时机安排的原则：最终产品验收和工序间加工工艺质量控制以及有特殊要求的检查。

最终产品验收：对于原材料质量能够保证、制造工艺也较稳定的制品，多数采用这一时机进行检测以保证能够提供符合质量要求的产品。在船舶工业中，通常是在发动机制造过程中对某一零部件进行产品验收，或在装配厂对零部件厂的产品进行验收。

加工工序间的检查：在容易产生缺陷的各道工序（如焊接、热处理、机加工、磨削、锻造、矫正和加载实验）完成之后进行检测能够节约制造成本，防止因材料和工艺缺陷造成的损失而影响后续工序。如对船体结构的焊接过程的检查。但对延迟裂纹倾向的材料应至少在焊接完成 24 h 后进行磁粉检测。

其他检查：如喷漆、发蓝、磷化、氧化、喷丸、电镀等表面处理工序前进行磁粉检测。

装配件的检查：难于拆卸或观察的装配件（如滚动轴承等），如在检测后无法完全去掉磁粉而影响产品质量时，应在装配前对工件进行检测。但如果需要检查装配件的质量（如铆接），则应在装配后进行。

第二节　磁　化

选择磁化方法,确定磁化规范。磁化时间为 $1\sim3$ s,停施磁悬液至少 1 s 后方可停止磁化;为保证磁化效果,至少反复磁化 2 次(连续法)。分段磁化时,必须注意相邻部位的探伤需有重叠。对于单磁轭磁化和触头法磁化,均只能实现单方向磁化,在同一部位,必须作 2 次互相垂直的磁化探伤。对于通电法包括触头法,注意烧伤问题。对于交叉磁轭法,四个磁极端面与检测面之间应尽量贴合,最大间隙不应超过 1.5 mm。连续拖动检测时,检测速度应尽量均匀,一般不应大于 4 m/min。球罐纵缝检测时,行走方向要自上而下,环焊缝向左向右都行。对于线圈法工件尽量放进线圈内进行磁化,线圈法的有效磁化区是从线圈端部向外延伸到 150 mm 的范围内。焊缝的检测,可按照 NB/T 47013.4—2015 中的附录 B 进行磁化。

第三节　施加磁粉或磁悬液

施加磁粉或磁悬液:可喷、洒、浇,但不能刷;不能流得过快;必须先湿润。

一、干粉法和湿粉法

按施加磁粉的载体分两种:干粉法和湿粉法。

1. 干粉法

概念:以空气为载体用干磁粉进行探伤。

适用范围:①粗糙表面的工件;②灵敏度要求不高的工件。

操作要点:①工件表面和磁粉均完全干燥;②工件磁化后施加磁粉,并在观察和分析磁痕后再撤去磁场;③磁痕的观察、磁粉的施加、多余磁粉的除去同时进行;④干磁粉要薄而均匀覆盖工件表面;⑤多余磁粉的除去应有顺序地向一个方向吹除;⑥ 不适于剩磁法。

优点:①检验大裂纹灵敏度高;②用干粉法＋单相半波整流电,检验工件近表面缺陷灵敏度高;③适用于现场检验。

局限性:①检验微小缺陷的灵敏度不如湿粉法;②磁粉不易回收;③不适用于剩磁法检验。

2. 湿粉法

概念:将磁粉悬浮在载液中进行磁粉探伤。

适用范围:①连续法和剩磁法;②灵敏度要求较高的工件,如特种设备的焊缝;③表面微小缺陷的检测。

操作要点：①磁化前，确认整个检测表面被磁悬液润湿；②不宜采用刷涂法施加磁悬液（可用喷、浇、浸等）；③检测面上的磁悬液的流速不能过快；④水悬液时，应进行水断试验。

优点：①用湿粉法＋交流电，检验工件表面微小缺陷灵敏度高；②可用于剩磁法检验和连续法检验；③与固定式设备配合使用，操作方便，检测效率高，磁悬液可回收。

局限性：检验大裂纹和近表面缺陷的灵敏度不如干粉法。

二、连续法和剩磁法

按施加磁粉的时机分两种：连续法和剩磁法。

1. 连续法

概念：在磁化的同时，施加磁粉或磁悬液。

适用范围：①形状复杂的工件；②剩磁 B_r（或矫顽力 H_c）较低的工件；③检测灵敏度要求较高的工件；④ 表面覆盖层无法除掉（涂层厚度均匀不超过 0.05 mm）的工件。

操作要点：①先用磁悬液润湿工件表面；②磁化过程中施加磁悬液，磁化时间 1～3 s；③磁化停止前完成施加操作并形成磁痕，时间至少 1 s；④ 至少反复磁化两次。

优点：①适用于任何铁磁性材料；②具有最高的检测灵敏度；③可用于多向磁化；④交流磁化不受断电相位的影响；⑤能发现近表面缺陷；⑥可用于湿粉法和干粉法检验。

局限性：①效率低；②易产生非相关显示；③目视可达性差。

2. 剩磁法

概念：停止磁化后，施加磁粉或磁悬液。

适用范围：①矫顽力 H_c 在 1000 A/m 以上，并保持剩磁 B_r 在 0.8 T 以上的工件，一般如经过热处理的高碳钢和合金结构钢（淬火、回火、渗碳、渗氮、局部正火），低碳钢、处于退火状态或热变形后的钢材都不能采用剩磁法；②成批的中小型零件进行磁粉检测时；③因工件几何形状限制连续法难以检验的部位。

操作要点：①磁化结束后施加磁悬液；②磁化后检验完成前，任何磁性物体不得接触被检工件；③磁化时间一般控制在 0.25～1 s；④ 浇磁悬液 2～3 遍，或浸入磁悬液中 10～20 s，保证充分润湿；⑤交流磁化时，必须配备断电相位控制器。

优点：①效率高；②具有足够的检测灵敏度；③缺陷显示重复性好，可靠性高；④目视可达性好，可用湿剩磁法检测管子内表面的缺陷；⑤易实现自动化检测；⑥能评价连续法检测出的磁痕显示属于表面还是近表面缺陷显示；⑦可避免螺纹根部、凹槽和尖角处磁粉过度堆积。

局限性：①只适用于剩磁和矫顽力达到要求的材料；②不能用于多向磁化；③交流剩磁法磁化受断电相位的影响，所以交流探伤设备应配备断电相位控制器，以确保工件磁化效果；④检测缺陷的深度小，发现近表面缺陷灵敏度低；⑤不适用于干粉法检验。

第四节 磁痕观察、记录

一、磁痕观察

磁痕的观察和评定一般应在磁痕形成后立即进行。当辨认细小磁痕时,应用 2~10 倍放大镜进行观察。磁痕的显示记录可采用照相、录相和可剥性塑料薄膜等方式记录,同时用草图标示。

磁粉检测的结果,完全依赖检测人员目视观察和评定磁痕显示,所以目视检查时的照明极为重要。

光线要求:白光照度$\geqslant$1000 lx,黑光强度$\geqslant$1000 $\mu W/cm^2$。

可使用 2~10 倍放大镜。

眼镜的使用要求:不能使用墨镜或光敏镜片。

二、缺陷磁痕显示记录

工件上的缺陷磁痕显示记录有时需要连同检测结果保存下来,作为永久性记录。

缺陷磁痕显示记录的内容:磁痕显示的位置、形状、尺寸和数量等。

记录的方法:照相、贴印、橡胶铸型法、录像、可剥性涂层、临摹等。

缺陷评级:参照标准 NB/T 47013.4—2015。

第五节 退 磁

一、退磁的概念

退磁就是将工件内的剩磁减小到不影响使用的程度,它可以通过使材料的磁畴无规则地取向来完成。退磁机如图 18-1 所示。

工件上保留剩磁,有时会在进一步的加工和使用中造成很大的影响,在下列情况应进行退磁。

(1)影响装在工件附近的磁罗盘仪表和电子部件的精度和正常使用。

(2)会吸附铁屑和磁粉,影响后续加工的粗糙度和刀具寿命。

(3)清除磁粉困难。

(4)滚珠轴承上的剩磁会吸铁屑和铁磁性粉末造成轴承磨损,并消耗运转能量。

(5)电镀钢件上的剩磁能使电镀电流偏离期望流通的区域,影响电镀质量。

(6)油路系统的剩磁吸附铁屑和铁磁性粉末,会影响油路系统的畅通。

(7)电弧焊中,剩磁会使电弧偏吹,造成焊位偏离。

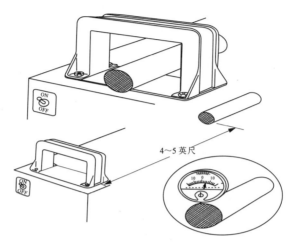

4～5英尺

图 18-1　退磁机

二、退磁注意事项

(1)退磁用的磁场强度,应大于(至少要等于)磁化时用的最大磁场强度。

(2)对周向磁化过的工件退磁时,应将工件纵向磁化后再纵向退磁,以便能检出退磁后的剩磁存在。

(3)交流电磁化,用交流电退磁;直流电磁化,用直流电退磁。直流退磁后若再用交流电退一次,可获得最佳效果。

(4)线圈通过法退磁时应注意:①工件与线圈轴应平行,并靠内壁放置;②工件 $L/D \leqslant 2$ 时,应接长后退磁;③小工件不应以捆扎或堆叠的方式放在筐里退磁;④不能采用铁磁性的筐或盘摆放工件退磁;⑤环形工件或复杂工件应旋转着通过线圈退磁;⑥工件应缓慢通过并远离线圈 1 m 后断电。

(5)退磁机应东西放置,退磁的工件也东西放置,与地磁场垂直可有效退磁。

(6)已退磁的工件不要放在退磁机或磁化装置附近。

三、退磁的测量

通常采用袖珍式磁强计或毫特斯拉计进行测量。一般要求不大于 0.3 mT(3 Gs 或 2400 e),检查时应注意以下事项。

(1)磁强计的标志处应紧靠近磁极部位。

(2)当采用毫特斯拉计检查时应在磁极处转动探头以测量最大值为剩磁值。

(3)当要求不很高时也可用大头针来检查,以吸不上为符合退磁要求。

第六节　后处理

后处理包括磁粉、磁悬液的清洗处理。如工件有防锈要求须对水悬液做脱水防锈,如使用封堵应取除,反差增强剂应清洗掉,不合格工件应做好标示以隔离。

复习题(单项选择题)

1. 电磁轭法产生( )。

A. 纵向磁场　　　　　　B. 周向磁场　　　　C. 交变磁场　　　　D. 摆动磁场

2. 下列关于施加磁粉的叙述中,正确的是( )。

A. 将磁悬液施加于探伤面上,浇注压力尽可能大一些

B. 剩磁法是在通磁化电流时施加磁粉的

C. 用剩磁法时,在施加磁粉的操作结束以前,探伤面不得与铁磁物体接触

D. 连续法适用于检出螺纹部分的周向缺陷

3. 剩磁法检验时,把很多零件放在架子上施加磁粉。在这种情况下,零件之间不得相互接触和摩擦,这是因为碰撞和摩擦( )。

A. 可能使磁场减弱　　　　　　　　B. 可能产生磁写

C. 可能损伤零件　　　　　　　　　D. 可能使显示消失

4. 以下关于退磁的叙述,正确的是( )。

A. 退磁应在零件清洗后立即进行

B. 退磁应在磁粉探伤前进行

C. 所用的零件都有进行退磁

D. 当剩磁对以后的加工或使用有影响时才需进行退磁

答案:

1—4:ACBD

第十九章　磁粉检测安全防护

　　特种设备磁粉检测由于涉及电流、磁场、紫外线、铅蒸气、溶剂和粉尘等,而且有可能在高空、野外、水下或盛装过易燃易爆材料的容器中进行检测,所以磁粉检测工作者必须掌握安全防护知识,既要安全地进行磁粉检测,又要保护自身不受伤害,避免设备和人身事故。

一、紫外线的危害

　　(1)使用黑光灯时,人眼应避免直接注视黑光光源,防止造成眼球损伤。应经常检查滤光板,不准有任何裂纹,因为 320 nm 以下的短波紫外线若从裂纹穿过,对人的眼睛和皮肤都是有害的。有裂纹的滤光板应即时更换。磁粉检测人员在检测时应戴上相应的防护眼镜。

　　(2)大多数黑光灯工作时温度非常高,皮肤与其接触会受到热和辐射烧伤,这种烧伤非常疼痛而且愈合很慢。

　　但是应该强调,实践证明,使用 UV－A 黑光灯时,只要认真做好安全防护就可有效避免黑光对人体的伤害。

　　(3)检测人员连续工作时,工作期间应适当休息,避免眼睛疲劳。

二、电气与机械安全

　　(1)磁粉探伤机整机绝缘电阻应不小于 4 MΩ,以防止电器短路给人员安全带来威胁。尤其使用水磁悬液时,绝缘不良会产生电击伤人。

　　(2)使用冲击电流法磁化时,不得用手接触高压电路,以防高压伤人。

　　(3)气压和液压部件失效时,也会引起伤害事故。

三、材料的潜在危险

　　(1)磁悬液中的油基载液、荧光磁粉、润湿剂、防锈剂、消泡剂和溶剂等,作为一种组合物,并非是危险的化学品,但长期使用有可能会除去皮肤中的油脂,引起皮肤的干裂,所以磁粉检测人员应戴防护手套,并避免磁悬液进入人的口腔和眼睛。除了水以外,几乎所有化合物都会刺激眼睛,许多材料可能会与口腔、喉和胃的组织起反应,所以应通风良好,避免吸入太多溶剂蒸气。

（2）使用干粉法探伤时，磁粉飘浮在空气中，所以检测区域应保持通风良好，避免人吸入太多。

四、磁粉检测系统的潜在危险

（1）使用通电法或触头法时，由于接触不良，与电接触部位有铁锈和氧化皮，或触头带电时接触工件或离开工件，都会产生电弧打火，火星飞溅，有可能烧伤检测人员的眼睛和皮肤，还会烧伤工件，甚至会引起油磁悬液起火。

（2）为改善电接触，一般在磁化夹头上加装铅皮。接触不良或电流过大时，也会产生打火并产生有毒的铅蒸气，铅蒸气轻则使人头昏眼花，重则使人中毒，所以只有在通风良好时才准使用铅皮接触头，并尽量避免产生电弧打火。

（3）磁化的工件和通电线圈周围都产生磁场，它会影响装在附近的磁罗盘和其他仪表的准确性。

（4）安装心脏起搏器者，不得从事磁粉检测。

五、检测场所的潜在危险

特种设备磁粉检测常在高空、野外、水下或容器内部操作，磁粉检测人员必须首先知道这些特殊环境中有哪些特殊的安全防护要求，必须学会在这类场所检测时的安全知识，保护自身不致受到伤害。

六、磁粉检测系统与检测环境相互作用的潜在危险

（1）不要使用触头法和通电法检验盛装过易燃易爆材料的容器内壁焊缝。在这种场合，由于产生电弧起火，已发生过多起伤亡事故。

（2）在附近有易燃易爆材料的场所，禁止使用触头法和通电法进行磁粉检测。

（3）磁粉检测使用低闪点油基载液时，在检测环境区内也不允许有明火或火源。例如某工厂在探伤机附近进行焊接，由于焊接的火星飞落在低闪点煤油磁悬液槽中，引起着火，烧毁了探伤机。

复习题（单项选择题）

1. 下面关于磁粉检测安全防护的叙述，错误的是（　　　　）。

A. 使用黑光灯时，人眼应避免直接注视黑光光源

B. 存在漏光的滤光板不用立即更换

C. 干法检测时，检测区域要保持通风良好

D. 触头法要防止电弧打火

答案：

1:B

<< 第五篇
渗透检测

第二十章 渗透检测基础知识

第一节 渗透检测技术简介

一、渗透检测的定义和作用

渗透检测是一种以毛细作用原理为基础的检查表面开口缺陷的无损检测方法。这种方法是五种常规无损检测方法(射线检测、超声波检测、磁粉检测、渗透检测、涡流检测)中的一种,是一门综合性科学技术。

同其他无损检测方法一样,渗透检测也是以不损坏被检测对象的使用性能为前提,以物理、化学、材料科学及工程学理论为基础,对各种工程材料、零部件和产品进行有效的检验,借以评价它们的完整性、连续性及安全可靠性。渗透检测是产品制造中实现质量控制、节约原材料、改进工艺、提高劳动生产率的重要手段,也是设备维护中不可或缺的手段。

着色渗透检测在特种设备行业及机械行业里应用广泛。特种设备行业包括锅炉、压力容器、压力管道等承压设备,以及电梯、起重机械、客运索道、大型游乐设施等机电设备。荧光渗透检测在航空、航天、兵器、舰艇、原子能等国防工业领域中应用特别广泛。

二、渗透检测的基本原理和步骤

渗透检测是基于液体的毛细作用(或毛细现象)和固体染料在一定条件下的发光现象,检测固体材料表面开口缺陷的无损检测方法。

(一)基本原理

渗透检测的工作原理:工件表面被施涂含有荧光染料或着色染料的渗透剂后,在毛细作用下,经过一定时间,渗透剂可以渗入表面开口缺陷中;去除工件表面多余的渗透剂,经干燥后,再在工件表面施涂吸附介质——显像剂;同样在毛细作用下,显像剂将吸引缺陷中的渗透剂,即渗透剂回渗到显像剂中;在一定的光源(黑光或白光)下,缺陷处的渗透剂痕迹被显示(黄绿色荧光或鲜艳红色),从而探测出缺陷的形貌及分布状态。

（二）基本步骤

渗透检测一般应在冷热加工之后、表面处理之前以及工件制成之后进行。渗透检测操作的基本步骤见图 20-1。

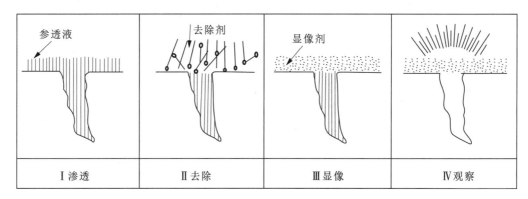

| 参透液 | 去除剂 | 显像剂 | |
| Ⅰ渗透 | Ⅱ去除 | Ⅲ显像 | Ⅳ观察 |

图 20-1　渗透检测操作基本步骤

1. 渗透过程

在被检测工件表面处理干净并进行预清洗之后,将荧光或着色渗透剂施加到被检工件受检表面,使渗透剂充分渗入工件表面开口缺陷中并始终保持受检面润湿的过程称为渗透过程。

2. 去除(清洗)过程

用清洗剂(也叫去除剂,包括水或溶剂或乳化剂)清除工件表面附着的多余渗透剂,只保留渗入到缺陷中渗透剂的过程称为清洗过程。

3. 显像过程

清洗过后的工件经干燥后(采用水基湿式显像剂,须在施加显像剂后干燥),在被检工件表面施加显像剂,使渗入缺陷中的渗透剂吸附到工件表面的过程,称为显像过程。

4. 观察过程

被显像剂从开口缺陷中吸附到工件被检表面的渗透剂在紫外线(黑光)(下同)的照射下发出明亮的黄绿色荧光,或在白光照射下显出可见颜色(一般为红色)的渗透迹痕,形成缺陷显示轮廓的图像,通过目视辨析和识别的过程,称为观察过程。

三、渗透检测方法的分类

根据渗透剂种类、渗透剂的去除方法、显像剂种类的不同,渗透检测方法可按表 20-1 进行分类。

表 20 - 1　渗透检测方法分类

渗透剂		渗透剂的去除			显像剂	
分类	名称	方法	名称	分类	名称	
Ⅰ Ⅱ Ⅲ	荧光渗透检测 着色渗透检测 荧光着色渗透检测	A B C D	水洗型渗透检测 亲油型后乳化渗透检测 溶剂去除型渗透检测 亲水型后乳化渗透检测	a b c d e	干粉显像剂 水溶解显像剂 水悬浮显像剂 溶剂悬浮显像剂 自显像	

注:渗透检测方法代号示例,ⅡCd 为溶剂去除型着色渗透检测(溶剂悬浮显像剂)。

（一）根据渗透剂所含染料成分分类

根据渗透剂所含染料成分,渗透检测分为荧光渗透检测法、着色渗透检测法和荧光着色渗透检测法,简称为荧光法、着色法和荧光着色法。渗透剂内含有荧光物质,缺陷图像在紫外线下能激发荧光的为荧光法。渗透剂内含有有色染料,缺陷图像在白光或日光下显色的为着色法。荧光着色法兼备荧光和着色两种方法的特点,缺陷图像在白光或日光下能显色,在紫外线下又能激发出荧光。

（二）根据渗透剂去除方法方类

根据渗透剂去除方法,渗透检测分为水洗型、后乳化型和溶剂去除型三大类。水洗型渗透检测法是渗透剂内含有一定量的乳化剂,工件表面多余的渗透剂可直接用水洗掉。有的渗透剂虽不含乳化剂,但溶剂是水,即水基渗透剂,工件表面多余的渗透剂也可直接用水洗掉,它也属于水洗型渗透检测法。后乳化型渗透检测法的渗透剂不能直接用水从工件表面洗掉,必须增加一道乳化工序,即工件表面上多余的渗透剂要用乳化剂"乳化"后方能用水洗掉。溶剂去除型渗透检测法是用有机溶剂去除工件表面多余的渗透剂。

（三）根据显像剂类型分类

根据显像剂类型,渗透检测分为干式显像法、湿式显像法两大类。干式显像法是以白色微细粉末作为显像剂,施涂在清洗并干燥后的工件表面上。湿式显像法是将显像粉末悬浮于水中(水悬浮显像剂)或溶剂中(溶剂悬浮显像剂),也可将显像粉末溶解于水中(水溶性显像剂)。此外,还有塑料薄膜显像法。也有不使用显像剂,实现自显像的。

四、渗透检测的优点和局限性

渗透检测可以检查金属(钢、耐热合金、铝合金、镁合金、铜合金)和非金属(陶瓷、塑料)工件的表面开口缺陷,如裂纹、疏松、气孔、夹渣、冷隔、折叠和氧化斑疤等。这些表面开口缺陷,特别是细微的表面开口缺陷,一般情况下,直接目视检查是难以发现的。

渗透检测不受被检工件化学成分限制。渗透检测可以检查磁性材料,也可以检查非磁性材料;可以检查黑色金属,也可以检查有色金属,还可以检查非金属。

渗透检测不受被检工件结构限制。渗透检测可以检查焊接件或铸件,也可以检查压延件和锻件,还可以检查机械加工件。

渗透检测不受缺陷形状(线性缺陷或体积型缺陷)、尺寸和方向的限制。只需一次渗透检测,即可同时检查开口于表面的所有缺陷。

但是,渗透检测无法或难以检查多孔的材料,如粉末冶金工件;也不适用于检查因外来因素造成开口被堵塞的缺陷。该方法难以定量地控制检测操作质量,多凭检测人员的经验、认真程度和视力的敏锐程度。

第二节　渗透检测的发展简史和现状

渗透检测作为一门检测技术,也是经过不断地发展,才成为五种常规无损检测方法之一。

一、渗透检测的发展简史

目前,尚未确切地查明渗透检测起源于何时。这种技术可能在 19 世纪初已开始被一些金属加工者使用,他们注意到淬火液或清洗液从肉眼看不清的裂纹中渗出。另外,人们也曾利用铁锈检查裂纹。户外存放的钢板,如果钢板表面有裂纹,水渗入裂纹,就形成了铁锈,裂纹上的铁锈比其他地方要多。因此,根据铁锈的位置,可以确定钢板上裂纹的位置。

但是,19 世纪末期,铁道车轴、车轮、车钩的"油-白法"检查,公认为是渗透检测方法最早的应用。这种方法是将重滑油稀释在煤油中,得到一种混合体作为渗透剂;把工件浸入渗透剂中,一定时间后,用浸有煤油的布把工件表面擦净,再涂上一种白粉加酒精的悬浮液,待酒精自然挥发后,如果工件表面有开口缺陷,则在工件表面均匀的白色背景上出现显示缺陷的深黑色痕迹。

1930 年以前,渗透检测发展较慢。1930 年以后一直到第二次世界大战期间,航空工业的发展,非铁磁性材料(铝合金、镁合金、钛合金)的大量使用,促进了渗透检测的发展。

从 20 世纪 30 年代到 40 年代初期,美国工程技术人员斯威策(R. C. Switzer)等人对渗透剂进行了大量的试验研究。他们把着色染料加到渗透剂中,增加了裂纹显示的颜色对比度;把荧光染料加到渗透剂中,用显像粉显像,并且在暗室里使用黑光灯观察缺陷显示,显著地提高了渗透检测灵敏度,使渗透检测进入新阶段。

随着现代科学技术的发展,高灵敏度及超高灵敏度的渗透剂相继问世;渗透材料逐渐形成系列,试验方法及手段趋于完善,已经实现标准化及商品化;在提高产品检验可靠性、检验速度及降低成本方面,也取得了新成果。渗透检测已经成为检查表面缺陷的三种主要无损检测方法(磁粉检测、渗透检测、涡流检测)之一。

二、国外渗透检测的现状

20 世纪 60 年代以来,国外渗透检测发展很快。为了提高检测速度,提高检测的一致性,降低检测的误差率,研制成功了渗透检测自动检验系统。为了提高探测疲劳裂纹与热疲劳裂纹的灵敏度与可靠性,研制成功了闪烁荧光渗透法。为减少环境污染与公害,研制了水基渗透剂、水洗法渗透检测技术和闭路检验技术。为了适合于镍基合金、钛合金及奥氏体钢材料的渗透检测,研制了严格控制硫、氟、氯等杂质含量的新型渗透检测剂。随着渗透检测技术的不断发展,国外也相继出现了一些专门供应渗透检测设备仪器和渗透检测剂的公司,如美国的磁通(Magnaflux)公司、英国的阿觉克斯(Ardrox)公司、日本的特殊涂料公司、德国的蒂尔德(Tiede)公司等。

美国的渗透检测目前可以代表国际先进水平。从 20 世纪 50 年代开始,美国相继制定了多种渗透检测工艺规范和材料规范。

三、国内渗透检测的现状

20 世纪 50 年代初期,我国所采用的荧光渗透剂由煤油和滑油组成,在黑光照射下发浅蓝色、白色荧光。典型配方:航空煤油 85%、机械滑油 15%。荧光亮度很低,发光强度只有 10 lx 左右,灵敏度也不高。渗透检验工艺也很落后,如用木屑干燥。

20 世纪 50 年代末期至 60 年代初,有的单位在渗透剂内添加荧光黄(典型配方:DBP 12.5%、二甲苯 25%、石油醚 62.5%、S101 荧光黄 0.2 g/100 mL、PEB 1 g/100 mL),使荧光渗透剂发光强度提高,灵敏度得到提高,但稳定性不够,清洗性能较差。有的单位在渗透剂内添加荧蒽(典型配方:煤油 90%、荧蒽 10%),使荧光渗透剂渗透性能提高,与煤油加滑油的渗透剂相比,发光强度也有所提高。但荧蒽是煤焦油的副产品,成分复杂,使用时应防止与皮肤接触。与此同时,高灵敏度着色渗透剂也已研制出来。

20 世纪 70 年代中期,几个单位协作研制出新的荧光染料 YJP - 15,并研制成功了自乳化型荧光渗透剂(典型型号:ZB - 1、ZB - 2、ZB - 3)与后乳化型荧光渗透剂(典型型号:HA - 1、HA - 2、HB - 1、HB - 2),其性能已达到国外同类产品水平。其后,低毒型着色渗透剂也研制成功。渗透检测在我国各个工业部门已经得到了广泛的应用,并在不断发展和提高中。

复习题(单项选择题)

1. 液体渗透技术适合于检验非多孔性材料的(　　)。

A. 近表面缺陷　　　　　　　　　　　B. 表面和近表面缺陷

C. 表面缺陷　　　　　　　　　　　　D. 内部缺陷

2. 渗透液入微小裂纹的原理主要是(　　)。

A. 表面张力作用　　　　　　　　　　B. 对固体表面的浸润性

C. 毛细作用　　　　　　　　　　　　　D. 上述都是

3. 下面哪一条是渗透探伤法的主要局限性?（　　　）

A. 不能用于铁磁性材料　　　　　　　　B. 不能发现浅的表面缺陷

C. 不能用于非金属表面　　　　　　　　D. 不能发现埋藏缺陷

4. 渗透探伤的优点是（　　　）。

A. 可发现和评定工件的各种缺陷

B. 准确测定缺陷表面的长度、深度和宽度

C. 对表现缺陷显示直观且不受方向限制

D. 以上都是

5. 下面哪条不是渗透探伤方法的优点?（　　　）

A. 可发现各种类型的缺陷　　　　　　　B. 原理简单,容易理解

C. 应用方法比较简单　　　　　　　　　D. 被检零件的形状尺寸没有限制

答案:

1—5:CCDCA

第二十一章　渗透检测物理化学理论基础

为了更好地理解渗透检测,有必要先对渗透检测有关的理化知识有所了解。

第一节　表面张力与表面张力系数

在液体表面存在一种力,它作用于液体表面使液体表面收缩,并趋于使表面达到最小(球形),如荷叶上的水珠近于球形。我们把这种存在于液体表面,使液体表面收缩的力称为液体的表面张力。

表面张力一般以表面张力系数表示,表面张力系数可定义为单位长度上的表面张力。它的作用方向与液体表面相切。表面张力系数是液体的基本物理性质之一。

表面张力可用图 21-1 试验说明,EMNF 是金属框,AB是活动边,AB 边同相连的两边的摩擦力忽略不计。把液体做成液膜(如肥皂液膜),框在 AMNB 内。AB 边会在表面张力 f 作用下向使液面缩小的方向(即向上)移动。为保持平衡(不收缩),就必须施一适当的与液面相切的力 F 于宽度为 L 的液面上。平衡时这两个力大小相等方向相反,令AB 为 L,则有

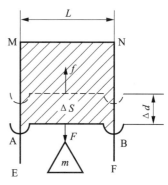

图 21-1　表面张力试验图

$$F = mg = f = \alpha L \tag{21-1}$$

式中:f——表面张力,N;

L——液面边界线 AB 长度,m;

α——表面张力系数,N/m;

F——外力作用,N;

m——所挂物体质量,kg;

g——重力加速度,m/s²。

一般而言,表面张力系数与液体的种类和温度有关。一定成分的液体,在一定的温度和压力下有一定的表面张力系数 α 值。不同液体,α 值不同;同一液体,表面张力系数 α 值随温度上升而下降;但有少数金属熔融液体的表面张力系数 α 值随温度上升而增高,如铜、镉

等金属的熔融液体。容易挥发的液体与不容易挥发的液体相比,其表面张力系数 α 更小。含有杂质的液体比纯净的液体的表面张力系数 α 要小。

第二节　润湿现象与润湿方程

一、润湿现象

如果在玻璃板上放一滴水银,它总是收缩成球形,能够滚来滚去而不润湿玻璃,这种现象就叫做不润湿现象。对玻璃来说,水银是不润湿液体。如果清洁的玻璃板放一滴水,它非但不收缩成球形,而且要向外扩展,形成一薄片,这种现象就叫做润湿现象。例如水是玻璃的润湿液体。

把液体装在它能润湿的容器里,靠近器壁处的液面呈上弯的形状,如图 21-2 所示。把液体装在它不润湿的容器里,靠近器壁处的液面呈向下弯的形状,如图 21-3 所示。对内径小的容器来说,这种现象是显著的,整个液面呈弯月形,俗你"弯月面"。

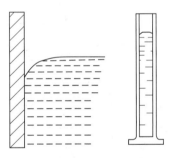　　　　　　　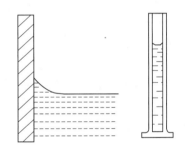

图 21-2　液体润湿固体示意图　　　　　图 21-3　液体不润湿固体示意图

因为水或水溶液是特别常见的取代气体的液体,所以,一般就把能增强水或水溶液取代固体表面空气的能力的物质称为润湿剂。

二、润湿方程和接触角

将一滴液体滴在固体平面上,可有三种界面,即液-气、固-气及固-液界面。与该三种界面一一对应,存在三个界面张力。液-气界面存在液体与气体的界面张力,即液体的表面张力 γ_L,它力图使液滴表面收缩。固-气界面存在固体与气体的界面张力 γ_S,它力图使液滴表面铺开。固-液界面存在固体与液体的界面张力为 γ_{SL},它力图使液滴表面收缩。液-固界面与界面处液体表面的切线所夹的角 θ,称为接触角(图 21-4)。接触角也可定义为液-固界面经过液体内部到液-气界面之间的夹角。

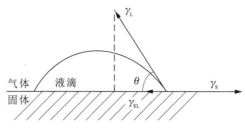

图 21-4　液滴的接触角

当液滴停留在固体平面上时,三个界面张力相平衡,各界面张力与接触角的关系是

$$\gamma_{\mathrm{S}} - \gamma_{\mathrm{SL}} = \gamma_{\mathrm{L}} \cos\theta \tag{21-2}$$

式中:γ_{S}——固体与气体的界面张力;

$\quad\gamma_{\mathrm{L}}$——液体的表面张力;

$\quad\gamma_{\mathrm{SL}}$——固体与液体的界面张力;

$\quad\theta$——接触角。

此式是润湿的基本公式,常称为润湿方程。它可以看做是三相交界处三个界面张力平衡的结果。

常用完全润湿、润湿、不润湿和完全不润湿四个等级,来表示不同的润湿性能,如图 21-5 所示。

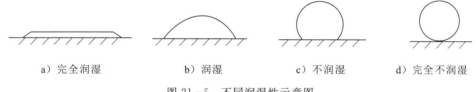

　　a）完全润湿　　　　　　　b）润湿　　　　　　　c）不润湿　　　　　　d）完全不润湿

图 21-5　不同润湿性示意图

（1）当接触角 θ 为 0°,即 $\cos\theta = 1$ 时,液滴呈薄膜的形态,这情况称为完全润湿。

（2）当接触角 θ 在 0°到 90°之间,液滴在固体表面上成为小于半球的球冠,这种情况称为润湿。

（3）当接触角 θ 在 90°到 180°之间,液滴在固体表面上成为大于半球的球冠,这种情况称为不润湿。

（4）当接触角 θ 为 180°,即 $\cos\theta = -1$ 时,液滴在固体表面上成为球形,它与固体之间仅有一个接触点,这情况称为完全不润湿。

渗透检测中,渗透剂对被检工件表面的良好润湿是进行渗透检测的先决条件。只有当渗透剂充分润湿被检工件表面时,才能渗入狭窄的缝隙;此外,还要求渗透剂能润湿显像剂,以便将缺陷内的渗透剂吸出从而显示缺陷。因此润湿性能是渗透剂的重要指标,综合反映了液体的表面张力和接触角两种物理性能指标。润湿性好的渗透剂具有很小的接触角($\theta \leqslant 5°$)。

第三节　毛细现象

拿一根很细的玻璃管,把它的一端插入装在玻璃容器里的水中。由于水能润湿管壁,所以可看到水在这根管子里上升,水呈凹面,并且高出容器的水面。管子的内径越小,它里面上升的水面也越高。如果把这根细玻璃管插入装在玻璃容器里的水银里,由于水银不能润湿管壁,所以发生的现象正好相反,管里的水银面呈凸面,并且比容器里的水银面低一些。管子的内径越小,它里面的水银面就越低,见图 21－6。

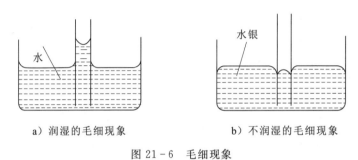

a) 润湿的毛细现象　　　　　　b) 不润湿的毛细现象

图 21－6　毛细现象

润湿液体在毛细管中呈凹面并且上升,不润湿液体在毛细管中呈凸面并且下降的现象,称为毛细现象。能够发生毛细现象的管子叫做毛细管。

毛细现象并不限于一般意义上的毛细管。例如,两平板间的夹缝,各种形状的棒、纤维、颗粒堆积物的空隙都是特殊形式的毛细管,甚至将一片固体插入液体中所发生的边界现象亦可作为毛细现象来研究。渗透检测中,渗透剂对受检工件表面开口缺陷的渗透,实质是渗透剂的毛细作用。

第四节　乳化现象

油和水混在一起,用力摇晃,可以暂时混合,但很不稳定,静置后又会分成两层。由于油水接触面上存在界面张力,起着相互排斥和尽量缩小其接触面积的作用,从而油水不能相混。

如果在油水混合液中加入少量表面活性剂,油就会变成许许多多的微粒,分散于水中,呈乳状液,静置后也很难分层。由于表面活性剂的作用,本来不能混合到一块的两种液体能够混合在一起的现象称乳化现象。具有乳化作用的表面活性剂称乳化剂。

乳状液是一种液体分散于另一种不相混溶的液体中形成的胶体分散体系,外观常呈乳白色不透明液状,乳状液之名即由此而得。乳状液中以液珠(一般如此,但也可以是其他形状)形式存在的那一相称为分散相,或称内相、不连续相;另一相是连成一片的,称为分散介质,或称外相、连续相。

常见的乳状液,一般都有一相是水或水溶液,通常称为"水"相;另一相是与水不相混溶的相,如有机相,通常称为"油"相。外相为"水"、内相为"油"的乳状液叫做水包油型的乳状液。以 o/w 表示"水包油",牛奶即为 o/w 型乳状液。乳状液的外相为"油"、内相为"水"时,则称为油包水型的乳状液。以 w/o 表示"油包水",油田生产的原油即为 w/o 型乳状液。

第五节　光学基础

一、发光

发光的物体称为光源,也称为发光体。

按光的激发方法来说,利用热能激发的光源,称为热光源,如白炽灯;利用化学能、电能或光能激发的光源称为冷光源,如荧光及磷光。但是,光的发射不能仅仅归因于发射体的温度。

人们常常按照激发能源的方式来划分各种类型的发光。当发射的光能由化学反应提供时,如在常温下磷的缓慢氧化称为化学发光;当发光的化学反应发生在有生命的机体中时,如荧光虫的辉光称为生物发光。在上述两个例子中,有一部分是化学反应能量转变成光能发光的。另外,还有一些发光是由某种形式的能量从外部输入物体产生的,这类发光可根据激发能的来源命名。激发能来自外加电场,称为场致发光;激发能来自紫外线、可见光或红外线,称为光致发光;激发能来自 X 射线或 γ 射线,则称为射线致发光或辐射致发光。

在"发光"一词前加一适当前缀,同样也可以命名表征其他机制激发的发光。例如,还可以按照高能态向低能态跃迁的不同形式,将发光分为自发辐射发光和受激辐射发光两种形式。通常所使用的光源,如白炽灯、霓虹灯、日光灯、高压水银灯等都是自发辐射光源;而激光就是受激辐射光源,它与绝大多数发光系统的常规激发发光不一样。如果不考虑激发的方式,那么引起发光的原子和电子现象基本上都是一样的。

二、光致发光

许多原来在白光下不发光的物质,在紫外线等外辐射源的作用下能够发光,这种现象称光致发光。这种发光的时间,有长有短。有些物质的发光,当外辐射源停止作用后,经过极短的时间(约 10^{-8} s)就消失了,这种发光称为荧光。有些物质的发光,当外辐射源停止作用后,经过很长的时间(至许多小时)才停止发光,这种发光称磷光。外辐射源停止作用后,仍然能持续发光的物质称磷光物质。外辐射源停止作用后,立即停止发光的物质,称荧光物质。荧光渗透剂中的荧光染料是一种荧光物质。

三、渗透检测用光

眼睛之所以能看见物体,是由于物体对我们的眼睛引起光的感觉。不发光的物体,只要受到发光体的照射后,能反射出光来引起眼睛的感觉,我们同样的可以看见。着色检测时,缺陷的红色显示及背景的白色显示,是因为在发光体照射下(直接照射或间接照射),它们都能反射出光来引起眼睛的感觉,从而使我们能用眼看见它们。

着色渗透检测时,使用的可见白光,其波长范围为 400~760 nm,可由白炽灯或日光灯等光源得到。荧光渗透检测时可使用紫外线,它是一种波长比可见光更短的不可见光。国际照明学委员会将紫外线的频谱范围分类如下。

UV-A:315~400 nm,又称长波紫外线。

UV-B:280~315 nm,又称中波紫外线,能使皮肤变红,引起晒斑。

UV-C:100~280 nm,又称短波紫外线,有光化、杀菌作用。

这种光是看不见的,所以又称黑光。荧光渗透检测所用紫外线,波长范围为 330~390 nm,中心波长约 365 nm,属于黑光,也称 A 类紫外辐射。一般使用高压黑光水银灯作光源可得到紫外线。它不仅有生理作用,还能使底片感光。紫外线能使荧光渗透剂产生荧光,荧光渗透检测就是以荧光渗透剂受紫外线照射而激发产生荧光这一现象为基础的。荧光渗透检测常用的荧光,其波长为 510~550 nm,呈黄绿色。

四、光度学

光度学是一门研究光的计算和测量的科学。光度学通常涉及发光强度、光能量等的计算及测量。

各种光源发光的强弱是不同的,即使是同一个光源,它向不同方向发光的强弱也不一定相同。为了说明光源发光强弱的这种特性,引入了发光强度这个概念,继而引出了光通量、辐射通量和照度等概念。

(1)发光强度是指光源向某方向单位立体角发射的光通量,单位是坎[德拉](cd)。

(2)光通量是指能引起眼睛视觉强度的辐射通量,单位是流[明](lm)。

(3)辐射通量是指辐射源(如光源)单位时间内向给定方向所发射的光能量,即以辐射的形式发射、传播和接收的功率,故又称辐射功率。单位是瓦[特](W)。

(4)单位面积上的辐射通量是辐射强度。单位是瓦[特]/米²(W/m²),1W/m² = 100 μW/cm²。

(5)照度是指被照射物单位面积上所接受的光通量,单位是勒[克斯](lx)。1 lx=1 lm/m²,即被均匀照射的物体,1 m² 面积上所得到的光通量是 1 lm 时,它的照度就是 1 lx。照度是表示物体被照明的程度。

渗透检测时,工作场地保持一定的照度,对于确保渗透检测灵敏度及提高工作效率是非常必要的。一般要求,着色渗透检测时,被检物表面上可见光照度应在 500 lx 以上。荧光渗透检测时,被检物表面上的紫外线强度应不低于 1000 $\mu W/cm^2$,暗室内可见光照度应不大于 20 lx(紫外线,按黑光源的间接评定方法测定)。除了注意到照度的强弱,还必须注意照度的均匀和稳定,强光源的光直射到眼里以及明暗交替过剧的光线,对眼睛视觉都是有害的。因此,当利用强光源照明时,要把光源挂得高些,或安装适当的反射设备;从明亮处进入黑暗处应有黑暗适应时间,从黑暗处进入明亮处应有恢复时间等都是必须采取的措施。

五、对比度和可见度

1. 对比度

某个显示和围绕这个显示的表面背景之间的亮度和颜色之差,称为对比度。对比度可用两者间的反射光或发射光的相对量来表示,这个相对量称为对比率。

试验测量结果表明,从纯白色表面上反射的最大光强度约为入射光强度的 98%,从最黑的表面上反射的最小光强度约为入射白光强度的 3%。这表明黑白之间能得到的最大对比率为 33∶1。实际上要达到这个比值是极不容易的。试验测量结果表明,黑色染料显示与白色显像剂背景之间的对比率为 90%∶10%,即 9∶1;而红色染料显示与白色显像剂背景之间的对比率却只有 6∶1。

荧光显示与不发荧光的背景之间的对比率数值却比颜色对比率高得多,即使周围环境有微弱的白光存在,这个对比率值仍可达 300∶1,有时可达 1000∶1,在完全暗的理想情况下,对比率值甚至可达无穷大,因为这是发光显示与不发荧光的背景之间的对比率。由于着色渗透检测时的对比率远小于荧光渗透检测,因此荧光渗透检测有较高的灵敏度。

着色渗透检测时,红色染料显示与白色显像剂背景之间应形成鲜明的色差。荧光渗透检测时,背景的亮度必须低于要求显示的荧光亮度。

2. 可见度

可见度表征相对于背景及外部光等条件,渗透剂形成可用人眼直接观察到的缺陷显示的能力。所谓背景是缺陷显示周围的衬底。人的眼睛对各色光的敏感性是不同的,对黄绿色光最敏感,在黑暗处黄绿色光具有最好的可见度。荧光渗透检测时采用的荧光渗透剂在紫外线照射下发黄绿色荧光,因而缺陷显示在暗室里具有最好的可见度。

复习题(单项选择题)

1. 为获得好的渗透性能,希望渗透液具有较小的接触 θ,一般要求 θ 值(　　)。
A. =0°　　　　　　　B. ≤5°　　　　　　　C. ≤10°　　　　　　　D. ≤15°

2. 玻璃细管插入水银槽内,细管内水银面呈(　　)。
A. 凹弯曲面,液面升高　　　　　　　B. 凸弯曲面,液面降低
C. 凸弯曲面,液面升高　　　　　　　D. 凹弯曲面,液面降低

3. 液体润湿固体在内径小的容器里,液面成什么形状?(　　)

A. 凹面　　　　　　　B. 凸面　　　　　　C. 平面　　　　　　D. 以上都不是

4. 固体被润湿的条件是(　　　)。

A. 润湿角小于90°　　　　　　　　　　　B. 润湿角等于90°

C. 润湿角大于90°　　　　　　　　　　　D. 全不是

5. 润湿液体的液面,液体的液面高度在毛细管内(　　　)。

A. 上升　　　　　　　B. 下降　　　　　　C. 不变　　　　　　D. 都可能

6. 不润湿液体的液面,在毛细管中呈(　　　)。

A. 凸形　　　　　　　B. 凹形　　　　　　C. 平面　　　　　　D. 都可能

7. 不润湿液体的液面,液体的液面高度在毛细管内(　　　)。

A. 上升　　　　　　　B. 下降　　　　　　C. 不变　　　　　　D. 都可能

8. 在下列裂纹中,哪种毛细管作用最强?(　　　)

A. 宽而长的裂纹　　　　　　　　　　　　B. 长而填满污物的裂纹

C. 细而清洁的裂纹　　　　　　　　　　　D. 宽而浅的裂纹

9. 在可见光范围内,如果下列各种颜色亮度相同,其中哪种颜色最容易发现?(　　　)

A. 红色　　　　　　　B. 黄—绿色　　　　C. 蓝色　　　　　　D. 紫色

10. 荧光渗透液中荧光材料对哪种波长的辐射最敏感?(　　　)

A. 250 nm　　　　　　B. 300 nm　　　　　C. 350 nm　　　　　D. 400 nm

11. 着色探伤中,红色染料与白色显象剂之间的对比率大致为(　　　)。

A. 6∶1　　　　　　　B. 9∶1　　　　　　C. 33∶1　　　　　D. 300∶1

12. 荧光渗透探伤中,荧光显示与背景之间的对比率大致为(　　　)。

A. 6∶1　　　　　　　B. 9∶1　　　　　　C. 33∶1　　　　　D. 300∶1

答案:

1—5:ABAAA　　　　　6—10:ABCBC　　　　　11—12:AD

第二十二章　渗透检测剂

渗透检测剂主要有渗透剂、去除剂和显像剂三大类。

第一节　渗透剂

着色渗透探伤剂

渗透剂是一种含有着色染料或荧光染料且具有很强的渗透能力的溶液,它能渗入表面开口的缺陷并以适应的方式显示缺陷的痕迹。渗透剂是渗透检测中使用的最关键的材料,其性能直接影响检测的灵敏度。

一、渗透剂的分类

(一)按染料成分分类

按渗透剂所含染料成分分类,可分为荧光渗透剂、着色渗透剂与荧光着色渗透剂三大类,有时也简称为荧光剂、着色剂、荧光着色剂。荧光渗透剂中含有荧光染料,只有在黑光照射下,缺陷图像才能被激发出黄绿色荧光,观察缺陷图像在暗室内黑光下进行。着色渗透剂中含有红色染料,缺陷显示为红色,在白光或日光照射下观察缺陷图像。着色荧光剂中含有特殊染料,缺陷图像在白光或日光照射下显示红色,在黑光照射下显示黄绿色(或其他颜色)荧光。

(二)按溶解染料的基本溶剂分类

按渗透剂中溶解染料的基本溶剂分类,可将渗透剂分为水基渗透剂与油基渗透剂两大类。水基渗透剂以水作溶剂,水的渗透能力很差,但是加入特殊的表面活性剂后,水的表面张力降低,润湿能力提高,渗透能力大大提高。油基渗透剂中基本溶剂是"油"类物质,例如航空煤油、灯用煤油、5♯机械油、200♯溶剂汽油等。油基渗透剂渗透能力很强,检测灵敏度较高。水基渗透剂与油基渗透剂相比,润湿能力仍然较差,渗透能力仍然较低,因此,检测灵敏度也较低。

(三)按多余渗透剂的去除方法分类

按多余渗透剂的去除方法分类,可将渗透剂分为水洗型渗透剂、后乳化型渗透剂与溶剂去除型渗透剂三大类。

水洗型渗透剂分为两种：一种是以水为基本溶剂的水基渗透剂，使用这种渗透剂时，可以直接用水清洗去除工件表面多余的渗透剂；另一种是以油为基本溶剂的油基渗透剂，但加有乳化剂而组成自乳化型渗透剂。自乳化型渗透剂中，因为含有一定数量的乳化剂，所以工件表面多余的渗透剂也可以直接用水清洗去除。

后乳化型渗透剂中不含有乳化剂，工件表面多余的渗透剂需要用乳化剂乳化后，才能用水清洗去除掉。根据乳化形式不同，后乳化型渗透剂又分为亲油型后乳化渗透剂与亲水型后乳化渗透剂两种。

使用溶剂去除型渗透剂时，可用有机溶剂将工件表面多余的渗透剂擦除。

（四）按灵敏度水平分类

按渗透检测灵敏度水平分类，可将渗透剂分为很低、低、中、高与超高五类。水洗型荧光渗透剂通常有低、中与高灵敏度水平等，后乳化型荧光渗透剂通常有中、高与超高灵敏度水平等，着色渗透剂通常有低、中灵敏度水平等。

（五）按与受检材料的相容性分类

按照渗透剂与受检材料的相容性，可将渗透剂分为与液氧相容渗透剂和低硫渗透剂、低氯低氟渗透剂等几种类别。

与液氧相容渗透剂用于与氧气或液态氧接触工件的渗透检测。在液态氧存在的情况下，该类渗透剂与其不发生反应，呈现化学惰性。

低硫渗透剂专门用于镍基合金材料的渗透检测。该类渗透剂不会对镍基合金材料产生破坏作用。

低氯低氟渗透剂专门用于钛合金及奥氏体钢材料的渗透检测。该类渗透剂不会对钛合金及奥氏体钢材料产生破坏作用。

二、渗透剂的组成

大部分渗透剂是溶液，它们由溶质及溶剂组成。也有少数渗透剂是悬浮液，例如过滤型微粒渗透剂。

作为溶液类型的渗透剂，其主要组分为染料、溶剂和表面活性剂，以及其他多种用于改善渗透剂性能的附加成分。

（一）染料：溶质

1. 着色染料

着色渗透剂中所用染料多为红色染料，因为红色染料能与显像剂的白色背景形成鲜明的对比，产生较好的反差，以引起人们的注意。着色渗透剂中的染料应满足色泽鲜艳，易溶解、易清洗、杂质少、无腐蚀和对人体基本无毒的要求。

染料有油溶型、醇溶型及油醇混合型三类,一般着色渗透剂中多使用油溶型偶氮染料。

常用红色染料有苏丹红、128 号烛红、223 号烛红、荧光桃红、刚果红和丙基红等。其中以苏丹红Ⅳ使用最广,它的化学名称叫偶氮苯。丙基红和荧光桃红为醇溶性染料。

2. 荧光染料

荧光染料是荧光渗透剂的关键材料之一。荧光染料应具有很强的荧光。由于人们观察不同颜色时,对黄绿色光最敏感,所以要求荧光染料发出黄绿色的荧光。同时,荧光染料应耐黑光、耐热和对金属无腐蚀等。

荧光黄和荧蒽是我国早期使用的荧光染料,但由于荧光黄在煤油中溶解度较小,荧蒽发出的荧光为蓝白色,故均被淘汰。芘类化合物 YJP-15、YJP-1,萘酰亚胺化合物 YJN-68,咪唑化合物 YJI-43,香豆素化合物 MDAC 等是我国 20 世纪 70 年代使用的荧光染料,具有荧光强、色泽鲜艳、对光和热稳定性较好的优点。所配制的荧光渗透剂也具有这些特点。

荧光染料的荧光强度和波长与所用的溶剂及其浓度有关。例如 YJP-15 在氯仿中呈强黄绿色荧光,在石油醚中呈绿色荧光。而且前者强度较后者强,荧光强度随着浓度的增加而增强,但浓度达到某一数值后,就不再继续增强,甚至会减弱。

(二)溶剂

溶剂有两个主要作用:一是溶解染料,二是起渗透作用。

渗透剂中所用溶剂应具有渗透能力强,对染料溶解性能好,挥发性小、毒性小、对金属无腐蚀等性能,且经济易得。多数情况下,渗透剂都是将几种溶剂组合使用,使各成分的特性达到平衡。

溶剂大致可以分为基本溶剂和起稀释作用的溶剂两大类。基本溶剂必须具有充分溶解染料,使渗透剂鲜明地发出红色色泽或黄绿色荧光光亮等条件。稀释溶剂除具有适当调节黏度与流动性的作用外,还起降低材料费用的作用。基本溶剂与稀释溶剂能否配合平衡,将直接影响渗透剂特性(黏度、表面张力、润湿性能等),是决定性能好坏的重要因素。

煤油是一种最常用的溶剂。它具有表面张力小、润湿能力强等优点,但它对染料的溶解能力小。

着色渗透剂中也常用二甲苯或苯作溶剂。这些溶剂具有渗透力强、对染料溶解能力大等优点,但它们有一定的毒性,挥发性也较大。

选择合适的溶剂对提高着色强度或荧光强度是至关重要的。试验已经证明,荧光染料在溶剂中的浓度增加时,荧光强度也随之增加,但是浓度增加到某一极限值时,浓度再增加,荧光强度反而出现减弱的现象。这说明单靠提高浓度来提高荧光强度或着色强度的作用是有限的。

(三)其他附加成分

表面活性剂、互溶剂、稳定剂、增光剂、抑制剂和中和剂等其他附加成分,主要用于改善渗透剂性能。表面活性剂用于降低表面张力,增强润湿作用。一种表面活性剂往往达不到良好的乳化效果,常常需要选择两种以上的表面活性剂组合使用。互溶剂用于促进染料的溶解,渗透力强的溶剂对染料的溶解在其中能力不一定大,或者染料溶解在其中不一定能得到理想的颜色或荧光强度,有时需要采用一种中间溶剂来溶解染料,然后再与渗透性能好的溶剂互溶,得到清澈的混合液。这种中间溶剂称互溶剂。

染料在溶剂中的溶解度与温度有关,为使染料在低温下不从溶剂中分离出来,还需在渗透剂中加进一定量的稳定剂(或称助溶剂、耦合剂)。乙二醇单丁醚、二乙二酸丁醚常作耦合剂。增光剂用于增强渗透剂的光泽,提高对比度。抑制剂用于抑制挥发。中和剂用于中和渗透剂的酸碱性,使 pH 值接近于 7。乳化剂常用于水洗型着色渗透剂与水洗型荧光渗透剂中,表面活性剂作为乳化剂加到渗透剂内,使渗透剂容易被水洗。乳化剂应与溶剂互溶,不应影响红色染料的红色色泽,不应影响荧光染料的荧光光亮,也不应腐蚀金属。

对于煤油,加入邻苯二甲酸二丁酯不仅能提高对染料的溶解能力,又可在较低温度下,使染料不致沉淀出来。此外,还可调整渗透剂的黏度和沸点,减少溶剂的挥发,使渗透剂具有优良的综合性能。

三、渗透剂的性能

(一)渗透剂的综合性能

(1)渗透力强,容易渗入工件的表面开口缺陷。

(2)荧光渗透剂应在紫外线的照射下能发出鲜明的荧光,着色渗透剂应具有鲜艳的色泽。荧光渗透剂和着色渗透剂都要求在观察时与背景形成较高的对比度。

(3)清洗性好,容易从工件表面清洗掉。

(4)润湿显像剂的性能好,容易从缺陷中被显像剂吸附到工件表面,而将缺陷显示出来。

(5)无腐蚀,对工件和设备无腐蚀性。

(6)稳定性好,在日光(或黑光)与热作用下,材料成分和荧光亮度或色泽能维持较长时间。

(7)毒性小,对人无毒害作用。

此外,检测钛合金与奥氏体钢材料时,要求渗透剂低氯低氟;检测镍合金材料时,要求渗透剂低硫;检测与氧、液氧接触的工件时,要求渗透剂与氧不发生反应,呈现化学惰性。

(二)渗透剂的物理性能

1. 表面张力与接触角

表面张力用表面张力系数表示。接触角则表征渗透剂对工件表面或缺陷的润湿能力。表面张力与接触角是确定渗透剂是否具有高的渗透能力的两个最主要的参数。渗透剂的渗透能力与表面张力 α 和接触角的余弦 $\cos\theta$ 的乘积成正比。$\alpha\cos\theta$ 表征渗透剂渗入表面开口

缺陷的能力,称静态渗透参量。静态渗透参量可用下式表示:

$$SPP = \alpha\cos\theta \qquad (22-1)$$

式中:SPP——静态渗透参量;

α——表面张力(一般以表面张力系数表示);

θ——接触角。

静态渗透参量可表征渗透剂渗入缺陷的能力。实验证明,当渗透剂的接触角 $\theta \leqslant 5°$ 时,渗透性能较好,使用此类渗透剂进行渗透检测,可得到较满意的检验结果。因为当 $\theta \leqslant 5°$ 时,$\cos\theta \approx 1$,$SPP \approx \alpha$,所以,可以近似地说,静态渗透参量就是当接触角度 $\theta \leqslant 5°$ 时的渗透剂的表面张力。

静态渗透参量的单位同表面张力,即同表面张力系数的单位,通常以毫牛[顿]/米(mN/m)或牛[顿]/米(N/m)为单位,其换算关系如下:

$$1 \text{ mN/m} = 10^{-3} \text{ N/m}$$

2. 黏度

渗透剂的黏度与液体的流动性有关。它是流体的一种液体特性,是流体分子间存在摩擦力而互相牵制的表现。渗透剂性能用运动黏度来表示,运动黏度的法定计量单位名称是二次方米每秒,符号是 m^2/s。各种渗透剂的运动黏度一般在 $(4 \sim 10) \times 10^{-6} \text{ m}^2/\text{s}(38 \text{ ℃})$ 时较为适宜。

当液体具有良好渗透性能时,其黏度并不影响静态渗透参量,即不影响液体渗入缺陷的能力。例如,水的黏度较低,20 ℃时黏度为 $1.004 \times 10^{-6} \text{ m}^2/\text{s}$,但水不是一种好的渗透剂。煤油的黏度较高,20 ℃时黏度为 $1.65 \times 10^{-6} \text{ m}^2/\text{s}$,但煤油却是一种很好的渗透剂。

渗透剂的渗透速率常用动态渗透参量(KPP)来表征。它反映的是要求受检工件浸入渗透剂的时间(即停留时间)的长短。动态渗透参量可用下式表示:

$$KPP = \frac{\alpha\cos\theta}{\eta} \qquad (22-2)$$

式中:KPP——动态渗透参量;

α——表面张力(一般以表面张力系数表示);

θ——接触角;

η——黏度。

动态渗透参量的单位同运动学中速度单位,例如 m/s。

黏度高的渗透剂由于渗进表面开口缺陷所需时间较长,从被检表面上滴落时间也较长,故被拖带走的渗透剂损耗较大。后乳化型渗透剂由于拖带多而严重污染乳化剂,使乳化剂使用寿命缩短。低黏度的渗透剂则完全相反。特别要指出的是,去除受检表面多余的低黏度渗透剂时,浅而宽的缺陷中的渗透剂容易被清洗掉,而直接降低灵敏度。因此,渗透剂黏度太高或太低都不好。

3. 密度

液体的密度越小,液体在毛细管中上升高度值越大,渗透能力越强。渗透剂中的主要液体是煤油和其他有机溶剂,因为渗透剂的密度一般小于 $1\ t/m^3$。使用密度小于 $1\ t/m^3$ 的后乳化型渗透剂时,水进入渗透剂中能沉于槽底,不会对渗透剂产生污染;水洗时,也可漂在水面上,容易溢流掉。

液体的密度一般与温度成反比,温度越高,密度值越小,渗透能力也随之增强。

水洗型渗透剂被水污染后,由于乳化剂的作用,水分散在渗透剂中,使渗透剂的密度值增大,渗透能力下降。

4. 挥发性

挥发性可用液体的沸点或液体的蒸气压来表征。易挥发的渗透剂在滴落过程中易干在工件表面上,给水洗带来困难;易干在缺陷中,不能回渗至工件表面而难以形成缺陷显示。易挥发的渗透剂,着火的危险性大,毒性材料还存在安全问题。综上所述,渗透剂不易挥发较好。

但是,渗透剂必须有一定的挥发性。一般,在不易挥发的渗透剂中加进一定量的挥发性液体。这样,渗透剂在工件表面滴落时,挥发成分挥发掉,染料浓度得以提高,有利于缺陷检出,提高了检测灵敏度。

5. 闪点和燃点

可燃性液体在温度上升过程中,液面上方挥发出大量可燃性蒸气。这些可燃性蒸气和空气混合,接触火焰时,会出现爆炸闪光现象。刚刚出现闪光现象时,液体的最低温度称为闪点。燃点是指液体加热到能被接触的火焰点燃并能继续燃烧时的液体的最低温度。对同一液体而言,燃点高于闪点。闪点低,燃点也低,着火危险性也大。液体的可燃性,一般指的就是该液体的闪点。

闪点有开口与闭口两种测量方法。对于渗透剂来说,闭口更为合适,因为闭口的重复性较好,而且测出的数值偏低,不会超出使用安全值。

水洗型渗透剂,闭口闪点应大于 50 ℃后乳化型渗透剂,闭口闪点应为 60~70 ℃。

开口闪点是用开杯法测出的闪点,它是将可燃性液体试样盛在开口油杯中试验。闭口闪点是用闭杯法测出的闪点,它是将可燃性液体试样盛在带盖的油杯中试验,盖上有一可开可闭的窗孔,加热过程中窗孔关闭,测量闪点时,窗孔打开。正因为如此,用此法测出的闪点数值偏低。

6. 电导性

手工静电喷涂渗透剂时,喷枪提供负电荷给渗透剂,试验件保持零电位,故要求渗透剂具有高电阻,避免产生逆弧传给操作者。

(三)渗透剂的化学性能

1. 化学惰性

渗透剂对被检材料和盛装容器应尽可能是惰性的或无腐蚀性的。油基渗透剂在大部分情况下是符合这一要求的。水洗型渗透剂中乳化剂可能是微碱性的,渗透剂被水污染后,水与乳化剂结合而形成微碱性溶液并保留在渗透剂中。这时,渗透剂将腐蚀铝或镁合金的工件,还可能与盛装容器上的涂料或其他保护层起反应。

渗透剂中硫、钠等元素的存在,在高温下会对镍基合金的工件产生热腐蚀(也叫热脆)。渗透剂中的卤族元素如氟、氯等很容易与钛合金及奥氏体钢材料作用,在应力存在情况下,产生应力腐蚀裂纹。在氧气管道及氧气罐、液体燃料火箭或其他盛液氧装置的应用场合,渗透剂与氧及液氧应不起反应,油基的或类似的渗透剂不能满足这一要求,需要使用与液氧相容的渗透剂。用来检测橡胶塑料等工件的渗透剂,也应不与其起反应。

2. 清洗性

渗透剂的清洗性是十分重要的,如果清洗困难,工件上则会造成不良背景,影响检测效果。水洗型渗透剂(自乳化)与后乳化型渗透剂应在规定的水洗温度、压力、时间等条件下,直接用粗水柱冲洗干净,达到不残留明显的荧光背景或着色底色。溶剂去除型渗透剂须采用有机溶剂去除工件表面多余的渗透剂,要求渗透剂能被去除用溶剂溶解。

3. 含水量和容水量

渗透剂中的水含量与渗透剂总量之比的百分数称含水量。渗透剂中含水量超过某一极限时,渗透剂出现分离、混浊、凝胶或灵敏度下降等现象,这一极限值称为渗透剂的容水量。渗透剂含水量越小越好。渗透剂容水量指标越高,抗水污染性能越好。

4. 毒性

渗透剂应是无毒的,与其接触,不得引起皮肤炎症;渗透剂挥发出来的气体,其气味不得引起操作者恶心。任何有毒的材料及有异臭的材料都不得用来配制渗透剂。即使这些要求都能达到,还需要通过实际观察来对渗透剂的毒性进行评定。为保证无毒,制造厂不仅应对配制渗透剂的各种材料进行毒性试验,还应对配制的渗透剂进行毒性试验。当然,操作中应避免与渗透剂接触时间过长,避免吸入渗透剂挥发出的气体。

5. 溶解性

渗透剂是将染料溶解到溶剂中配制成的。溶剂对染料的溶解能力高,就可得到染料浓度高的渗透剂,可提高渗透剂的发光强度,提高检测灵敏度。

渗透剂中的各种溶剂都应该是染料的良好溶剂,在高温或低温条件下,它们应能使染料都能溶解并保持在渗透剂中,在贮存或运输中不发生分离。因为一旦发生分离,要使其重新结合是相当困难的。

6. 腐蚀性能

应当注意,水的污染,不仅可能使渗透剂产生凝胶、分离、云状物或凝聚等现象,并且可与水洗型渗透剂中乳化剂结合而形成微碱性溶液。这种微碱性渗透剂对铝、镁合金工件会产生腐蚀。

前已叙述,渗透剂中硫、钠等元素在高温下会使镍基合金产生热腐蚀,渗透剂中氟、氯等元素会使钛合金及奥氏体钢材料产生应力腐蚀裂纹。因此,含有硫、钠或卤化物的渗透剂分别被禁止在奥氏体钢、钛合金和镍合金上使用,或者将氟、氯含量限制在 1%,将硫含量限制在 1%。

(四)渗透剂的特殊性能——稳定性

渗透剂的稳定性是指渗透剂对光和温度的耐受能力。

荧光剂对黑光的稳定性是很重要的。稳定性可用照射前的荧光亮度值与照射后的荧光亮度值的百分比表示。荧光渗透剂在 $1000~\mu W/cm^2$ 的黑光下照射 1 h,稳定性应在 85% 以上。着色渗透剂在强白光照射下应不褪色。

对温度的稳定性包括冷、热稳定性,即在高温和低温下,渗透剂都应保持良好的溶解度,不发生变质、分解、混浊和沉淀等现象。

四、着色渗透剂

着色渗透剂中含着色染料。着色渗透剂一般分三种:水洗型、后乳化型和溶剂去除型。

(一)水洗型着色液(VA)

水洗型着色渗透剂有两种,一种是水基的,一种是油基(自乳化型)的。

水基着色渗透剂以水作溶剂,在水内溶解红色染料。作为溶剂的水应无色无臭、无味无毒和不可燃,且来源方便,具有使用安全、不污染环境、价格低廉等优点。有些同油类接触容易引起爆炸的部件,例如盛放液态氧的容器,进行着色检测时应采用水基着色渗透剂。

(二)后乳化型着色渗透剂(VB)

后乳化型着色渗透剂的基本成分是在高渗透性油基溶剂内溶解油溶性红色颜料,添加润湿剂、互溶剂等附加成分,但不含乳化剂。该类着色渗透剂的特点是渗透力强,检测灵敏度高,因而在实际检测中应用较广,特别适用于检查浅而宽的表面缺陷,但不适于检查表面粗糙或有盲孔和螺纹的工件。

(三)溶剂去除型着色渗透剂(VC)

溶剂去除型着色渗透剂的基本成分与后乳化型着色渗透剂相类似,故后乳化型着色渗透剂常常可以直接作为溶剂去除型渗透剂使用。用丙酮等有机溶剂直接擦洗去除,检测时常与溶剂悬浮式显像剂配合使用,可得到与荧光法相似的灵敏度。该类着色渗透剂多装在压力喷罐中使用,故闪点和挥发性的要求不像在开口槽中使用的渗透剂那样严格。

在不少着色渗透剂配方中,红色染料有荧光桃红、丙基红与苏丹红Ⅳ等多种成分,基本溶剂也有煤油、丙酮、乙醇、水杨酸异戊酯与邻苯二甲酸二丁酯等多种成分,配制工艺也比较特殊。

着色渗透剂灵敏度较低,不能用于检测临界疲劳裂纹、应力腐蚀裂纹或晶间腐蚀裂纹。试验表明,着色渗透剂能渗透到细微裂纹中去,但是要形成用荧光渗透剂能得到的显示,就需要体积比之大得多的着色渗透剂才行。

五、荧光渗透剂

荧光渗透剂中溶有荧光染料,检测时在黑光灯下观察。常用荧光渗透剂有三种:水洗型、后乳化型和溶剂去除型。

(一)水洗型荧光剂

水洗型荧光渗透剂由油基渗透溶剂、互溶剂、荧光染料、乳化剂等组成。由于荧光渗透剂中含有乳化剂,故又称"预乳化型"或"自乳化型"荧光渗透剂。

荧光渗透剂中乳化剂含量越高,越容易清洗,但检验灵敏度越低。渗透剂中荧光染料浓度越高,荧光强度越高,但渗透剂价格也越高,低温下染料析出的可能性增大,去除也困难。

水洗型荧光渗透剂中的乳化剂,可使荧光渗透剂便于去除,尚可促使染料溶解,起增溶作用。

按检测灵敏度和多余渗透剂从工件表面去除的难易程度分,水洗型荧光渗透剂有如下五个类别。

低灵敏度水洗型荧光渗透剂:该类荧光渗透剂易于从粗糙表面上去除,主要用于轻合金铸件的检验。

中等灵敏度水洗型荧光渗透剂:该类荧光渗透剂较难从粗糙表面上去除,主要用于精密铸钢件、精密铸铝件、焊接件、轻合金铸件及机加工表面的检验。

高灵敏度水洗型荧光渗透剂:该类荧光渗透剂难以从粗糙的表面上去除掉,故要求有良好的机加工表面,主要用于精密铸造涡轮叶片之类的关键工件的检验。

水洗型荧光渗透剂还有很低灵敏度及超高灵敏度两种灵敏度等级。

水洗型荧光渗透剂的配方很复杂,各种类型各种牌号的荧光渗透剂配方各不相同。

(二)后乳化型荧光渗透剂

后乳化型荧光渗透剂由油基渗透溶剂、互溶剂、荧光染料、润滑剂组成。互溶剂的比例比水洗型荧光渗透剂高,目的在于溶解更多的染料。润湿剂能增大荧光渗透剂与固体表面的润湿作用,不起乳化作用。这种渗透剂本身不含乳化剂,需经乳化工序后才能用水冲洗,缺陷中的荧光渗透剂不易被去除。其密度比水小,水进入荧光渗透剂槽中能沉到底部,故抗水污染能力强,也不易受酸或铬酸的影响。

后乳化型荧光渗透剂分为亲水和亲油两大类。按灵敏度分,每大类有低灵敏度、标准(中)灵敏度、高灵敏度和超高灵敏度四个类别。

1. 亲水性后乳化型荧光渗透剂

标准灵敏度亲水性后乳化型荧光渗透剂,应用于各种变形材料的机加工工件。

高灵敏度亲水性后乳化型荧光渗透剂,应用于检验灵敏度要求较高的变形材料机加工工件。

超高灵敏度亲水性后乳化型荧光渗透剂,仅在特殊情况下使用,如航空发动机上的涡轮盘、轴等关键工件成品的检验。

该类渗透剂还有低灵敏度亲水性后乳化型荧光渗透剂等级。

2. 亲油性后乳化型荧光渗透剂

亲油型后乳化荧光渗透剂与亲水型后乳化荧光渗透剂可以通用,仅仅是所用乳化剂不同而已。前者使用亲油型乳化剂,后者使用亲水型乳化剂。

（三）溶剂去除型荧光渗透剂

溶剂去除型荧光渗透剂与后乳化型荧光渗透剂的基本成分相类似。

按检测灵敏度分,溶剂去除型荧光渗透剂有低、中、高和超高四个类别。所有同级灵敏度的水洗型荧光渗透剂及后乳化型荧光渗透剂（亲水及亲油）均可作为同级灵敏度的溶剂去除型荧光渗透剂使用。不同之处只是在去除工件表面多余该类渗透剂时,需使用溶剂去除。

第二节　去除剂

渗透检测中,用来去除工件表面多余渗透剂的溶剂叫去除剂。

水洗型渗透剂直接用水去除,水就是一种去除剂。

溶剂去除型渗透剂采用有机溶剂去除,这些有机溶剂就是去除剂,它们应对渗透剂中的染料（红色染料、荧光染料）有较大的溶解度,对渗透剂中溶解染料的溶剂有良好的互溶性,并有一定的挥发性,应不与荧光渗透剂起化学反应,应不猝灭荧光。通常采用的去除剂有煤油、乙醇、丙酮、三氯乙烯等。

后乳化型渗透剂是在乳化后再用水去除,它的去除剂就是乳化剂和水。

一、溶剂去除剂的分类

按照溶剂去除剂与受检材料的相容性,可将其分为卤化型溶剂去除剂、非卤化型溶剂去除剂及特殊用途溶剂去除剂。非卤化型溶剂去除剂中,卤族元素如氯、氟元素含量受到严格控制（<1%）,主要用于奥氏体钢及钛合金材料的检测。

二、溶剂去除剂的性能

溶剂去除剂与溶剂去除型着色或荧光渗透剂配合使用。性能要求是:溶解渗透剂适度;去除时挥发适度;贮存保管中稳定;不使金属腐蚀与变色;无不良气味;毒性小等。一般多使用丙酮、乙醇、汽油或三氯乙烯等多组分有机溶剂。

第三节　显像剂

显像剂是渗透检测中的另一关键材料,它的作用在于:通过毛细作用将缺陷中的渗透剂吸附到工件表面上形成缺陷显示;将形成的缺陷显示在被检表面上横向扩展,放大至人眼可见;提供与缺陷显示较大反差的背景,以利于观察。

一、显像剂的分类及组成

前已叙述,显像剂分为干式显像剂与湿式显像剂两大类。自显像是不使用显像剂的。干式显像剂实际就是微细白色粉末,又称干粉显像剂。湿式显像剂有水悬浮显像剂(白色显像剂粉末悬浮于水中)、水溶解显像剂(白色显像剂粉末溶解于水中)、溶剂悬浮显像剂(白色显像剂粉末悬浮于有机溶机中)及塑料薄膜显像剂(白色显像剂粉末悬浮于树脂清漆中)等几类。也有将塑料薄膜显像剂单独列为一类的。

(一)干式显像剂——干粉显像剂

干粉显像剂为白色无机物粉末,如氧化镁、碳酸钠、氧化锌、氧化钛粉末等。干粉显像剂一般与荧光渗透剂配合使用,适用于螺纹及粗糙表面工件的荧光检验。

干粉显像剂粉末应是轻质的、松散的及干燥的,粉末应细微,尺寸不应超过 $1\sim3~\mu m$;应有较好的吸水吸油性能,容易被缺陷处微量的渗透剂润湿,能把微量的渗透剂吸附出;应吸附在干燥工件表面上,并仅形成一层显像粉薄膜;在黑光下不应发荧光,不应腐蚀工件和存放容器,且无毒。

干粉显像剂的一个明显缺点是有严重的粉尘。

(二)湿式显像剂

1. 水悬浮显像剂

水悬浮显像剂是将干粉显像剂按一定比例加入到水中配制而成。一般是每升水中加进 $30\sim100~g$ 的显像剂粉末。显像剂粉末不宜太多,也不宜太少,太多会造成显像剂薄膜太厚,遮盖显示,太少将不能形成均匀的显像剂薄膜。

显像剂中加有润湿剂,是为改善工件表面的润湿性,保证在工件表面形成均匀的薄膜;加有分散剂,是为防止沉淀和结块;加有限制剂,是为防止缺陷显示无限制地扩散,保证较好的分辨力;加有防锈剂,是为防止显像剂对工件和存放容器的锈蚀。

水悬浮显像剂一般呈弱碱性,它对钢工件一般不腐蚀,但长时间残留在铝镁工件上会对其产生腐蚀,并出现腐蚀麻点。

该类显像剂不适用于水洗型渗透检测剂体系中,要求工件表面有较高的光洁度。

2. 水溶解显像剂

水溶解显像剂是将显像剂结晶粉末溶解在水中而制成,添加有润湿剂、分散剂、防锈剂及限制剂等。它克服了水悬浮显像剂易沉淀、不均匀和可能结块的缺点;还具有清洗方便、不可燃、使用安全等优点;但由于显像剂结晶粉末多为无机盐类,因此白色背景不如水悬浮显像剂。另外,该类显像剂也不适用于水洗型渗透检测剂体系,同时要求工件表面有较低的粗糙度值。

3. 溶剂悬浮显像剂

溶剂悬浮显像剂是将显像剂粉末加在挥发性的有机溶剂中配制而成。常用的有机溶剂有丙酮、苯及二甲苯等。该类显像剂中也加有限制剂及稀释剂等。常用的限制剂有火棉胶、醋酸纤维素、过氯乙烯树脂等;稀释剂是用以调整显像剂的黏度,并溶解限制剂的。

该类显像剂通常装在喷罐中使用,而且与着色渗透剂配合使用。

就显像方法而论,该类显像剂灵敏度较高,因为显像剂中的有机溶剂有较强的渗透能力,能渗入到缺陷中去,挥发过程中把缺陷中的渗透剂带回到工件表面,故显像灵敏度高。另外,有机溶剂挥发快,缺陷显示扩散小,显示轮廓清晰,分辨力高。

由于着色渗透检测显像需要足够厚但又不至于掩盖显示的均匀覆盖层,以提供白色的对比背景,所以用于着色渗透检测的显像剂粉末应是白色微粒。荧光渗透检测时,由于在黑光灯下不可能看见有多少显像剂已涂附在试件上,所以显像剂粉末可以是无色透明微粒,不用施加溶剂悬浮显像剂,可用干粉显像剂。

(三)塑料薄膜显像剂

塑料薄膜显像剂主要由显像剂粉末和透明清漆(或者胶状树脂分散体)所组成,可剥下作永久记录。

二、显像剂的性能

(一)显像剂的综合性能

吸湿能力要强,吸湿速度要快,能很容易被缺陷处的渗透剂所湿润并吸出足量渗透剂。

显像剂粉末颗粒细微,对工件表面有一定的黏附力,能在工件表面形成均匀的薄覆盖层,将缺陷显示的宽度扩展到足以用肉眼看到。

用于荧光法的显像剂应不发荧光,也不应有任何减弱荧光的成分,而且不应吸收黑光。

用于着色法的显像剂应与缺陷显示形成较大的色差,以保证最佳对比度,而且对着色染料无消色作用。

不腐蚀被检工件和存放容器,对人体无害。

使用方便,易于清除,价格便宜。

（二）显像剂的物理性能

1. 颗粒度

显像剂的颗粒应研磨得很细。如果颗粒过大,微小的显示就显现不出来,这是由渗透剂只能润湿粒度较细的球状颗粒所致。显像剂颗粒如果不能被渗透剂所润湿,则从检验表面就观察不到缺陷显示。

2. 干粉显像剂的密度

松散状态:密度小于 0.075 g/cm^3,每升质量 75 g 以下。包装状态:密度小于 0.13 g/cm^3,每升质量 130 g 以下。干粉显像剂的颗粒度应不超过 $1\sim3$ μm。

3. 水悬浮或溶剂悬浮显像剂的沉淀速率

显像剂粉末在水中或溶剂中的沉淀速度称沉淀速率。细小粉末沉淀慢,粗的沉淀快,粗细不均的沉淀得不均匀。为确保悬浮性好,应选用细微均匀的显像剂粉末。

（三）显像剂的化学性能

1. 无毒性

各种显像剂材料必须是无毒的,使用中不能让人体产生诸如恶心的症状或皮肤炎症等。禁止使用二氧化硅干粉显像剂。

2. 无腐蚀性

显像剂不应使受检工件在渗透检测期间及以后的使用期间产生腐蚀。对镍基合金进行渗透检测时,显像剂中的硫化物含量应严格控制。对奥氏体钢及钛合金进行渗透检测,应对显像剂中的氯、氟含量严格控制。

3. 温度稳定性

现场使用的水悬浮显像剂或水溶性显像剂,不应在冰冻情况下使用。为此,显像前,应对受检工件加热,或对显像剂加热,防止显像剂在使用中产生冻结。另外,高温或相对湿度特别低的环境会使显像剂液体成分过分蒸发。所以,在上述环境下使用显像剂,应经常检查显像剂槽液的浓度。

4. 无污染性

渗透剂的污染将引起虚假显示。油及水的污染，将使工件表面粘上过多显像剂，遮盖显示。

（四）显像剂的特殊性能

1. 无荧光

在黑光下对显像剂材料进行观察时，应无荧光。显像剂中荧光的存在将影响荧光渗透剂的缺陷显示。

2. 分散性

分散性指当显像剂粉末沉淀后，再次搅拌，显像剂粉末重新分散到溶剂中去的能力。分散性好的显像剂，搅拌后粉末能全部重新分散到溶剂中去，而不残留任何结块。

3. 湿显像剂的润湿能力

湿显像剂应能很好地润湿工件表面。如果润湿能力差，溶剂挥发后，显像剂会出现流痕和卷曲剥落现象。

4. 显像剂的去除性

由于显像剂留在受检工件表面可能会产生有害的作用，所以显像剂应能完全从受检工件表面清除掉。

复习题（单项选择题）

1. 黏度对渗透剂的某些实际使用来说具有显著的影响。黏度对下列哪一方面有重要影响？（　　）

A. 污染物的溶解度　　　　　　　　B. 渗透液的水洗性能

C. 发射的荧光强度　　　　　　　　D. 渗入缺陷的速度

2. 渗透性能的内容主要是指（　　）。

A. 渗透能力　　　　B. 渗透速度　　　　C. 渗透深度　　　　D. A 和 B

3. 渗透液挥发性太高易发生什么现象？（　　）

A. 渗透液易干在工作表面　　　　　B. 可缩短渗透时间

C. 可提高渗透效果　　　　　　　　D. 可加强显像效果

4. 液体渗透剂渗入不连续性中的速度主要依赖于（　　）。

A. 渗透液的黏度　　　　　　　　　B. 毛细作用力

C. 渗透液的化学稳定性　　　　　　D. 渗透液的比重

5. 液体渗透剂的含水量和容水量之间关系为(　　)。

A. 渗透剂含水量越大越好。渗透剂容水量指标越高,抗水污染性能越好

B. 渗透剂含水量越大越好。渗透剂容水量指标越低,抗水污染性能越好

C. 渗透剂含水量越小越好。渗透剂容水量指标越高,抗水污染性能越好

D. 渗透剂含水量越小越好。渗透剂容水量指标越低,抗水污染性能越好

6. 着色渗透剂中红色染料应具有哪项性能? (　　)

A. 具有表面活性 　　　　　　　　　　　B. 色泽鲜艳

C. 不易溶解在溶剂中 　　　　　　　　　D. 易与溶剂起化学反应

7. 一种好的渗透材料必须(　　)。

A. 与被检材料不发生反应 　　　　　　　B. 黏度高

C. 挥发性高 　　　　　　　　　　　　　D. 是无机基的液体

8. 非水洗型渗透剂和可水洗型渗透剂之间的重要区别是(　　)。

A. 可水洗型渗透剂含有乳化剂,非水洗型渗透剂不含有乳化剂

B. 两种渗透剂的黏度不同

C. 两种渗透剂的颜色不同

D. 非水洗型渗透剂比可水洗型渗透剂容易去除

9. 渗透探伤中,选择渗透剂时通常要考虑下列哪些特性? (　　)

A. 渗透剂的渗透特性和渗进剂的去除特性　B. 渗透剂的闪点

C. 渗透剂的价格 　　　　　　　　　　　D. 以上都是

10. 渗透剂的好坏是由下列哪一种物理性能决定的? (　　)

A. 黏度 　　　　　　　　　　　　　　　B. 表面张力

C. 润湿能力 　　　　　　　　　　　　　D. 不是由以上任何一种性能单独决定的

11. 煤油因为具有以下(　　)特点,故被用来配制渗透剂。

A. 润湿性 　　　　　B. 溶解性 　　　　　C. 挥发性 　　　　　D. 可燃性

12. 着色渗透剂有下列哪几种类型? (　　)

A. 溶剂去除型渗透液　B. 水洗型渗透液　C. 后乳化型渗透液 D. 以上都是

13. 引起镍基合金热腐蚀的有害元素有(　　)。

A. 硫、钠 　　　　　B. 氟、氯 　　　　　C. 氧、氮 　　　　　D. 氢

14. 渗透剂中的氟氯元素会造成(　　)。

A. 镍基合金的应力腐蚀 　　　　　　　　B. 奥氏体不锈钢的应力腐蚀

C. 钛合金的应力腐蚀 　　　　　　　　　D. B 和 C

15. 对清洗剂的要求为(　　)。

A. 无毒 　　　　　　B. 价廉 　　　　　C. 对工件无腐蚀 　　D. 以上都是

16. 渗透探伤用的亲油性乳化剂 H、L、B 的值应为(　　)。

A. 8~18 　　　　　　B. 11~15 　　　　　C. 3.5~6 　　　　　D. 6.5~10

17. 用溶剂去除零件表面多余的渗透液时,溶剂的作用是(　　)。

A. 将渗透液变的用水可以洗掉 　　　　　B. 溶解渗透液并将其去除

C. 溶剂兼有乳化剂的作用　　　　　　　D. 产生化学反应

18. 采用溶剂擦洗较水清洗优越的原因在于(　　)。

A. 检验时不需要特殊的光源

B. 使渗透液能够较快的渗入小的开口中去

C. 易于看出微小痕迹

D. 在现场或偏远场合使用方便

19. 能吸出保留在表面开口缺陷中的渗透液,从而形成略微扩大的缺陷显示的材料叫
(　　)。

A. 显像剂　　　　　　　B. 渗透剂　　　　　C. 干燥剂　　　　　D. 以上都是

20. 对显像剂白色粉末的颗粒要求是(　　)。

A. 粒度尽可能小而均匀　B. 粒度尽可能均匀　C. 对粒度要求不高　D. 全不对

21. 着色渗透探伤显像剂应具有的性能是(　　)。

A. 吸附能力强　　　　　B. 对比度好　　　　C. 挥发性好　　　　D. 以上都对

22. 显像剂通过哪种方式促进渗透液显现?(　　)。

A. 提供一个干净的表面　　　　　　　　B. 提供一个与渗透液相反衬度的背景

C. 提供一个干燥的表面　　　　　　　　D. 使渗透液乳化

答案:

1—5:DDAAC　　　　6—10:BAADD　　　　11—15:ADADD　　　　16—20:CBDAA

21—22:DB

第二十三章　渗透检测设备、仪器及试块

本章主要介绍与渗透检测相关的便携式设备、固定式设备、检测场地、检测光源以及测量仪器、试块等。

第一节　便携式设备

便携式设备,一般是一个小箱子,里面装有渗透剂、去除剂和显像剂喷罐,以及清理擦拭工件用的金属刷、毛刷。如果采用荧光法,还要装有紫外线灯。这种设备多用于现场检查。

渗透检测剂(包括渗透剂、去除剂和显像剂),通常装在密闭的喷罐内使用。喷罐一般由盛装容器和喷射机构两部分组成。其典型结构如图 23-1 所示。

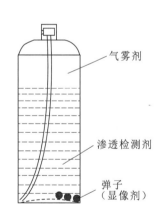

a）喷灌照片　　　　　　　b）喷灌示意图

图 23-1　内压式渗透检测喷灌

喷罐携带方便,适用于现场使用。罐内装有渗透检测剂和气雾剂。气雾剂采用乙烷或氟利昂等,通常在液态时装入罐内,常温下气化,形成高压。使用时只要压下头部的阀门,检测液体就会成雾状从头部的喷嘴自动喷出。喷罐内部压力因检测剂和温度不同而异,温度越高,压力越高。40 ℃左右可产生 0.29~0.49 MPa 的压力。

压力喷罐内盛装溶剂悬浮显像剂或水悬浮湿式显像剂时,罐内均有数个弹子。使用前,

应充分摇晃弹子,通过弹子的运动,使沉淀的固体显像剂粉末重新悬浮起来,重新成为细微颗粒均匀分布状。使用喷罐应注意的事项:喷嘴应与工件表面保持一定的距离,太近会使检测剂施加不均匀;喷罐不宜放在靠近火源、热源处,以防爆炸;处置空罐前,应先破坏其密封性。

第二节　固定式设备

工作场所相对固定,工件数量较多,要求布置流水线作业时,一般采用固定式检测装置,基本上是采用水洗型或后乳化型渗透检测方法,主要的装置有预清洗装置、渗透剂施加装置、乳化剂施加装置、水洗装置、干燥装置、显像剂施加装置、后清洗装置。

(一)预清洗装置

设置预清洗装置的目的是,为渗透检测提供清洁而干燥的工件。

工件在检测前必须彻底清洗和干燥,预清洗装置有三氯乙烯蒸气除油槽、溶剂清洗槽、超声波清洗机、碱性或酸性腐蚀槽、洗涤剂清洗槽及冲洗喷枪等。例如,三氯乙烯蒸气除油槽如图23-2所示。

(二)渗透剂施加装置

工件施加渗透剂的装置和工艺方法应保证渗透剂能均匀地施加于工件表面上,特别重要的是使工件的每个部位都能覆盖上渗透剂。理想的渗透剂施加装置应能回收多余的渗透剂,这样可以避免渗透剂的大量损失。采用自动传递装置进行大批量检测时,要

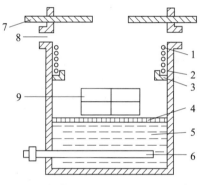

1-冷却水入口;2-冷却水出口;3-冷凝液集槽;4-格栅;5-三氯乙烯溶液;6-加热器;7-活动盖板;8-抽风口;9-被清洗工件。

图23-2　三氯乙烯蒸气除油槽

把传送装置布局好,以便受检工件通过渗透剂施加装置到乳化装置或水洗装置的传送过程中,有适当的滴落时间。

渗透装置主要包括渗透剂槽及滴落架。

渗透剂槽应能放置最大工件,且有足够的间隙和深度。如图23-3所示,在槽子内壁,应标记出正常的液面高度(2),槽子上方需要留有15cm的余量以防止渗透剂(4)飞溅;正常的液面高度还应考虑工件浸入槽中能被覆盖完全而又不使渗透剂外溢。有的渗透剂槽上装两个阀门,一个离槽底75~100 mm(3),在清洗槽液时用来排出槽子上层清洁的渗透剂;另一个阀门装在槽底(5),用来排除槽底的油污和水分。滴落架(1)与渗透剂槽多做成一体,见图23-3。

工件从渗透剂槽中取出后放置在滴落架上滴落,滴下的渗透剂可直接流到渗透剂槽中。浸涂时使用浸涂专用的金属丝网筐和小型提升机。对于不能浸涂的工件,应附设小型泵以及软管和喷嘴,以便对工件喷涂渗透剂。寒冷地区,有时还要附设加热渗透剂的加热装置。

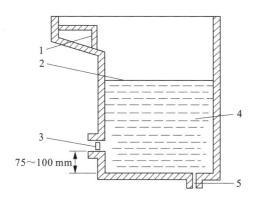

1-滴落架；2-正常液面高度标记；3-排液口；4-渗透剂；5-排污口。

图 23-3　渗透剂槽和滴落架

渗透剂槽体可用碳钢制造，且应进行泄漏检验，槽体内部的所有焊缝、弯曲处和连接处均施涂上渗透剂，在槽体的外部对应位置检验有否渗透剂泄露迹象。

（三）乳化剂施加装置

对于后乳化渗透检测方法来说，乳化剂施加装置的用途是将乳化剂施加到工件表面并使其与渗透剂混合，从而使渗透剂能够被水清洗。后乳化操作的关键是控制缺陷内的渗透剂不要被清洗掉。为此，理想的操作是在尽可能短的时间内使乳化剂完全覆盖工件表面。浸入法是常用的方法。大型工件不能采用浸入法时，也可采用喷涂方法，多路喷涂可使工件表面获得均匀的覆盖层。

乳化剂施加装置包括乳化剂槽及滴落架。乳化剂槽体也可用碳钢制造。装置的结构及大小与渗透剂槽装置相似，参见图 23-3，但需配备搅拌器，供乳化剂不连续的定期或不定期搅拌用。不宜采用压缩空气搅拌，因为会产生大量的乳化剂泡沫。

（四）水洗装置

水洗是为了去掉工件表面上多余的渗透，且不得把缺陷内的渗透剂去除掉，要防止过洗。流水线上检测时，应设有自动水洗装置，水流应喷洗到所有表面。单纯的浸洗效果不太好。大型工件，使用浸洗方法可迅速停止乳化作用，然后采用手工喷洗。用冷水清洗去除工件表面多余的渗透剂，清洗时间需要长一些；已经进入缺陷内的渗透剂，一般情况下不太可能被水洗掉。水洗操作过程，应经常观察背景（选用荧光渗透应配备黑光灯），检查水洗程度，防止过洗。

水洗装置常用如图 23-4 所示的压缩空气

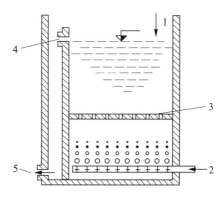

1-供水口；2-压缩空气入口；3-格栅；
4-限位口；5-排水口。

图 23-4　压缩空气搅拌水槽

搅拌水槽。压缩空气通过两根直径约 12 mm 的管子(2)进入槽底。管子水平安放,每隔 3 cm 钻 1 个孔眼。槽中水温控制在 15～25 ℃,水压 0.15～0.29 MPa。工作时水不断地流动,其流量应达到每小时使槽水更换一次,供水口(1)流入水量应加以控制。水洗装置本体应用不锈钢制造,防止锈蚀。

除空气搅拌水槽外,也常采用喷洗槽或手工喷洗。

喷洗槽中的喷嘴安装在槽子的所有侧面,形成扇形的喷射图样,喷嘴的角度应能调节,滴落的水从槽子底部的出口排出,或者流入净化装置再循环使用。水的净化采用活性炭过滤器。

手工喷洗采用喷射式喷枪将水喷至工件上,一般是将工件放在槽子内喷洗。槽中装有孔径为 5 cm 的格栅(3)以支撑工件。可以用挡板挡住水的飞溅。

(五)干燥装置

主要介绍热空气循环干燥装置。

热空气循环干燥装置是装有恒温控制和空气搅拌装置的烘箱,温度为 65～80 ℃。温度过高会导致荧光染料及着色染料变色甚至变质。图 23-5 所示为井式热空气循环干燥装置,适合于吊车吊运工件的检测流水线。图 23-6 所示为罩式热空气循环干燥装置,适合于滚道传送的检测流水线。

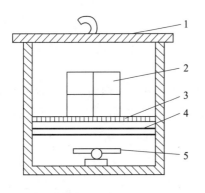

1-带吊钩盖板;2-被干燥工件;3-格栅;
4-电阻加热器;5-电风扇。
图 23-5 井式热空气循环干燥装置

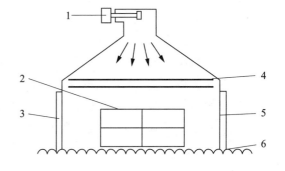

1-鼓风机;2-工件;3-工件进门;
4-加热器;5-工件出门;6-滚道。
图 23-6 罩式热空气循环干燥装置

图 23-5 所示的井式热空气循环干燥装置中,带吊钩盖板(1)打开后,需要干燥的工件(2)可用吊车吊运至格栅(3)上,电阻加热器(4)使干燥装置内空气加热进而干燥工件,电风扇(5)使热空气循环。

图 23-6 所示的罩式热空气循环干燥装置中,工件进门(3)打开,工件(2)通过滚道(6)进入干燥装置内适当位置;加热器(4)使装置内空气加热进而干燥工件,鼓风机(1)使热空气循环;工件干燥后,打开工件出门(5),通过滚道送出工件。

对控制热空气循环干燥装置的恒温控制器,应进行升温、恒温及温度恢复试验。升温试验时,应将恒温控制器的温度调节到 110 ℃ 左右,干燥装置由室温 20 ℃ 上升到 110 ℃ 所用时间最多应为 40 min。恒温试验时,应将恒温控制器的温度调节到 110 ℃,让干燥装置在此温度下稳定 1 h,然后检查干燥装置内其他三个位置的温度;四个位置的温度平均值应在指定值±5 ℃ 范围内。温度恢复试验时,干燥装置处于稳定状态(110 ℃),打开装置挡板,时间最多为 1 min,然后关闭装置挡板,温度应在 8 min 内返回到 110 ℃。

（六）显像剂施加装置

显像剂施加装置在渗透检测设备流水线中的安放位置应视显像剂的类型而定。对湿式显像剂而言,显像剂施加装置直接放在干燥装置之前;对干式显像剂而言,显像剂施加装置要放在干燥装置之后。

干式和湿式显像剂施加装置是不一样的。

干式显像喷粉柜的结构如图 23 - 7 所示。底部为锥形,内盛显像剂粉末(8),用电风扇或压缩空气(6)使显像剂粉末飞扬起来。柜内装有支撑工件用的格栅(5),并带有密封盖(1)以防止粉末的飞扬。显像剂粉末飞扬起来后,关闭压缩空气(6),显像剂粉末自然降落在工件(4)上;显像结束后,用细微的压缩空气(2)将工件表面多余的显像剂粉末轻轻吹落掉。底部的加热器(7)使柜内粉末保持干燥松散。

施加干式显像剂之前,工件要冷却到便于操作的温度。工件可以埋入显像剂中,因为干式显像剂非常轻,几乎可以流动。显像结束后,取出工件,抖掉多余的显像剂,即可进行检查。

湿式显像剂槽的结构与渗透剂槽相似,也由槽体及滴落架组成,槽内应装有机械或空气搅拌机构。如果采用水悬液,还应装有恒温控制器,槽内应装有支撑工件的格栅。

湿式显像剂槽体应用不锈钢制造,并且应该进行泄漏检验,不允许有任何泄漏现象。

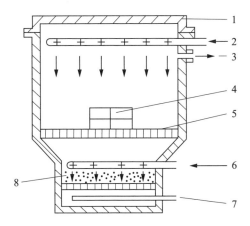

1-密封盖;2、6-压缩空气;3-排气;4-工件;5-格栅;

7-加热器;8-显像粉末。

图 23 - 7　干式显像剂喷粉柜

（七）后清洗装置

对于后清洗装置的要求，取决于工件的预期使用。最低限度，应把多余的渗透剂及工件表面的显像剂清洗掉。采用水-洗涤剂清洗就是清洗大量小工件的有效方法。用溶剂清洗也是有效方法。经检测合格的工件，从渗透检测线交出的工件，不应有残余渗透剂，应呈清洁可用状态。

（八）整体装置

根据被检工件的大小、数量和现场情况等，可将渗透检测用各种设备分别布置成"一"字形、"U"字形或"L"字形等流水线。工件可用手推动在滚道上传送，也可用吊车吊运，还可两者结合使用，图 23-8 所示为装有吊车和滚道的"U"字形布置，适合于大型工件（如砂型铸件）的渗透检测。

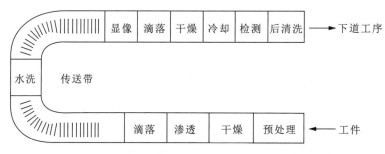

图 23-8　"U"字形排列的固定式荧光渗透检测流水线

将各种渗透检测设备组成一个整体，称为整体型装置。图 23-8 即为一种整体型装置。整体型装置占地面积小，各部分连接紧凑，适合于大批量叶片、机加工件（如螺钉、螺帽）的工序中的渗透检测检查，渗透检测技术人员可根据采用的渗透检测工艺设计出各种各样的整体型装置。大批量生产时，需要连续地、大批量地进行渗透检测，可采用高效率的自动操作整体型装置。

单独的渗透检测工艺设备例如预清洗装置、渗透剂施加装置等常称为分离型装置。

第三节　渗透检测场地及光源

一、检验场地

检测场地必须为目视评价渗透检测结果提供一个良好的环境。

着色渗透检测时，检验场地内白光照明应使被检工件表面白光照度不低于 1000 lx（由于条件所限无法满足时,可见光照度可以适当降低,但不得低于 500 lx)。

荧光渗透检测时,应有暗室,暗室里的白光强度应不超过 20 lx。暗室内装有标准黑光源,备有便携式黑光灯,以便检查工件的深孔等部位。暗室中黑光强度要足够,一般规定距离黑光灯 380 mm 处,其黑光强度应不低于 1000 μW/cm²。暗室内还应备有白光照明装置,作为一般照明和在白光下评定缺陷用。

检验场地应设置料架,供存放合格和报废的工件用。

二、检测光源

光源对渗透检测有重要意义,它不仅涉及检测灵敏度,也关系到操作人员的视力。

(一)白光灯

着色渗透检测用日光或白光照明,光的照度应不低于 500 lx。在没有照度计测量的情况下,可用 80 W 日光灯在 1 m 远处的照度为 500 lx 作为参考。

(二)黑光灯

1. 黑灯光的结构及工作原理

荧光检测需要中心波长为 365 nm 的黑光来激发荧光渗透剂产生荧光。黑光光源一般采用水银石英灯,其结构如图 23-9 所示,水银石英灯也称黑光灯。

黑光灯中石英内管中充有水银和氖气。管内有两个主电极、一个辅助电极。辅助电极与其中一个主电极靠得很近。开始通电时,主电极与辅助电极首先通过氖气产生电极放电。由于限流电阻的作用,放电电流相当小,但足以使管中水银蒸发。由于水银蒸发,两主电极之间产生电弧放电,黑光灯开始

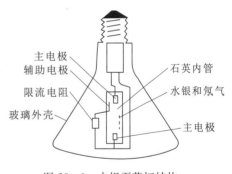

图 23-9　水银石英灯结构

点燃。开始点燃时,两电极间放电并不稳定,一般要等 5~15 min 才能稳定下来。两电极稳定放电时,管中水银蒸气压力达 0.4~0.5 MPa。所以,黑光灯也称高压黑光水银灯,但高压是指石英管内水银蒸气压力较高。石英管与玻璃外壳之间抽真空或充氮气或惰性气体。

黑光灯外壳直接用深紫色玻璃制成,又称黑光屏蔽罩。这种玻璃设计制造成能阻挡可见光和短波黑光通过,而仅让波长为 330~390 nm 的黑光通过。该波长范围的黑光对人眼几乎是无害的。

2. 黑光灯与镇流器的串接

黑光灯需串接镇流器才能使用,黑光灯镇流器与日光灯镇流器一样,由铁芯和绕在上面

的线圈组成。镇流器是电感元件,在主、辅电极放电和两主电极放电的时候都起着阻止电流迅速增加的作用,使放电电流趋于稳定,保持黑光灯不致过载。由主、辅电极放电转为两主电极放电的一瞬间,主、辅电极断电,在镇流器上产生一个阻止电流减小的反电动势,这个反电动势加到电源电压上,使两主电极间的放电电压高于电源电压,有助于黑光灯的点燃。

黑光灯点燃并稳定工作后,石英内管中的水银蒸气压力很高。在这种状态下关闭电源,在断电的一瞬间,镇流器上产生一个阻止电流减小的反电动势,这个反电动势加到电源电压上,使得在断电的一瞬间,两主电极之间电压高于电源电压。此时,由于石英内管中水银蒸气压力很高,会造成黑光灯处于瞬时击穿状态,缩短黑光灯的使用寿命。每断电一次,灯的寿命大约缩短 3 h。因此,要尽量减少不必要的开关次数。通常,每个工作班只开关一次,即黑光灯开启后,直到本班不再使用才关闭它。

3. 黑光强度

荷兰菲利浦公司生产的黑光灯泡,型式多种多样,常用的有 100 W 及 400 W 两种,还有 800 W 的细长形吊灯,用于检查长的型材、棒材和管材。两个灯泡组合而成的检测灯可以得到强度均匀的照射面。为了检查长形工件,有时还将数个,甚至十几个 400 W 灯并排组装,得到均匀的高的照度。

黑光灯所发射出的光谱范围很宽。除了黑光以外,尚有可见光和红外线。波长在 390 nm 以上的可见光会在工件上产生不良的衬底使荧光显示不鲜明。330 nm 以下的短波黑光会伤害人的眼睛。所以,黑光灯所选用的起滤光作用的深紫色玻璃,应只允许通过 330～390 nm 波长的光。

某单位用单色仪对两个商品黑光灯的谱线强度进行过测量,其中一个黑光灯的谱线强度在波长为 365 nm 处比较集中,另一个黑光灯的谱线强度则分布在波长为 290～1410 nm 的较大范围内,低于 290 nm 的黑光也有透过。黑光灯的质量不稳定,个体差异大,使用前要严加选择。

黑光灯的输出功率相差很大,发光强度相差也很大,使用时主要注意以下几项。

(1)黑光灯本身质量的差异、灯泡的型式和滤光片不同,黑光灯的输出功率不同;即使是同一制造厂生产的黑光灯,输出功率也可能不同。

(2)电源电压的改变会引起黑光灯输出功率的变化。例如额定电压为 110 V 的黑光灯在 120 V 时可得到理想输出功率,当电压降到 105 V 时,输出功率则下降 20％。

(3)随着使用时间的不断增长,黑光灯的输出功率将不断降低。黑光灯接近寿命终了时,输出功率可能降到新灯的 25％。实际使用时,大量的开关次数会大大降低黑光灯的使用寿命。

(4)黑光灯滤光片上集聚的灰尘将降低输出,灰尘严重时,能使输出功率降低一半。

(5)黑光灯的使用电压超过额定电压,寿命将下降。例如额定电压 110 V 的黑光灯,电压增到 125～130 V 时,每点燃 1 h,寿命减少 48 h。

为保证黑光灯有足够的发光强度,保证检测灵敏度,需要定期对黑光强度进行测定。

第四节　测量仪器

渗透检测常用的测量设备及器具有黑光辐射强度计、白光照度计及荧光亮度计等。

应该指出，作为无损检测单位，应用荧光渗透检测方法时，黑光辐射强度计和白光照度计是必须配备的检测辅助器具，荧光亮度计不是必备器具；应用着色渗透检测方法时，白光照度计是必须配备的检测辅助器具。

荧光检测用的黑光辐射、照度检测仪有两种形式：一种采用直接测量法，另一种采用间接测量法。

黑光辐射强度计一般采用直接测量法，黑光照度计一般采用间接测量法。

一、黑光辐射强度计

黑光辐射强度计主要用于校验黑光源性能和测定被检工件表面的黑光辐射强度。一般采用直接测量法。

直接测量法是将黑光直接辐射到离黑光灯一定距离的光敏电池上，测得黑光辐射强度值，以 $\mu W/cm^2$ 表示。

黑光灯性能具体校验方法简单叙述为：将带有探测器的辐射强度计放置于距黑光灯正前面 400 mm 处，移动探测器，使其平面垂直于灯光束轴线，直至获得最大读数为止；然后，在黑光灯的校验单上，记录辐射强度计上的读数。

被检工件表面黑光辐射强度的测定方法也较为简单：将辐射强度计放置在工作表面，给以辐射使之曝光。

二、黑光照度计

黑光照度计一般采用间接测量法。

间接测量法是将黑光辐射到一块荧光板上（荧光板是无机荧光粉粘在一块薄板上，表面涂一层透明的聚酯薄膜），使其激发出黄绿色荧光，黄绿色荧光再照射到光电池上（光电池前装有黄绿色滤光片），使照度计指针偏转，指出照度值，以 lx 为刻度。由于这种检测仪以照度为刻度，故又称为黑光照度计。黑光照度计还可用来比较荧光渗透剂的亮度。

三、白光照度计

白光照度计用于测定被检工件表面白光照度值。一般采用直接测量法。

被检工件表面的实际的白光照度，应使用白光照度计进行实地测定，以确定是否真正满足观察缺陷时所要求的白光照度。

　　着色渗透检测操作过程中和观察显示时,工件表面都需要有一定的可见光照度。荧光检测观察时,则需要控制可见光照度,以提高缺陷显示的可见度。

四、荧光亮度计

　　荧光亮度计是一种一定波长范围的可见光照度计。其主要用途是当比较两种荧光渗透检测材料性能时,做出较视觉更为准确一些的判定,而不是做荧光显示亮度的真实测定,不是得出真正的亮度值。在实际渗透检测条件下,通常不能用荧光亮度计来可靠地测定实际荧光显示的亮度,因为存在诸多的可变因素以及检测人员缺乏精确控制这些变化的能力,即使使用同样的渗透检测材料和程序,再次检测相同的不连续性时,测定渗透显示的亮度也会出现较大的差别。

第五节　试　块

　　试块是指带有人工缺陷或自然缺陷的试件。它是用于衡量渗透检测灵敏度的器材,也称灵敏度试块。

1. 铝合金淬火试块(A 型试块)

　　从 8～10 mm 厚(T3 状态 LY-12)铝合金板材上切取一块大小为 50 mm×80 mm 的试块,取料时使 80 mm 长度沿板材的轧制方向。试块应做非均匀加热,然后在冷水中淬火,以产生裂纹。沿 80 mm 方向的中心位置开一个深约 1.5 mm、宽约 2 mm 的槽沟,这样就形成两个相似的又可避免相互污染的区域。为便于以后使用时识别,试块的一半标志为"A",另一半标志为"B"。

　　铝合金淬火试块(图 23-10)中心因有一道沟槽,所以试块被分为两半(可以一体,也可

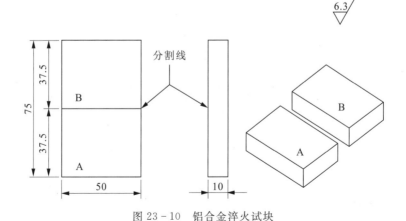

图 23-10　铝合金淬火试块

以分开），它适合于两种不同的渗透检测剂在互不污染的情况下进行灵敏度对比试验，也适合于同一种渗透检测剂的某一不同操作工序的灵敏度对比试验。

2. 不锈钢镀铬辐射状裂纹试块（B 型试块）

不锈钢镀铬辐射状裂纹试块（图 23－11）又称 B 型试块，该试块为单面镀硬铬的长方形不锈钢，推荐尺寸为 130 mm×25 mm×4 mm，不锈钢材料可采用 1Cr18Ni9Ti。制作步骤如下：单面磨光后镀硬铬，铬层厚度为 25 μm 左右，镀铬后退火。从未镀面以直径 10 mm 的钢球，在布氏硬度机上分别以 750 kg、1000 kg 及 1250 kg 打三点硬度，从而在镀层上形成三处辐射状裂纹。750 kg 产生的裂纹最小，适用于较高灵敏度的测定。其中，镀铬后退火处理，主要是消除电镀层的应力，使压后产生的裂纹条数不至于太多。这种试块主要用于校验操作方法和工艺系统灵敏度。

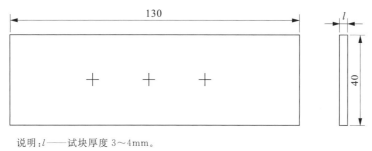

说明：l——试块厚度 3~4mm。

图 23－11　不锈钢镀铬辐射状裂纹试块（三点式）

B 型镀铬试块

3. 黄铜板镀镍铬层裂纹试块（C 型试块）

黄铜板镀镍铬层裂纹试块（图 23－12），又称 C 型试块。从黄铜板上切取一块 100 mm×70 mm 的试块，试块厚度可为 4 mm。先镀镍，再镀铬，然后进行弯曲疲劳使之产生裂纹。

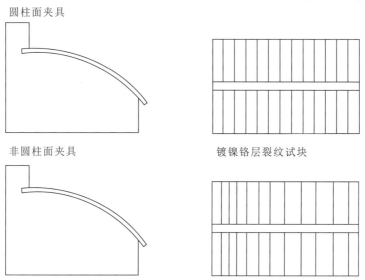

图 23－12　黄铜板镀镍铬层裂纹试块及弯曲夹具

裂纹呈接近于平行的条状。在垂直于裂纹的方向上将试块从中切开成两半,两半上的裂纹互相对应,以便进行渗透检测剂的对比。弯曲可在半径为 114 mm 的圆柱面模具上进行,可得到等距离分布的裂纹;也可在非圆柱面模具上进行,例如在悬臂模(非圆柱面)上进行,可得到由固定点向外由密到疏排列的裂纹。黄铜板镀镍铬层裂纹试块主要用于鉴别各类渗透检测剂性能和确定灵敏度等级。

复习题(单项选择题)

1. 荧光渗透探伤中,黑光灯的作用是(　　)。

A. 使渗透液发荧光　　　　　　　　B. 加强渗透液的毛细和作用

C. 中和表面上多余的渗透剂　　　　D. 降低零件的表面张力

2. 荧光检验用的紫外线中心波长约为(　　)。

A. 360 nm　　　　B. 330 nm　　　　C. 390 nm　　　　D. 300 nm

3. 比较两种不同渗透剂性能时,哪种试块最实用?(　　)

A. A 型试块　　　　B. B 型试块　　　　C. 凸透镜试块　　　D. 带已知裂纹的试块

4. 不锈钢镀铬辐射状裂纹试块又称 B 型试块,在布氏硬度机上打三点硬度分别是(　　)。

A. 550 kg、800 kg 及 1050 kg　　　　　　B. 650 kg、900 kg 及 1150 kg

C. 750 kg、1000 kg 及 1250 kg　　　　　D. 850 kg、1100 kg 及 1350 kg

5. 不锈钢镀铬辐射状裂纹试块,这种试块主要用于校验(　　)。

A. 操作方法和工艺系统灵敏度

B. 用于中、高或超高灵敏度渗透检测剂的性能鉴别

C. 鉴别各类渗透检测剂性能和确定灵敏度等级

D. 用于衡量渗透检测灵敏度器材的检出率

答案:

1—5:AAACA

第二十四章　渗透检测基本程序及方法选择

第一节　渗透检测基本程序

根据不同类型的渗透剂、不同的表面多余渗透剂的去除方法与不同的显像方式,可以组合成多种不同的渗透检测方法。这些方法间虽然存在若干的差异,但都是按照下述 7 个基本程序进行操作的。

1. 表面准备和预清洗

检测部位的表面状况在很大程度上影响着渗透检测的检测质量。任何渗透检测成功与否,在很大程度上取决于被检表面的污染程度及粗糙程度。所有污染物会阻碍渗透剂进入缺陷。另外,清理污染过程中产生的残余物反过来也能同渗透剂起反应,影响渗透检测灵敏度。被检表面的粗糙程度也会影响渗透检测效果。

受检工件表面准备和预清洗的基本要求:任何可能影响渗透检测的污染物必须清除干净;同时,又不得损伤受检工件的工作功能。对受检工件表面进行局部检测时,也应在渗透检测前进行表面准备和预清洗。一般渗透检测工艺方法标准规定:渗透检测准备工作范围应从检测部位四周向外扩展 25 mm。

2. 施加渗透剂

渗透剂施加方法应根据被检工件大小、形状、数量和检查部位来选择。所选方法应保证被检部位完全被渗透剂覆盖,并在整个渗透时间内保持润湿状态。具体施加方法如下。

喷涂:静电喷涂、喷罐喷涂或低压循环泵喷涂等。适用于大工件的局部或全部检查。

刷涂:刷子、棉纱、抹布刷涂。适用于局部检查、焊缝检查。

浇涂(流涂):将渗透剂直接浇在受检工件表面上。适用于大工件的局部检查。

浸涂:把整个被检工件全部浸入渗透剂中。适用于小工件的表面检查。

施加渗透剂要注意时间和温度。

3. 多余渗透剂的去除

本步骤要求去除被检工件表面上多余的渗透剂,又不将已渗入缺陷中的渗透剂清洗出来。水洗型渗透剂直接用水去除,后乳化型渗透剂经乳化后再用水去除,溶剂去除型渗透剂用有机溶剂擦除。去除渗透剂时,要防止过清洗或过乳化;同时,为取得较高灵敏度,可使荧光背景或着色底色保持在一定的水准上。但是,也应防止欠洗,防止荧光背景过浓或着色底色过浓。这一步骤完成得如何,在一定程度上取决于操作者以往取得的经验。

4. 干燥

干燥的目的是除去被检工件表面的水分,使渗透剂充分地渗入缺陷或回渗到显像剂上。

干燥的时机与表面多余渗透剂的去除方法和使用的显像剂密切相关。原则上,溶剂去除法渗透检测时,不必进行专门的干燥处理,应在室温下自然干燥,不得加热干燥。用水清洗的被检工件,若采用干粉显像或非水湿式显像时,则在显像之前必须进行干燥处理;若采用水湿式显像剂,应在施加后进行干燥处理;若采用自显像,则应在水清洗后进行干燥。

干燥的方法有干净布擦干、压缩空气吹干、热风吹干、热空气循环烘干等。实际应用中是将多种干燥方法组合进行。干燥需要注意时间和温度。

5. 施加显像剂

显像的过程是在被检工件表面施加显像剂,利用毛细作用原理将缺陷中的渗透剂吸附至被检工件表面,从而产生清晰可见的缺陷显示图像。显像时间不能太长,显像剂不能太厚,否则缺陷显示会变模糊。

6. 观察和评定显示的痕迹

在符合要求的光源下进行观察,一般观察显示应在显像剂施加后 7~60 min 内进行。需首先判别显示的类型:相关显示、非相关显示或虚假显示。确定为相关显示后,要进一步确定缺陷性质、长度和位置,并作好记录。按指定的验收标准,做出合格或拒收的结论,提出检验报告。

7. 后清洗及复验

完成渗透检测之后,应当去除显像剂涂层、渗透剂残留痕迹及其他污染物,这就是后清洗。一般来说,去除这些物质的时间越早,则越容易去除。

后清洗的目的是保证渗透检测后,去除任何会影响后续处理的残余物,使其不对被检工件产生损害或危害。

需要复验时,必须对被检表面进行彻底清洗,以去掉缺陷内残余渗透检测剂,否则会影响检测灵敏度。

第二节　渗透检测方法选择

渗透检测方法主要可分为水洗型渗透检测法、后乳化型渗透检测法和溶剂去除型渗透检测法。这些方法各有适用范围和优缺点,检测时根据实际情况选择合适的检测方法。

（一）水洗型渗透检测法

水洗型渗透检测法是广泛使用的渗透检测方法之一,它包括水洗型着色渗透检测法及水洗型荧光渗透检测法两种。

1. 水洗型渗透检测法适用的范围

(1)灵敏度要求不高。

(2)检验大体积或大面积的工件。

(3)检验开口窄而深的缺陷。

(4)检验表面很粗糙(例如砂型铸造)的工件。

(5)检验螺纹工件和带有键槽的工件。

水洗型渗透检测法所用渗透剂为水洗型渗透剂。一般不使用水悬浮式或水溶解湿式显像剂;对于着色法一般不用干式和自显像,因为这两种显像方法均不能形成白色背景,对比度低,故灵敏度也较低。

2. 水洗型渗透检测法的优点

(1)表面多余的渗透剂可以直接用水去除,相对于后乳化型渗透检测方法,具有操作简便、检验费用低等优点。

(2)检测周期较其他方法短,能适应绝大多数类型的缺陷检测,如使用高灵敏度荧光渗透剂,可检出很细微的缺陷。

(3)较适合于表面粗糙的工件检测,也适用于螺纹类工件、窄缝和工件上的销槽、盲孔内缺陷等的检测。

3. 水洗型渗透检测法的缺点

(1)灵敏度相对较低,对浅而宽的缺陷容易漏检。

(2)重复检测时,再现性差,故不宜在复检的场合下使用。

(3)如清洗方法不当,易造成过清洗。例如,水洗时间过长、水温偏高或水压过大,都可能会将缺陷中的渗透剂清洗掉,降低缺陷的检出率。

(4)渗透剂的配方复杂。

(5)抗水污染的能力弱。特别是渗透剂中的含水量超过容水量时,会出现混浊、分离、沉淀及灵敏度下降等现象。

(6)酸的污染将影响检测的灵敏度,尤其是酸和铬酸盐的影响很大。这是因为酸和铬酸盐在没有水存在的情况下,不易与渗透剂的染料发生化学反应,但当水存在时,易与染料发生化学反应,而水洗型渗透剂中含有乳化剂,易与水相混溶,故酸和铬酸盐对其影响较大。

(二)后乳化型渗透检测法

后乳化型渗透检测法也是广泛使用的渗透检测方法之一。这种方法除了多一道乳化工序外,其余与水洗型渗透检测程序完全一样;这种方法也包括后乳化型着色渗透检测法及后乳化型荧光渗透检测法两种。

1. 后乳化型渗透检测法适用范围

(1)表面阳极化工件,镀铬工件及复查工件。

(2)有更高检测灵敏度要求的工件。

(3)被酸或其他化学试剂污染的工件,而这些物质会有害于水洗型渗透检测剂。

(4)检验开口浅而宽的缺陷。

(5)被检工件可能存在使用过程中被污物所污染的缺陷。

(6)应力或晶界腐蚀裂纹类缺陷(使用最高灵敏度渗透检测剂)。

(7)磨削裂纹缺陷。

(8)灵敏度可控,以便在检测出有害缺陷的同时,非有害缺陷不连续能够被放过。

后乳化型渗透检测法也大量应用于经机加工的光洁工件的检验。例如,发电机的涡轮叶片、压气机叶片、涡轮盘及压气机盘等机加工工件的检验。这些工件在检验前最好能进行一次酸洗或碱洗,以去除工件表面 0.001~0.005 mm 的一薄层表面层金属,使被机加工堵塞的缺陷重新露出。

2. 后乳化型渗透检测法的优点

(1)具有较高的检测灵敏度。这是因为渗透剂中不含乳化剂,有利于渗透剂渗入表面开口的缺陷中去。另外,渗透剂中染料的浓度高,显示的荧光亮度(或颜色强度)比水洗型渗透剂高,故可发现更细微的缺陷。

(2)能检出浅而宽的表面开口缺陷。这是因为在严格控制乳化时间的情况下,已渗入到浅而宽的缺陷中去的渗透剂不被乳化,从而不会被清洗掉。

(3)因渗透剂不含乳化剂,故渗透速度快,渗透时间比水洗型要短。

(4)抗污染能力强,不易受水、酸和铬盐的污染。后乳化型渗透剂中不含乳化剂,不吸收水分,水进入后,将沉于槽底,故水、酸和铬盐对它的污染影响小。

(5)重复检验的再现性好。这是因为后乳化型渗透剂不含乳化剂,第一次检验后,残存在缺陷中的渗透剂可以用溶剂或三氯乙烯蒸气清洗掉,因而在第二次检验时,不影响渗透剂的渗入,故缺陷能重复显示。水洗型渗透剂中含有乳化剂,第一次检验后,只能清洗去渗透剂中的油基部分,乳化剂将残留在缺陷中,妨碍渗透剂的第二次渗入。这也是水洗型渗透检测法的再现性差的主要原因。

(6)渗透剂不含乳化剂,故温度变化时,不会产生分离、沉淀和凝胶等现象。

3. 后乳化型渗透检测法的缺点

(1)要进行单独的乳化工序,故操作周期长,检测费用大。

(2)必须严格控制乳化时间,才能保证检验灵敏度。

(3)要求工件表面有较低的粗糙度。如工件表面粗糙度较大或工件上存有凹槽、螺纹或拐角、键槽时,渗透剂不易被清洗掉。

(4)大型工件用后乳化渗透检测法比较困难。

（三）溶剂去除型渗透检测法

溶剂去除型渗透检测法是渗透检测中应用较广的一种方法，它也包括溶剂去除型着色渗透检测法及溶剂去除型荧光渗透检测法两种。

溶剂去除型渗透检测适用于焊接件和表面光洁的工件，特别适用于大工件的局部检测，也适用于非批量工件和现场检测。工件检测前的清洗和渗透剂的去除都应采用同一种有机溶剂。

溶剂去除型渗透检测法所用渗透剂不是专用渗透剂，可以使用后乳化型渗透剂，也可以使用水洗型渗透剂。仅仅是因为去除方法不同，形成了不同的渗透检测方法。溶剂去除型渗透检测多采用非水基湿式显像剂即溶剂悬浮显像剂显像，具有较高的检验灵敏度。

1. 溶剂去除型着色检测法的优点

（1）设备简单，渗透剂、清洗剂和显像剂一般装在喷罐中使用，故携带方便，且不需要暗室和黑光灯。

（2）操作方便，对单个工件检测速度快。

（3）适合于外场和大工件的局部检测，配合返修或对有怀疑的部位，可随时进行局部检测。

（4）可在没有水、电的场合下进行检测。

（5）缺陷污染对渗透检测灵敏度的影响不像对荧光渗透检测的影响那样严重，工件上残留的酸和碱对着色渗透剂的破坏不明显。

（6）与溶剂悬浮型显像剂配合使用，能检出非常细小的开口缺陷。

2. 溶剂去除型着色渗透检测的缺点

（1）所用的材料多数是易燃和易挥发的，故不宜在开口槽中使用。

（2）相对于水洗型和后乳化型而言，不太适合于批量工件的连续检测。

（3）不太适用于表面粗糙的工件检测，特别是对吹砂的工件表面更难应用。

（4）擦拭去除表面多余渗透剂时要细心，否则易将浅而宽的缺陷中的渗透剂洗掉，造成漏检。

（四）渗透检测方法的选用

渗透检测方法的选用，首先应满足检测缺陷类型和灵敏度的要求。选用中，必须考虑被检工件表面粗糙度、检测批量大小和检测现场的水源、电源等条件。此外，检验费用也是必须考虑的。不是所有的渗透检测灵敏度级别、材料和工艺方法均适用于各种检验要求。灵敏度级别达到预期检测目的即可，并不是灵敏度级别越高越好。相同条件下，荧光法比着色法有较高的检测灵敏度。

对于细小裂纹、宽而浅裂纹和表面光洁的工件，宜选用后乳化型荧光法或后乳化型着色法，也可采用溶剂去除型荧光法。

疲劳裂纹、磨削裂纹及其他微小裂纹的检测，宜选用后乳化型荧光渗透检测法或溶剂去除型荧光渗透检测法。

对于批量大的工件检测,宜选用水洗型荧光法或水洗型着色法。

大工件的局部检测,宜选用溶剂去除型着色法或溶剂去除型荧光法。

对于表面粗糙且检测灵敏度要求低的工件,宜选用水洗型荧光法或水洗型着色法。

检测场所无电源、水源时,宜选用溶剂去除型着色法。另外,选用合适的显像方法,对保证检测灵敏度很重要。例如光洁的工件表面,干粉显像剂不能有效地吸附在工件表面上,因而不利于形成显示,故采用湿式显像比干粉显像好;相反,粗糙的工件表面则适于采用干粉显像。采用湿式显像时,显像剂可能会在拐角、孔洞、空腔、螺纹根部等部位积聚而掩盖显示。溶剂悬浮显像剂对细微裂纹的显示很有效,但对浅而宽的缺陷显示效果则较差。

复习题(单项选择题)

1. 后乳化型渗透检测剂适于哪些检验?(　　　)

A. 螺纹零件和带键槽零件　　　　　　B. 开口浅而宽的缺陷

C. 表面粗糙的工件　　　　　　　　　D. 以上都是

2. 下面哪种渗透检测方法灵敏度最高?(　　　)

A. 可水洗型着色法　　　　　　　　　B. 溶剂去除型着色法

C. 可水洗型荧光法　　　　　　　　　D. 后乳化型荧光法

3. 大型工件局部渗透检测,应选用(　　　)。

A. 后乳化型渗透检测法　　　　　　　B. 水洗型渗透检测法

C. 溶剂去除型渗透检测法　　　　　　D. 以上都是

4. 溶剂去除型透检测剂适于检验(　　　)。

A. 螺纹零件和带键槽零件　　　　　　B. 表面粗糙的工件

C. 可在没水、电的场所进行检测　　　D. 以上都是

5. 检测细小裂纹、表面光洁度高的零件选用的检测方法是(　　　)。

A. 水洗型渗透检测法　　　　　　　　B. 后乳化型渗透检测法

C. 溶剂去除型渗透检测法　　　　　　D. 以上方法均可

6. 大批量、检测灵敏度要求较低的工件选用的检测方法是(　　　)。

A. 水洗型渗透检测法　　　　　　　　B. 后乳化型渗透检测法

C. 溶剂去除型渗透检测法　　　　　　D. 以上方法均可

7. 后乳化型渗透法的渗透剂不能直接用水从工件表面洗掉,必须增加一道(　　　)工序。

A. 烘干　　　　　　B. 干燥　　　　　　C. 清洗　　　　　　D. 乳化

8. 施加渗透剂的方法有(　　　)。

A. 喷涂和刷涂　　　　B. 浇涂　　　　　C. 浸涂　　　　　D. 以上都是

答案:

1—5:BDCCB　　　　　6—8:ADD

第二十五章　渗透检测安全防护

第一节　防火安全

渗透检测所使用的渗透检测剂,除干粉显像剂、乳化剂以及金属喷罐内使用的氟利昂气体是不燃性物质外,其他大部分是可燃性有机溶剂。因此,在使用这些可燃性渗透检测剂时,一定要和使用普通油类或有机溶剂一样,采取必要的防火措施。

一、储存渗透检测剂注意事项

盛装渗透检测剂的容器应加盖密封。

储存地点应尽量挑选冷暗处,并且避免烟火、热风、阳光直射等。

压力喷罐严禁在高温处存放,因为在高温时,罐内的压力将增大,有发生爆炸的危险。

二、压力喷罐制品的防火

压力喷罐内充填渗透检测剂的同时,还要充填丙烷气或氟利昂等高压液化气。渗透检测剂本身是一种可燃性物质,充填丙烷气后,着火可能性更大。所以,操作压力喷罐制品时,必须充分注意防火。

三、灭火器的设置

使用可燃性渗透检测剂时,不仅必须充分注意防火,而且为了防止万一,还应该在操作现场及渗透检测剂储存处设置灭火器。表25-1列出了渗透检测剂着火时可供使用的灭火器种类。

表 25 - 1　灭火器种类

种类	主要成分	种类	主要成分
泡沫灭火器	硫酸铝、重碳酸钠	碳酸气灭火器	二氧化碳（液体）
粉末灭火器	重碳酸钠	强化液灭火器	水、钾盐
ABC 灭火器	磷酸铵		

四、防火安全措施

(1)操作现场应有切实可行的防火措施。

(2)操作现场应备有专人管理的灭火器。

(3)除使用的渗透检测剂外,操作现场应尽量避免大量储存渗透检测剂。

(4)盛装渗透检测剂的容器应加盖密封。对于清洗剂和显像剂等挥发性大的物质,使用后必须密封保管。

(5)避免阳光直射盛装渗透检测剂的容器,特别是对压力喷罐更要注意。

(6)避免在火焰附近以及在高温环境下操作,特别是压力喷罐。如果环境温度超过50 ℃,应特别引起注意。操作现场禁止明火存在。

(7)当环境温度较低时,压力喷罐内压力将降低,喷雾将减弱且不均匀。此时,可将其放入 30 ℃以下的温水中,待加热之后再使用。但绝不允许将压力喷罐直接放在火焰附近,从而达到加温的目的。

第二节　卫生安全

渗透检测中使用的有机溶剂,有些含对人体有害的物质,例如三氯乙烯。因此,如果将它们的蒸气或雾状气体大量吸入体内,可能会引起人体的中毒。渗透检测中,毒性试剂造成的人体中毒,以慢性中毒最多,且多属累积性毒性。另外,渗透检测剂如果沾在皮肤上,有可能引起斑疹。有些试剂,例如胶棉液,本身基本无毒,但遇明火燃烧,可生成剧毒的氢氰酸和过氧化氮气体。因此,采取积极的卫生安全防护措施是十分必要的。

荧光渗透检测时,应限制操作人员暴露在强紫外线辐射之中,防止眼球处于黑光中导致眼球荧光效应,特别要防止黑光灯滤光片或屏蔽罩破裂,短波紫外线直接照射操作人员,使操作人员可能患角膜炎等眼病。

一、大气中有害物质的允许浓度

苯和苯衍生物大多有一定毒性,其中以苯和硝基苯的毒性最大。苯的其他衍生物,例如甲苯、二甲苯等也都有一定毒性，但比苯、硝基苯的毒性为小。

四氯化碳、三氯乙烯、二氯乙烷、甲醇等试剂都有较强毒性。还有一些化学试剂，例如丙酮、松节油、乙醚等，对人有刺激作用或麻醉作用，是低毒性溶剂。

除化学试剂外，染料和显像剂微粒的粉尘在空气中超过一定浓度，人们吸入后也可能引起上呼吸道黏膜的炎症，例如鼻炎、咽炎、支气管炎等，长期吸入会造成硅肺。

化学物质的毒性评价指标有许多种，通常用的是最高允许浓度。最高允许浓度是指操作者在该浓度下长期进行生产劳动，不会引起急性或慢性职业性危害的一个限值。

二、有毒化学品对人体危害的途径

有毒化学品对人体的毒害大致有如下三种途径。

(1)经呼吸道进入人体，在肺泡中进行交换，渗入血液而进入全身，引起人体机能失调和障碍。该类毒物一般以气态、烟雾、粉尘状态污染操作场所的空气而危害人体。

(2)经消化道进入人体，由肠胃吸收而运至全身。这类中毒一般是因误食毒物或因毒物污染饮食器具而造成。

(3)经人体皮肤渗透进入人体。这种中毒是由接触某些渗透力极强的化学品后引起的。

三、卫生安全防护措施

(1)在不影响渗透检测灵敏度，且满足工件技术要求前提下，尽可能采用低毒配方来代替有毒和高毒的配方。

(2)采用先进技术，改进渗透检测工艺和完善渗透检测设备，特别是增设必要的通风装置，降低毒物在操作场所空气中的浓度。

(3)严格遵守操作规程，正确使用个人防护用品，例如口罩、防毒面具、橡皮手套、防护服和涂敷皮肤的防护膏等。

(4)当紫外线通过三氯乙烯时，会产生有害光气。在除油过程中，注意不要让三氯乙烯滞留在工件的盲孔里或其他凹陷之处。

(5)波长在 320 nm 以下的短波紫外线对人眼有害，所以严禁使用不带滤波片或滤波片破裂的紫外线灯。

(6)操作现场严禁吸烟，一是保证防火安全，二是防止吸入有毒气体。

(7)用三氯乙烯蒸气除油时，要经常向槽内添加三氯乙烯溶液，防止加热器露出液面，否则会引起过热，产生剧毒气体。

(8)显像粉会使皮肤干燥，刺激人的气管，所以，操作者应带橡皮手套，工作现场应有抽风装置。

(9)工作前，操作者手上应涂防护油，最好戴上防护手套并系好围裙，可避免皮肤与渗透检测剂直接接触而污染，并防止皮肤干燥或开裂，甚至引起皮炎。

(10)人员预检和定期体检也是重要的防护措施。预检是对新参加渗透检测的工作人员进行体检,以便及早发现不宜从事这项工作的某些健康问题。这种问题有哮喘、血液病、肝和肾的实质性疾病及精神病等。定期体检可以早期发现毒物对人体危害致病情况,早期治疗,并采取必要的预防措施。

四、强紫外线辐射的卫生安全防护

紫外线可使被照的物体产生物理、化学及生物效应。为了预防紫外线对人体的损害,下述几个方面的措施不容忽视。

(1)选购的黑光灯应对可见光和短波紫外线(UV-C)有良好的屏蔽。

(2)应保证黑光灯滤光片的完好性,发现开裂和破损时,要及时更换。

(3)避免黑光直接照射眼睛。直射到眼睛的黑光,可能使眼球产生荧光效应,造成短时视力模糊。

(4)避免长时间在黑光灯下工作,工作一段时间后,适当休息一下,再继续工作。防止长时间暴露在黑光灯下,否则可能会引起身体不适。

(5)使用黑光灯时,穿工作服,戴透明的专用防紫外线眼镜。

复习题(单项选择题)

1. 无滤光的黑光灯禁止使用是因为它发出的下列哪种光线会伤害人眼?(　　　)

A. 黑光　　　　　　　B. 紫外光　　　　　　C. 红外光　　　　　D. 以上都不是

2. 荧光渗透探伤中使用的具有合适滤光片的黑光灯,会对人体哪些部分产生永久性的伤害?(　　　)

A. 细胞组织　　　　　B. 眼睛　　　　　　　C. 血细胞　　　　　D. 以上都不是

3. 摆放试验用的黑光灯时,需要考虑"眼球荧光",因为黑光直接照射或反射到工作人员眼睛里(　　　)。

A. 会引起细胞组织的破坏

B. 是无害的,因此无关紧要

C. 尽管无害,但会引起工作人员的烦躁,因而使工作效率降低

D. 虽然引起视力模糊,但不防碍工作

4. 渗透探伤中,哪种防护措施是不适用的?(　　　)

A. 保持工作地点清洁

B. 用肥皂和水尽快清洗掉粘在皮肤上的渗透剂

C. 不要把渗透剂溅到衣服上

D. 用汽油清洗掉皮肤上的渗透剂

5. 直接对黑光灯看会造成(　　　)。

A. 永久性的损伤眼睛　　　　　　　　　B. 使视力模糊

C. 引起暂时性的失明　　　　　　　　　D. 以上都不会

6. 下列哪条不是渗透探伤中的一条安全措施?(　　)

A. 避免渗透剂与皮肤长时间接触

B. 避免吸入过多显像剂粉末

C. 无论何时都必须带上防毒面具

D. 由于着色探伤中使用的溶剂是易燃的,所以这种材料应远离明火

7. 由于大多数渗透剂中含有可燃性物质,所以在操作时应注意防火,为此必须做到(　　)。

A. 现场远离火源并设置灭火器材

B. 现场不得存放过量的渗透液,并且在温度过低时,不得用明火加热渗透液

C. 探伤设备应加盖密封井避免阳光直接照射

D. 以上都是

答案

1—5:BDCDB　　　　　　6—7:CD

主要参考文献

《国防科技工业无损检测人员资格鉴定与认证培训教材》编审委员会. 无损检测综合知识［M］. 北京：机械工业出版社，2018.

国家能源局. 承压设备无损检测：NB/T 47013—2015［S］. 北京：新华出版社，2015.

国家市场监督管理总局. 特种设备无损检测人员考核规则：TSG Z8001—2019［S］. 北京：中国标准出版社，2019.

胡学知. 渗透检测［M］. 2 版. 北京：中国劳动社会保障出版社，2007.

金英. 磁粉渗透检测［M］. 杭州：浙江工商大学出版社，2018.

强天鹏. 射线检测［M］. 2 版. 北京：中国劳动社会保障出版社，2007.

四川省特种设备安全管理协会. 特种设备无损检测人员初级教材［M］. 北京：中国劳动社会保障出版社，2022.

宋志哲. 磁粉检测［M］. 2 版. 北京：中国劳动社会保障出版社，2007.

王晓雷. 承压类特种设备无损检测相关知识［M］. 北京：中国劳动社会保障出版社，2008.

虞雪芬. 射线检测［M］. 杭州：浙江工商大学出版社，2018.

张俊哲. 无损检测技术及其应用［M］. 2 版. 北京：科学出版社，2010.

郑晖，林树青. 超声检测［M］. 2 版. 北京：中国劳动社会保障出版社，2008.

钟海见. 超声检测［M］. 杭州：浙江工商大学出版社，2019.